计算机技术开发与应用丛书

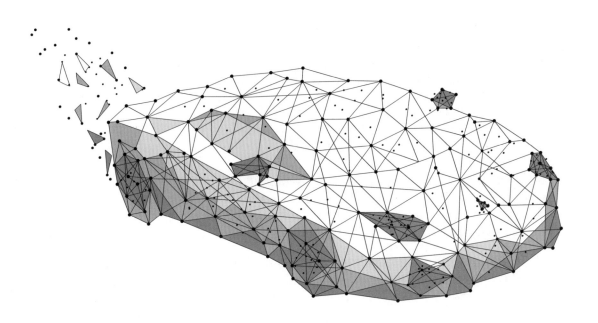

SolidWorks 2021
快速入门与深入实战

邵为龙◎编著
Shao Weilong

清华大学出版社

北京

内 容 简 介

本书针对零基础的读者，循序渐进地介绍了使用 SolidWorks 2021 进行机械设计的相关知识，包括 SolidWorks 2021 概述、SolidWorks 2021 软件的安装、软件的工作界面与基本操作设置、二维草图设计、零件设计、钣金设计、装配设计、模型的测量与分析、工程图设计等。

为了能够使读者更快地掌握该软件的基本功能，在内容安排上，书中结合大量的案例对 SolidWorks 软件中的一些抽象概念、命令和功能进行讲解。在写作方式上，本书采用真实的软件操作界面、真实的对话框、操控板和按钮进行具体讲解，让读者直观、准确地操作软件进行学习，从而尽快入手，提高读者的学习效率。另外，本书中的案例都是根据对国内外著名公司的培训教案整理而成，具有很强的实用性。

本书内容全面、条理清晰、实例丰富、讲解详细、图文并茂，可作为广大工程技术人员学习 SolidWorks 的自学教材和参考书籍，也可作为大中专院校学生和各类培训学校学员的 SolidWorks 课程上课或者上机练习素材。

本书附赠书中所有的范例文件和练习素材，以及视频教程。另外，为了方便低版本用户学习，本书提供了 SolidWorks 2020 版本的配套素材供读者下载。

图书在版编目（CIP）数据

SolidWorks 2021 快速入门与深入实战 / 邵为龙编著． —北京：清华大学出版社，2022.1
（计算机技术开发与应用丛书）
ISBN 978-7-302-58718-7

Ⅰ．①S… Ⅱ．①邵… Ⅲ．①计算机辅助设计—应用软件 Ⅳ．① TP391.72

中国版本图书馆 CIP 数据核字（2021）第 142623 号

责任编辑：赵佳霓
封面设计：吴　刚
责任校对：时翠兰
责任印制：曹婉颖

出版发行：清华大学出版社
　　　网　　址：http://www.tup.com.cn，http://www.wqbook.com
　　　地　　址：北京清华大学学研大厦 A 座　　　　邮　编：100084
　　　社 总 机：010-62770175　　　　邮　购：010-83470235
　　　投稿与读者服务：010-62776969，c-service@tup.tsinghua.edu.cn
　　　质量反馈：010-62772015，zhiliang@tup.tsinghua.edu.cn
　　　课件下载：http://www.tup.com.cn，010-83470236
印 装 者：北京嘉实印刷有限公司
经　　销：全国新华书店
开　　本：186mm×240mm　　　印　张：23.25　　　字　数：521 千字
版　　次：2022 年 3 月第 1 版　　　　印　次：2022 年 3 月第 1 次印刷
印　　数：1~2000
定　　价：100.00 元

产品编号：092232-01

前 言
PREFACE

SolidWorks 是由法国达索公司推出的一款功能强大的三维机械设计软件系统，自 1995 年问世以来，凭借优异的性能、易用性和创新性，极大地提高了机械设计工程图的设计效率，在与同类软件的激烈竞争中确立了稳固的市场地位，成为三维设计软件的标杆产品，其应用范围涉及航空航天、汽车、机械、造船、通用机械、医疗机械、家居家装和电子等诸多领域。

功能强大、易学易用和技术创新是 SolidWorks 的三大特点，这些特点使得 SolidWorks 成为领先的、主流的三维 CAD 解决方案。SolidWorks 2021 在设计创新、易学易用和提高整体性能等方面都得到了显著的加强，包括增加了沿非线性边线创建钣金边线卷边、增加了执行 3MF 导出和导入，扩展了对颜色和外观的支持及动态加载轻量级零部件、查找循环引用及创建用作配置的简化装配体。

本书对系统、全面学习 SolidWorks 2021 具有很强的实用性，其特色如下：

- 内容全面。涵盖了草图设计、零件设计、钣金设计、装配设计和工程图制作等。
- 讲解详细，条理清晰。保证自学的读者能独立学习和实际使用 SolidWorks 软件。
- 范例丰富。本书对软件的主要功能命令，先结合简单的范例进行讲解，然后安排一些较复杂的综合案例帮助读者深入理解、灵活运用。
- 写法独特。采用 SolidWorks 2021 真实对话框、操控板和按钮进行讲解，使初学者可以直观、准确地操作软件，大大提高学习效率。
- 附加值高。本书制作了几百个知识点、设计技巧，包含了工程师多年的设计经验，并且配有针对性的实例教学视频，时间长达 28h。

本书由济宁格宸教育咨询有限公司的邵为龙编写，参加编写的人员还有吕广凤、邵玉霞、陆辉、石磊、邵翠丽、陈瑞河、吕凤霞、孙德荣和吕杰。本书已经经过多次审核，如有疏漏之处，恳请广大读者予以指正，以便及时更新和改正。

邵为龙
2021 年 10 月

教学课件

配套素材

目 录
CONTENTS

第 1 章

SolidWorks 概述

1.1　SolidWorks 2021 主要功能模块简介

SolidWorks 软件是世界上第 1 个基于 Windows 操作系统开发的三维 CAD 系统，由于技术创新符合 CAD 技术的发展潮流和趋势，SolidWorks 公司于两年间成为 CAD/CAM 产业中获利最高的公司。SolidWorks 所遵循的易用、稳定和创新三大原则得到了全面落实和证明，使用它，设计师可以大大缩短设计时间，从而使产品快速、高效地投向了市场。

在 SolidWorks 2021 中共有三大模块，分别是零件设计、装配设计和工程图。其中零件设计模块又包括草图设计、机械零件设计、曲面零件设计、钣金零件设计、钢结构（焊接）设计及模具设计等小模块。通过认识 SolidWorks 中的模块，读者可以快速了解它的主要功能。下面具体介绍 SolidWorks 2021 中的一些主要功能模块。

1. 零件设计

SolidWorks 零件设计模块主要可以实现机械零件设计、曲面零件设计、钣金零件设计、钢结构设计、模具设计等。

1）机械零件设计

SolidWorks 提供了非常强大的实体建模功能。通过拉伸、旋转、扫描、放样、拔模、加强筋、镜像、阵列等功能实现产品的快速设计。通过对特征或者草图进行编辑或者编辑定义就可以非常方便地对产品进行快速设计及修改。

2）曲面零件设计

SolidWorks 曲面造型设计功能主要用于曲线线框设计及曲面造型设计，用来完成一些外观比较复杂的产品造型设计，软件提供多种高级曲面造型工具，如边界曲面、扫描曲面及放样曲面等，帮助用户完成复杂曲面的设计。

3）钣金零件设计

SolidWorks 钣金设计模块主要用于钣金件结构设计，包括钣金平整壁、钣金折弯、钣金弯边、钣金成型与冲压等，还可以在考虑钣金折弯参数的前提下对钣金件进行展平，从而方便钣金件的加工与制造。

4）钢结构设计

SolidWorks 焊件设计主要用于设计各种型材结构件，如厂房钢结构、大型机械设备上的护栏结构、支撑机架等，它们都是使用各种型材焊接而成的，这些结构都可以使用 SolidWorks 焊件设计功能完成。

5）模具设计

SolidWorks 提供了内置模具设计工具，可以非常智能地完成模具型腔、模具型芯的快速创建，在整个模具设计过程中，用户可以使用一系列的工具进行控制。另外，使用相关模具设计插件，还能够帮助用户轻松完成整套模具的模架设计。

2. 装配设计

SolidWorks 装配设计模块主要用于产品装配设计，软件向用户提供了两种装配设计方法，一种是自下向顶的装配设计方法。另一种是自顶向下的装配设计方法。使用自下向上的装配设计方法可以将已经设计好的零件导入 SolidWorks 装配设计环境进行参数化组装以得到最终的装配产品，而使用自顶向下设计方法则首先设计产品总体结构造型，然后分别向产品零件级别进行细分以完成所有产品零部件结构的设计，从而得到最终产品。

3. 工程图

SolidWorks 工程图设计模块主要用于创建产品工程图，包括产品零件工程图和装配工程图，在工程图模块中，用户能够方便地创建各种工程图视图，如主视图、投影视图、轴测图、剖视图等，还可以进行各种工程图标注，如尺寸标注、公差标注、粗糙度符号标注等，另外工程图设计模块具有强大的工程图模板定制功能及工程图符号定制功能，还可以自动生成零件清单，如材料报表，并且提供与其他图形文件（如 dwg、dxf 等）的交互式图形处理，从而扩展 SolidWorks 工程图的实际应用。

1.2 SolidWorks 2021 新功能

功能强大、技术创新、易学易用是 SolidWorks 软件的三大特点，这使得 SolidWorks 成为先进的主流三维 CAD 设计软件。SolidWorks 提供了多种不同的设计方案，以减少设计过程中的错误并且提高产品的质量。

目前市面上所见到的三维 CAD 设计软件中，设计过程最简便、最人性化的莫过于 SolidWorks 了。就像美国著名咨询公司 Daratech 所评论的那样：在基于 Windows 平台的三维 CAD 软件中，SolidWorks 是最著名的品牌，是市场快速增长的领导者。

相比 SolidWorks 软件的早期版本，最新的 SolidWorks 2021 做出如下改进：

- 零件与特征。使用 SolidWorks 2021，现在可沿非线性边线创建钣金边线卷边。新的颜色选取器可帮助用户精确定义外观。执行 3MF 导出和导入时，扩展了对颜色和外观的支持。现在，可在自定义属性、焊件和钣金切割清单属性中评估方程式。新增焊件剪裁功能及在结构系统中用于选择打孔点的操纵器。

- 装配体性能。使用 SolidWorks 2021 可更高效地访问和处理装配体。动态加载轻量级零部件、查找循环引用及创建用作配置的简化装配体。将这些省时的增强功能与新的图形改进相结合，可更好地发挥 GPU 的运算能力，帮助减少等待时间，让用户有更多时间可用于设计。

- 装配体生产力工具。SolidWorks 2021 中新增的装配体生产力工具可以做到更好地控制装配体设计。其中包括全新顺畅的配合属性管理器、新增链式阵列的间距选项和零部件阵列配置的同步选项。此外，还改进了配合对齐控制和槽口配合默认设置的新选项，包括锁定槽口配合旋转等功能。

- 工程图。进一步增强 SolidWorks 2020 中引入的详图模式，支持详图创建、视图打断和视图裁剪功能，现在详图模式还支持孔标注功能，可修改现有标注的内容和特征。可以编辑现有尺寸，包括公差值和箭头类型。其他的工程图增强功能还包括为草图实体添加"快速关系"工具栏，以及在放置尺寸时提供透明尺寸预览功能，确保更易于选取其他项目。

- SolidWorks MBD。允许将基准目标符号添加至 DimXpert 尺寸方案及将折弯系数表包含到 3D PDF，这些新增功能有助于用户更好地整理产品和制造数据（PMI）。

- eDrawings。eDrawings 让用户能够精彩地分享三维概念，同时又能保护知识产权。eDrawings 2021 为用户提供更多选项，让用户能比以前更轻松地传达想法。

- 电气设计功能。SolidWorks 2021 Electrical 3D Routing 通过支持采用直线和样条曲线方式布线以创建复杂的布线路径，帮助应对棘手的任务。同时具备将多条导线固定到线夹的功能，可以为用户整理路线节省大量时间。

- Simulation 功能。①此功能可实现更快的接触仿真；②可将小刚度应用到合格区域以稳定模型，使解算器在启动时不会出现不稳定问题；③几何体修正可实现更逼真的接触展示；④提高了接合交互的准确性，以实现可靠、快速的网格化；⑤更准确地自动选择方程式解算器，在速度和内存使用方面也有相应的改进；⑥达索系统与全球领先的塑料材料供应商建立了合作关系，确保客户可以访问最新、最准确的塑料材料数据等。

1.3　SolidWorks 2021 软件的安装

1.3.1　SolidWorks 2021 软件安装的硬件要求

SolidWorks 2021 软件系统可以安装在工作站（Work Station）或者个人计算机上运行。如果是在个人计算机上安装，为了保证软件安全和正常使用，计算机硬件要求如下：

CPU 芯片：3.3GHz 或更高。

内存：16GB 或更大；PDM Contributor/Viewer 或电气原理图：8GB 或更大。

驱动器：建议使用 SSD 驱动器。

磁盘空间：建议使用 16GB、30GB 或者以上。

硬盘：安装 SolidWorks 2021 软件系统的基本模块，需要 16GB 左右的空间，考虑到软件启动后虚拟内存及获取联机帮助的需要，建议硬盘准备 20GB 以上的空间，建议固态硬盘（256GB 或者 512GB）加机械硬盘（1TB 或者 2TB）结合。

显卡：一般要求支持 OpenGL 的 3D 显卡，分辨率为 1024×768 像素以上，推荐至少使用 64 位独立显卡，如果显卡性能太低会导致软件自动退出（NVIDIA Quadro P2000 4GB GDDR5、NVIDIA Quadro RTX 4000 8GB GDDR6、NVIDIA Quadro RTX 5000 GDDR6 16GB）。

鼠标：建议使用三键（带滚轮）鼠标。

显示器：一般要求 15 英寸或以上。

键盘：标准键盘。

1.3.2 SolidWorks 2021 软件安装的操作系统要求

SolidWorks 2021 需要在 Windows 10 64 位系统下运行。

1.3.3 单机版 SolidWorks 2021 软件的安装

安装 SolidWorks 2021 的操作步骤如下。

〇步骤1 将 SolidWorks 2021 软件安装光盘（从 SolidWorks 2020 开始，DVD 发布媒体仅会根据要求提供，如有需要可以与经销商联系了解更多信息）中的文件复制到计算机中，然后双击 setup 文件（将安装光盘放入光驱内），等待片刻后会出现如图 1.1 所示的对话框。

图 1.1 "SolidWorks 2021 安装管理器"对话框

注意

如果双击 🔧 setup 文件后弹出如图 1.2 所示的对话框，单击"确定"按钮即可。

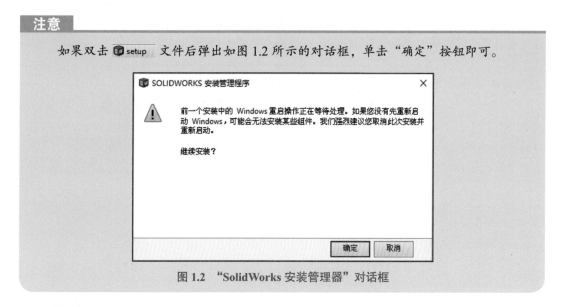

图 1.2　"SolidWorks 安装管理器"对话框

○步骤 2　在如图 1.1 所示的 SolidWorks 2021 SP0 安装管理程序对话框中单击"下一步"按钮，系统弹出如图 1.3 所示的对话框。

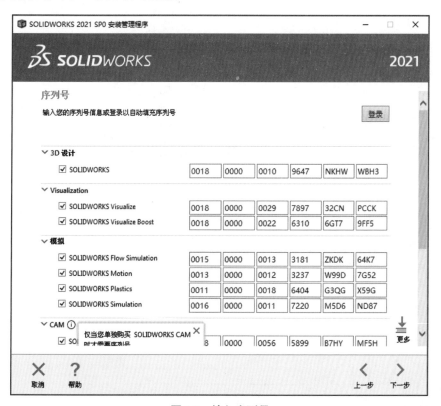

图 1.3　输入序列号

◯步骤3 在如图 1.3 所示的 SolidWorks 2021 SP0 安装管理程序对话框中输入官方授权的许可序列号，然后单击"下一步"按钮，系统弹出如图 1.4 所示的对话框。

图 1.4　连接到 SolidWorks

注意

　　如果计算机中已安装了低版本的 SolidWorks，系统会弹出如图 1.5 所示的对话框，用户可以选择升级或者单独安装新版本程序，选择后单击"下一步"按钮。

图 1.5　安装选项

◎步骤 4 稍等片刻后，系统弹出如图 1.6 所示的对话框。

（1）在如图 1.6 所示的对话框中单击产品后的"更改"按钮，系统弹出如图 1.7 所示的对话框，在该对话框中可以修改安装的产品及安装的语言等，建议安装简体中文语言包。

图 1.6　摘要

图 1.7　产品选择

（2）在如图 1.6 所示的对话框中单击下载选项后的"更改"按钮，系统弹出如图 1.8 所示的对话框，在该对话框中可以控制是否使用后台下载程序，建议取消选中"为将来的 service pack 使用后台下载程序"复选框。

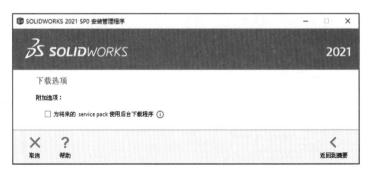

图 1.8　下载选项

（3）在如图 1.6 所示的对话框中单击安装位置后的"更改"按钮，可以修改软件的安装位置，为了能够更快速地运行程序建议将软件安装在固态硬盘中。

（4）单击"返回摘要"按钮可以返回如图 1.6 所示的对话框。

◎步骤5　在如图 1.6 所示的对话框中选中"我接受 SOLIDWORKS 条款"复选框，单击"现在安装"按钮，在弹出的如图 1.9 所示的对话框中设置端口 @ 服务器信息，单击"确定"按钮，系统就可以弹出如图 1.10 所示的对话框进行主程序的安装。

图 1.9　端口@服务器

图 1.10　主程序安装

○步骤 6 安装完成后单击如图 1.11 所示的对话框中的"完成"按钮完成安装。

图 1.11　完成安装

第 2 章　SolidWorks 软件的工作界面与基本操作设置

2.1　工作目录

1. 什么是工作目录

工作目录简单来讲就是一个文件夹，这个文件夹的作用又是什么呢？我们都知道当使用 SolidWorks 完成一个零件的具体设计后，肯定需要将其保存下来，这个保存的位置就是工作目录。

2. 为什么要设置工作目录

工作目录其实用来帮助我们管理当前所做的项目，是一个非常重要的管理工具。下面以一个简单的装配文件为例，介绍工作目录的重要性：例如一个装配文件需要 4 个零件来装配，如果之前没注意工作目录的问题，将这 4 个零件分别保存在 4 个文件夹中，那么在装配的时候，依次会到这 4 个文件夹中寻找零件，这样操作起来就比较麻烦，也不便于工作效率的提高，最后我们在保存装配文件的时候，如果不注意，则很容易将装配文件保存于一个我们不知道的地方，如图 2.1 所示。

如果在进行装配之前设置了工作目录，并且对这些需要进行装配的文件进行了有效管理，即将这 4 个零件都放在创建的工作目录中，这些问题便不会出现了。另外，在完成装配后，装配文件和各零件都必须保存在同一个文件夹中，即同一个工作目录中，否则下次打开装配文件时会出现打开失败的问题，如图 2.2 所示。

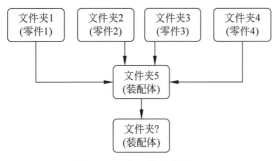

图 2.1　不合理的文件管理

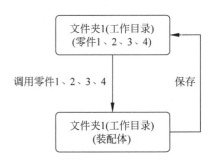

图 2.2　合理的文件管理

3. 如何设置工作目录

在项目开始之前，首先在计算机上创建一个文件夹作为工作目录，如在 D 盘中创建一个 Solidworks_work01 的文件夹，用来存放和管理该项目的所有文件，如零件文件、装配文件和工程图文件等。

2.2　软件的启动与退出

▶ 7min

2.2.1　软件的启动

启动 SolidWorks 软件主要是有以下几种方法。

方法 1：双击 Windows 桌面上的 SolidWorks 2021 软件快捷图标，如图 2.3 所示。

方法 2：右击 Windows 桌面上的 SolidWorks 2021 软件快捷图标并选择"打开"命令，如图 2.4 所示。

> **说明**
>
> 读者在正常安装 SolidWorks 2021 后，在 Windows 桌面上都会显示 SolidWorks 2021 的快捷图标。

方法 3：从 Windows 系统开始菜单启动 SolidWorks 2021 软件，操作方法如下。

○步骤1 单击 Windows 左下角的 ⊞ 按钮。

○步骤2 选择 ⊞ → SOLIDWORKS 2021 → SOLIDWORKS 2021 命令，如图 2.5 所示。

　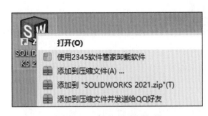　

图 2.3　SolidWorks 2021 快捷图标　　　图 2.4　右击快捷菜单　　　图 2.5　Windows 开始菜单

方法 4：双击现有的 SolidWorks 文件也可以启动软件。

2.2.2　软件的退出

退出 SolidWorks 软件主要有以下几种方法。

方法 1：选择下拉菜单"文件"→"退出"命令退出软件。

方法 2：单击软件右上角的 ⊠ 按钮。

2.3 SolidWorks 2021 工作界面

在学习本节前，需先打开一个随书配套的模型文件。选择下拉菜单"文件"→"打开"命令，在"打开"对话框中选择目录 D:\sw21\work\ch02.03，选中"转板 .SLDPRT"文件，单击"打开"按钮。

▶35min

2.3.1 基本工作界面

SolidWorks 2021 版本零件设计环境的工作界面主要包括下拉菜单、快速访问工具栏、功能选项卡、设计树、视图前导栏、图形区、任务窗格和状态栏等，如图 2.6 所示。

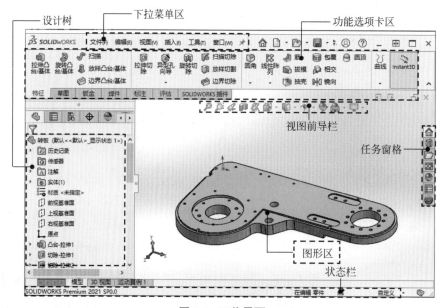

图 2.6 工作界面

1. 下拉菜单

下拉菜单包含软件在当前环境下所有的功能命令，这其中主要包含文件、编辑、视图、插入、工具、窗口下拉菜单，其主要作用是用来帮助我们执行相关的功能命令。

> **注意**
>
> 默认情况下下拉菜单是如图 2.7 所示的隐藏状态，读者可以通过单击 ▶ 按钮，然后单击下拉菜单后的 ✦ 按钮转换成 ✦ 即可永久显示。

图 2.7 隐藏的下拉菜单

2. 功能选项卡

功能选项卡显示 SolidWorks 建模中的常用功能按钮，并以选项卡的形式进行分类。有的面板中没有足够的空间显示所有的按钮，用户在使用时可以单击下方带三角的按钮 ‾▾‾ ，以展开折叠区域，显示其他相关的命令按钮。

注意

用户会看到有些菜单命令和按钮处于非激活状态（呈灰色，即暗色），这是因为它们目前还没有处在发挥功能的环境中，一旦它们进入有关的环境，便会自动激活。

下面是零件模块功能区中部分选项卡的介绍。

- 特征功能选项卡包含 SolidWorks 中常用的零件建模工具，主要有实体加料工具、实体减料工具、修饰工具、复制工具及特征编辑工具等，如图 2.8 所示。

图 2.8　特征功能选项卡

- 草图功能选项卡用于草图的绘制、草图的编辑、草图约束的添加等与草图相关的功能，如图 2.9 所示。

图 2.9　草图功能选项卡

- 评估功能选项卡用于模型数据的测量、质量属性的获取、曲面质量的分析、模型的检测分析等，如图 2.10 所示。

图 2.10　评估功能选项卡

- SolidWorks 插件功能选项卡用于调用软件配套的插件，如图 2.11 所示。

图 2.11　SolidWorks 插件功能选项卡

- MBD 功能选项卡主要用于标注三维尺寸数据，如图 2.12 所示。

图 2.12　MBD 功能选项卡

3. 设计树

设计树中列出了活动文件中的所有零件、特征及基准和坐标系等，并以树的形式显示模型结构。设计树的主要功能及作用有以下几点：

- 查看模型的特征组成。例如图 2.13 所示的带轮模型就是由旋转、螺纹孔和阵列圆周 3 个特征组成的。
- 查看每个特征的创建顺序。例如图 2.13 所示的模型第 1 个创建的特征为旋转 1，第 2 个创建的特征为 M3 螺纹孔 1，第 3 个创建的特征为阵列（圆周）1。
- 查看每一步特征创建的具体结构。将鼠标放到如图 2.13 所示的控制棒上，此时鼠标形状将会变为一个小手的图形，按住鼠标左键将其拖动到旋转 1 下，此时绘图区将只显示旋转 1 所创建的特征，如图 2.14 所示。
- 编辑及修改特征参数。右击需要编辑的特征，在系统弹出的下拉菜单中选择编辑特征命令就可以修改特征数据了。

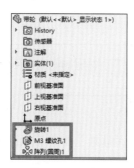

图 2.13　设计树

图 2.14　旋转特征 1

4. 图形区

图形区为 SolidWorks 各种模型图像的显示区，也叫主工作区，类似于计算机的显示器。

5. 视图前导栏

视图前导栏主要用于控制模型的各种显示，例如放大缩小、剖切、显示隐藏、外观设置、场景设置、显示方式及模型定向等。

6. 任务窗格

SolidWorks 的任务窗格包含以下内容。

- SolidWorks 资源：包括 SolidWorks 工具、在线资源、订阅服务等。
- 设计库：包括钣金冲压模具库、管道库、电气布线库、标准件库及自定义库等内容。
- 文件探索器：相当于 Windows 资源管理器，可以方便查看和打开模型。
- 视图调色板：用于在工程图环境中通过拖动的方式创建基本工程图视图。
- 外观布景贴图：用于快速设置模型的外观、场景（所处的环境）、贴图等。
- 自定义属性：用于自定义属性标签编制程序。
- 3DEXPERIENCE Marketplace：三维体验平台，是达索公司使用云端技术，并且基于浏览器开发的三维建模解决方案。3DExperience 平台是一个基于云的环境，它将产品开发过程从设计、制造到交付连接起来。

7. 状态栏

在用户操作软件的过程中，消息区会实时地显示与当前操作相关的提示信息等，以引导用户操作，当前软件的使用环境，如草图环境、零件环境、装配环境、工程图环境等，以及当前软件的单位制，如图 2.15 所示。

图 2.15　状态栏

2.3.2　工作界面的自定义

在进入 SolidWorks 2021 后，在零件设计环境下选择下拉菜单"工具"→"自定义"（单击快速访问工具栏中 ⊚ 后的 · 按钮，选择"自定义"命令也可以进行命令的执行），系统弹出如图 2.16 所示的"自定义"对话框，使用该对话框可以对工作界面进行自定义。

图 2.16　"自定义"对话框

注意

　　自定义功能需要在新建文件后才可用，如果在启动软件后没有新建任何文件，则此功能不可用。

1. 工具栏的自定义

　　在如图 2.16 所示的"自定义"对话框中单击"工具栏"选项卡，就可以进行工具栏的自定义，用户可以非常方便地控制工具栏是否显示在工作界面中。□ 图标代表工具栏没有显示在工作界面，☑ 图标代表工具栏显示在工作界面，例如：在默认情况下草图工具栏不显示在工作界面，我们可以将草图前的图标 ☑ 选中，此时就可以在工作界面中看到草图工具栏了，如图 2.17 所示。

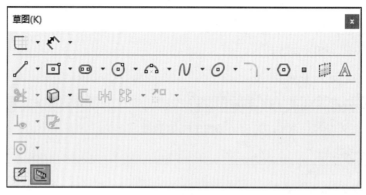

图 2.17　草图工具栏

2. 命令按钮的自定义

　　下面以如图 2.18 所示的特征工具栏的自定义为例，介绍自定义工具栏工具按钮的一般操作过程。

　　步骤 1　执行命令。选择下拉菜单"工具"→"自定义"命令，系统弹出自定义对话框。

　　步骤 2　显示需要自定义的对话框。在自定义对话框中选中特征工具栏，系统将显示如图 2.18 所示的特征工具栏。

　　步骤 3　在自定义对话框中单击"命令"选项卡，在类别列表中选择"特征"选项。

　　步骤 4　移除命令按钮。在特征工具栏中单击 📷 按钮，按住鼠标左键拖动至图形区的空白位置放开，此时特征工具栏如图 2.19 所示。

图 2.18　特征工具栏（一）　　　　　　　图 2.19　特征工具栏（二）

○步骤 5　添加命令按钮。在自定义对话框中单击 🖩 按钮，并按住鼠标左键拖动至特征工具栏上合适的位置放开，此时特征工具栏如图 2.18 所示。

3. 菜单命令的自定义

在自定义对话框中单击"菜单"按钮，就可以进行下拉菜单的自定义了。下面以将拉伸特征添加到插入最顶端节点为例，介绍自定义菜单命令的一般操作过程。

○步骤 1　执行命令。在如图 2.20 所示自定义对话框的类别下拉列表中选择"插入"选项，在命令列表中选择"凸台 / 基体"下的"拉伸"选项。

图 2.20　自定义对话框

○步骤 2　在如图 2.20 所示自定义对话框的"更改什么菜单"下拉列表中选择"插入"选项，在"菜单上位置"列表中选择"在顶端"。

○步骤 3　采用默认的命令命名。在自定义对话框中单击"添加"按钮，然后单击"确定"按钮完成命令的自定义，此时会在插入下拉菜单中多出"拉伸"命令，如图 2.21 所示。

图 2.21　插入下拉菜单

4. 键盘的自定义

在自定义对话框中单击"键盘"选项卡，如图 2.22 所示，就可以设置功能命令的快捷键了，这样就可以快速方便地执行命令了，从而提高设计效率。

图 2.22　键盘选项卡

2.4　SolidWorks 基本鼠标操作

使用 SolidWorks 软件执行命令时，主要是用鼠标指针单击工具栏中的命令图标，也可以选择下拉菜单或者用键盘输入快捷键来执行命令，还可以使用键盘输入相应的数值。与其他的 CAD 软件类似，SolidWorks 也提供了各种鼠标的功能，包括执行命令、选择对象、弹出快捷菜单、控制模型的旋转、缩放和平移等。

2.4.1　使用鼠标控制模型

1. 旋转模型

按住鼠标中键，移动鼠标就可以旋转模型了，鼠标移动的方向就是旋转的方向。

在绘图区空白位置右击，在系统弹出的快捷菜单中选择"旋转视图"，按住鼠标左键移动鼠标即可旋转模型。

2. 缩放模型

滚动鼠标中键，向前滚动可以缩小模型，向后滚动可以放大模型。

先按住 Shift 键，然后按住鼠标中键，向前移动鼠标可以放大模型，向后移动鼠标可以缩小模型。

在绘图区空白位置右击，在系统弹出的快捷菜单中选择"放大或缩小"，按住鼠标左键向前移动鼠标放大模型，按住鼠标左键向后移动鼠标缩小模型。

3. 平移模型

先按住 Ctrl 键，然后按住鼠标中键，移动鼠标就可以移动模型了，鼠标移动的方向就是模型移动的方向。

在绘图区空白位置右击，在系统弹出的快捷菜单中选择"平移"，按住鼠标左键移动鼠标即可平移模型。

2.4.2 对象的选取

1. 选取单个对象

直接单击需要选取的对象。

在设计树中单击对象名称即可选取对象，被选取的对象会加亮显示。

2. 选取多个对象

按住 Ctrl 键，单击多个对象就可以选取多个对象了。

在设计树中按住 Ctrl 键单击多个对象名称即可选取多个对象。

在设计树中按住 Shift 键选取第一个对象，再选取最后一个对象，就可以选中从第一个到最后一个对象之间的所有对象。

3. 利用选择过滤器工具栏选取对象

使用如图 2.23 所示的选择过滤器工具条可以帮助我们选取特定类型的对象，例如我们只想选取边线，此时可以打开选择过滤器，按下 按钮即可。

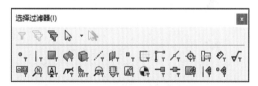

图 2.23 选择过滤器工具栏

> **注意**
>
> 当按下 按钮时，系统只可以选取边线对象，而不能选取其他对象。

2.5 SolidWorks 文件操作

2.5.1 打开文件

正常启动软件后，要想打开名称为转板 .SLDPRT 的文件，其操作步骤如下。

○步骤 1 执行命令。选择快速访问工具栏中的 ，如图 2.24 所示（或者选择下拉菜单"文件"→"打开"命令），系统弹出打开对话框。

5min

图 2.24　快速访问工具栏

○步骤 2　打开文件。找到模型文件所在的文件夹后，在文件列表中选中要打开的文件名为转板 .SLDPRT 的文件，单击"打开"按钮，即可打开文件（或者双击文件名也可以打开文件）。

注意

对于最近打开的文件，可以在文件下拉菜单中将其直接打开，或者在快速访问工具栏中单击 🗐 后的 ·，在系统弹出的下拉菜单中选择"浏览最近文件"命令，在系统弹出的对话框中双击要打开的文件即可打开。

单击"打开"文本框右侧的 ▾ 按钮，从弹出的快捷菜单中选择"以只读打开"命令，可以将选中的文件以只读方式打开（只读方式下只可以查看而不可以编辑及修改），如图 2.25 所示。

单击"所有文件"文本框右侧的 ▾ 按钮，选择某种文件类型，此时文件列表中将只显示此类型的文件，方便用户打开某种特定类型的文件，如图 2.26 所示。

| 打开 |
| 以只读打开 |

图 2.25　打开快捷菜单

| SOLIDWORKS 文件 (*.sldprt; *.sldasm; *.slddrw) |
| SOLIDWORKS SLDXML (*.sldxml) |
| SOLIDWORKS 工程图 (*.drw; *.slddrw) |
| SOLIDWORKS 装配体 (*.asm; *.sldasm) |
| SOLIDWORKS 零件 (*.prt; *.sldprt) |
| 3D Manufacturing Format (*.3mf) |
| ACIS (*.sat) |
| Add-Ins (*.dll) |
| Adobe Illustrator Files (*.ai) |
| Adobe Photoshop Files (*.psd) |
| Autodesk AutoCAD Files (*.dwg;*.dxf) |
| Autodesk Inventor Files (*.ipt*.iam) |
| CADKEY (*.prt;*.ckd) |
| CATIA Graphics (*.cgr) |
| CATIA V5 (*.catpart;*.catproduct) |
| IDF (*.emn;*.brd;*.bdf;*.idb) |
| IFC 2x3 (*.ifc) |
| IGES (*.igs;*.iges) |
| JT (*.jt) |
| Lib Feat Part (*.lfp;*.sldlfp) |
| Mesh Files(*.stl;*.obj;*.off;*.ply;*.ply2) |
| Parasolid (*.x_t;*.x_b;*.xmt_txt;*.xmt_bin) |
| PTC Creo Files (*.prt;*.prt.*;*.xpr;*.asm;*.asm.*;*.xas) |
| Rhino (*.3dm) |
| Solid Edge Files (*.par;*.psm;*.asm) |
| STEP AP203/214/242 (*.step;*.stp) |
| Template (*.prtdot;*.asmdot;*.drwdot) |
| Unigraphics/NX (*.prt) |
| VDAFS (*.vda) |
| VRML (*.wrl) |
| 所有文件 (*.*) |

图 2.26　文件类型列表

2.5.2　保存文件

保存文件非常重要，读者一定要养成间隔一段时间就对所做工作进行保存的习惯，这样就可以避免出现一些意外而造成的不必要的麻烦。保存文件分两种情况：如果要保存已经打开的文件，则文件保存后系统会自动覆盖当前文件；如果要保存新建的文件，则系统会弹出另存为对话框，下面以新建一个 save 文件并保存为例，说明保存文件的一般操作过程。

○步骤 1　新建文件。选择快速访问工具栏中的 🗋· （或者选择下拉菜单"文件"→"新建"命令），系统弹出新建 SolidWorks 文件对话框。

○步骤 2　选择零件模板。在新建 SolidWorks 文件对话框中选择"零件" 🖳，然后单击"确定"按钮。

○步骤 3　保存文件。选择快速访问工具栏中的 🖫· 命令（或者选择下拉菜单"文件"→"保存"命令），系统弹出"另存为"对话框。

○步骤 4　在"另存为"对话框中选择文件保存的路径，例如 D:\sw21\work\ch02.05，在文件名文本框中输入文件名称，例如 save，单击另存为对话框中的"保存"按钮，即可完成保存。

> **注意**
>
> 　　在文件下拉菜单中有一个另存为命令，保存与另存为的区别主要在于：保存是保存当前文件，另存为可以将当前文件复制，然后进行保存，并且保存时可以调整文件名称，而原始文件不受影响。
>
> 　　如果打开多个文件，并且进行了一定的修改，可以通过"文件"→"保存所有"命令进行快速全部保存。

2.5.3　关闭文件

2min

关闭文件主要有以下两种情况：

第一，如果关闭文件前已经对文件进行了保存，可以选择下拉菜单"文件"→"关闭"命令（或者按快捷键 Ctrl+W）直接关闭文件。

第二，如果关闭文件前没有对文件进行保存，则在选择"文件"→"关闭"命令（或者按快捷键 Ctrl+W）后，系统会弹出如图 2.27 所示的 SolidWorks 对话框，提示用户是否需要保存文件，此时单击对话框中的"全部保存"就可以将文件保存后关闭文件，单击"不保存"将不保存文件而直接关闭。

图 2.27　SolidWorks 对话框

第 3 章

SolidWorks 二维草图设计

3.1　SolidWorks 二维草图设计概述

　　SolidWorks 零件设计是以特征为基础进行创建的，大部分零件的设计来源于二维草图。一般的设计思路：首先创建特征所需的二维草图，然后将此二维草图结合某个实体建模的功能将其转换为三维实体特征，多个实体特征依次堆叠得到零件，因此二维草图的零件建模是最基层也是最重要的部分。掌握绘制二维草图的一般方法与技巧对于创建零件及提高零件设计的效率非常关键。

注意

　　二维草图的绘制必须选择一个草图基准面，也就是要确定草图在空间中的位置（打个比方：草图相当于所写的文字，我们都知道通常写字要有一张纸，我们要把字写在一张纸上，纸就是草图基准面，纸上所写的字就是二维草图，并且一般我们写字都要把纸铺平之后写，所以草图基准面需要是一个平的面）。草图基准面可以是系统默认的 3 个基准平面，即前视基准面、上视基准面和右视基准面，如图 3.1 所示，也可以是现有模型的平面表面，另外还可以是我们自己创建的基准平面。

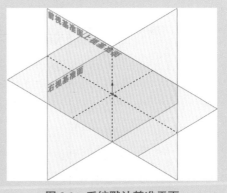

图 3.1　系统默认基准平面

▶ 6min

3.2　进入与退出二维草图设计环境

1. 进入草图环境的操作方法

　　○ 步骤 1　启动 SolidWorks 软件。

　　○ 步骤 2　新建文件。选择"快速访问工具栏"中的 🗋· 命令（或者选择下拉菜单"文件"→"新建"命令），系统弹出"新建 SolidWorks 文件"对话框。在"新建 SolidWorks 文件"对话框中选择"零件" 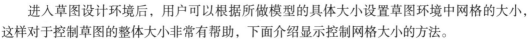，然后单击"确定"按钮进入零件建模环境。

○步骤 3 单击 草图 功能选项卡中的草图绘制 [草图绘制] 按钮（或者选择下拉菜单"插入"→"草图绘制"命令），在系统提示"选择一基准面为实体生成草图"下，选取"前视基准面"作为草图平面，进入草图环境。

2. 退出草图环境的操作方法

在草图设计环境中单击图形右上角的"退出草图"按钮 （或者选择下拉菜单"插入"→"退出草图"命令）。

3.3　草绘前的基本设置

6min

1. 设置网格间距

进入草图设计环境后，用户可以根据所做模型的具体大小设置草图环境中网格的大小，这样对于控制草图的整体大小非常有帮助，下面介绍显示控制网格大小的方法。

○步骤 1 进入草图环境后，单击"快速访问工具栏"中 ⊙ 后的 · 按钮，选择"选项"命令，系统弹出"系统选项"对话框。

○步骤 2 在"系统选项"对话框中选择"文档属性"选项卡，然后在左侧的列表中选择 网格线/捕捉 选项。

○步骤 3 设置网格参数。选中 ☑显示网格线(D) 复选框即可在绘图区看到网格线，在 主网格间距(M): 文本框中输入主网格间距，在 主网格间次网格数 文本框中输入次网格间距，如图 3.2 所示。

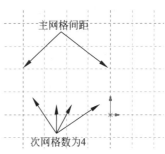

图 3.2　网格间距设置

注意

此设置仅在草图环境中有效。

---

2. 设置系统捕捉

在"系统选项"对话框中选择"系统选项"选项卡，然后在左侧的列表中单击"草图"下的 几何关系/捕捉 节点，可以设置在创建草图时是否捕捉特殊的位置约束，以及是否自动添加所捕捉到的约束。

几何关系/捕捉 **节点下部分选项的说明：**

- ☑激活捕捉(S) 复选框：用于设置是否开启捕捉约束功能。当选中时将可以捕捉 草图捕捉 区域中选中的特殊约束，当不选中时将可以捕捉所有约束。
- ☑自动几何关系(U) 复选框：用户设置是否将自动捕捉的约束进行自动添加。

3.4 SolidWorks 二维草图的绘制

3.4.1 直线的绘制

4min

○步骤1 进入草图环境。选择"快速访问工具栏"中的 □· 命令，系统弹出"新建 SolidWorks 文件"对话框。在"新建 SolidWorks 文件"对话框中选择"零件" 🔧，然后单击"确定"按钮进入零件建模环境。单击 草图 功能选项卡中的草图绘制 ⌐ 草图绘制 按钮，在系统提示下，选取"前视基准面"作为草图平面，进入草图环境。

说明

- 在绘制草图时，必须选择一个草图平面才可以进入草图环境进行草图的具体绘制。
- 以后在绘制草图时，如果没有特殊的说明，则都是在前视基准面上进行草图绘制。

○步骤2 执行命令。单击 草图 功能选项卡 ∕· 后的 · 按钮，选择 ∕ 直线 命令，系统弹出如图 3.3 所示的"插入线条"对话框。

说明

直线命令的执行还有下面两种方法。

- 选择下拉菜单"工具"→"草图绘制实体"→"直线"命令。
- 在绘图区右击，从系统弹出的快捷菜单中依次选择 草图绘制实体(K) → ∕ 命令。

○步骤3 选取直线起点。在图形区任意位置单击，即可确定直线的起始点，单击位置就是起始点位置，此时可以在绘图区看到"橡皮筋"线附着在鼠标指针上，如图 3.4 所示。

图 3.3 "插入线条"对话框

图 3.4 直线绘制"橡皮筋"

图 3.3 所示的"插入线条"对话框中部分选项说明如下。

- ◉按绘制原样(S) 复选框：用于绘制任意方向的直线。

- ⊙水平(H) 复选框：用于绘制水平方向的直线。
- ⊙竖直(V) 复选框：用于绘制竖直方向的直线。
- ⊙角度(A) 复选框：用于绘制特定角度（角度为与水平方向的夹角）的直线。
- ☑作为构造线(C) 复选框：用于绘制构造直线，构造线在绘图时主要起到定位参考作用。
- ☑无限长度(I) 复选框：用于绘制无线长度的直线，一般与构造线配合使用。
- ☑中点线(M) 复选框：用于绘制已知中点的直线。

◎步骤 4　选取直线终点。在图形区任意位置单击，即可确定直线的终点，单击位置就是终点位置，系统会自动在起点和终点之间绘制一条直线，并且在直线的终点处再次出现"橡皮筋"线。

◎步骤 5　连续绘制。重复步骤 4 可以创建一系列连续的直线。

◎步骤 6　结束绘制。在键盘上按 Esc 键，结束直线的绘制。

3.4.2　中心线的绘制

◎步骤 1　进入草图环境。单击 草图 功能选项卡中的草图绘制 ⌐ 草图绘制 按钮，在系统提示下，选取"前视基准面"作为草图平面，进入草图环境。

◎步骤 2　执行命令。单击 草图 功能选项卡 ∕· 后的 · 按钮，选择 ∕ 中心线(N) 命令，系统弹出"插入线条"对话框。

> **说明**
>
> 中心线命令的执行还有下面两种方法。
> - 选择下拉菜单"工具"→"草图绘制实体"→"中心线"命令。
> - 在绘图区右击，从系统弹出的快捷菜单中依次选择 草图绘制实体(K) → ∕ 命令。

◎步骤 3　选取中心线的起点。在图形区任意位置单击，即可确定中心线的起始点，单击位置就是起始点位置，此时可以在绘图区看到"橡皮筋"线附着在鼠标指针上。

◎步骤 4　选取中心线终点。在图形区任意位置单击，即可确定中心线的终点，单击位置就是终点位置，系统会自动在起点和终点之间绘制一条中心线，并且在中心线的终点处再次出现"橡皮筋"线。

◎步骤 5　连续绘制。重复步骤 4 可以创建一系列连续的中心线。

◎步骤 6　结束绘制。在键盘上按 Esc 键，结束中心线的绘制。

3.4.3　中点线的绘制

◎步骤 1　进入草图环境。单击 草图 功能选项卡中的草图绘制 ⌐ 草图绘制 按钮，在系统提示下，选取"前视基准面"作为草图平面，进入草图环境。

◎步骤 2　执行命令。单击 草图 功能选项卡 ∕· 后的 · 按钮，选择 ＼ 中点线 命令，系统弹出"插入线条"对话框。

> **说明**
>
> 中点线命令的执行还有下面两种方法。
> - 选择下拉菜单"工具"→"草图绘制实体"→"中点线"命令。
> - 在绘图区右击，从系统弹出的快捷菜单中依次选择 草图绘制实体(K) → ✎ 命令。

◎步骤3 选取中点线的中点。在图形区任意位置单击，即可确定中点线的中点，单击位置就是中点位置，此时可以在绘图区看到"橡皮筋"线附着在鼠标指针上。

◎步骤4 选取中点线终点。在图形区任意位置单击，即可确定中点线的终点，单击位置就是起始点位置，系统会自动绘制一条中点线，并且在中心线的终点处再次出现"橡皮筋"线。

◎步骤5 连续绘制。重复步骤4可以创建一系列连续的直线。

◎步骤6 结束绘制。在键盘上按 Esc 键，结束中点线的绘制。

15min

3.4.4 矩形的绘制

方法一：边角矩形

◎步骤1 进入草图环境。单击 草图 功能选项卡中的草图绘制 ⌐ 草图绘制 按钮，在系统提示下，选取"前视基准面"作为草图平面，进入草图环境。

◎步骤2 执行命令。单击 草图 功能选项卡 ▭· 后的 · 按钮，选择 ▭ 边角矩形 命令，系统弹出"矩形"对话框。

◎步骤3 定义边角矩形的第一个角点。在图形区任意位置单击，即可确定边角矩形的第一个角点。

◎步骤4 定义边角矩形的第二个角点。在图形区任意位置再次单击，即可确定边角矩形的第二个角点，此时系统会自动在两个角点间绘制一个边角矩形。

◎步骤5 结束绘制。在键盘上按 Esc 键，结束边角矩形的绘制。

方法二：中心矩形

◎步骤1 进入草图环境。单击 草图 功能选项卡中的草图绘制 ⌐ 草图绘制 按钮，在系统提示下，选取"前视基准面"作为草图平面，进入草图环境。

◎步骤2 执行命令。单击 草图 功能选项卡 ▭· 后的 · 按钮，选择 ▭ 中心矩形 命令，系统弹出"矩形"对话框。

◎步骤3 定义中心矩形的中心。在图形区任意位置单击，即可确定中心矩形的中心点。

◎步骤4 定义中心矩形的一个角点。在图形区任意位置再次单击，即可确定中心矩形的第一个角点，此时系统会自动绘制一个中心矩形。

◎步骤 5 结束绘制。在键盘上按 Esc 键，结束中心矩形的绘制。

方法三：3 点边角矩形

◎步骤 1 进入草图环境。单击 草图 功能选项卡中的草图绘制 [□ 草图绘制] 按钮，在系统提示下，选取"前视基准面"作为草图平面，进入草图环境。

◎步骤 2 执行命令。单击 草图 功能选项卡 □· 后的 · 按钮，选择 ◇ 3 点边角矩形 命令，系统弹出"矩形"对话框。

◎步骤 3 定义 3 点边角矩形的第 1 个角点。在图形区任意位置单击，即可确定 3 点边角矩形的第 1 个角点。

◎步骤 4 定义 3 点边角矩形的第 2 个角点。在图形区任意位置再次单击，即可确定 3 点边角矩形的第 2 个角点，此时系统会绘制出矩形的一条边线。

◎步骤 5 定义 3 点边角矩形的第 3 个角点。在图形区任意位置再次单击，即可确定 3 点边角矩形的第 3 个角点，此时系统会自动在 3 个角点间绘制一个矩形。

◎步骤 6 结束绘制。在键盘上按 Esc 键，结束矩形的绘制。

方法四：3 点中心矩形

◎步骤 1 进入草图环境。单击 草图 功能选项卡中的草图绘制 [□ 草图绘制] 按钮，在系统提示下，选取"前视基准面"作为草图平面，进入草图环境。

◎步骤 2 执行命令。单击 草图 功能选项卡 □· 后的 · 按钮，选择 ◈ 3 点中心矩形 命令，系统弹出"矩形"对话框。

◎步骤 3 定义 3 点中心矩形的中心点。在图形区任意位置单击，即可确定 3 点中心矩形的中心点。

◎步骤 4 定义 3 点中心矩形的一边的中点。在图形区任意位置再次单击，即可确定 3 点中心矩形一条边的中点。

◎步骤 5 定义 3 点中心矩形的一个角点。在图形区任意位置再次单击，即可确定 3 点中心矩形一个角点，此时系统会自动在 3 个点间绘制一个矩形。

◎步骤 6 结束绘制。在键盘上按 Esc 键，结束矩形的绘制。

方法五：平行四边形

◎步骤 1 进入草图环境。单击 草图 功能选项卡中的草图绘制 [□ 草图绘制] 按钮，在系统提示下，选取"前视基准面"作为草图平面，进入草图环境。

◎步骤 2 执行命令。单击 草图 功能选项卡 □· 后的 · 按钮，选择 ⧄ 平行四边形 命令，系统弹出"矩形"对话框。

◎步骤 3 定义平行四边形的第 1 个角点。在图形区任意位置单击，即可确定平行四边形的第 1 个角点。

◎步骤4 定义平行四边形的第 2 个角点。在图形区任意位置再次单击，即可确定平行四边形的第 2 个角点。

◎步骤5 定义平行四边形的第 3 个角点。在图形区任意位置再次单击，即可确定平行四边形的第 3 个角点，此时系统会自动在 3 个角点间绘制一个平行四边形。

◎步骤6 结束绘制。在键盘上按 Esc 键，结束平行四边形的绘制。

▶8min

3.4.5　多边形的绘制

方法一：内切圆正多边形

◎步骤1 进入草图环境。单击 草图 功能选项卡中的草图绘制 □ 草图绘制 按钮，在系统提示下，选取"前视基准面"作为草图平面，进入草图环境。

◎步骤2 执行命令。单击 草图 功能选项卡中的 ◎ 按钮，系统弹出"多边形"对话框。

◎步骤3 定义多边形的类型。在"多边形"对话框选中 ◉内切圆 复选框。

◎步骤4 定义多边形的边数。在"多边形"对话框 ◈ 的文本框中输入边数 6。

◎步骤5 定义多边形的中心。在图形区任意位置再次单击，即可确定多边形的中心点。

◎步骤6 定义多边形的角点。在图形区任意位置再次单击，例如点 B，即可确定多边形的角点，此时系统会自动在两个点间绘制一个正六边形。

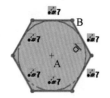

图 3.5　内切圆正多边形

◎步骤7 结束绘制。在键盘上按 Esc 键，结束多边形的绘制，如图 3.5 所示。

方法二：外接圆正多边形

◎步骤1 进入草图环境。单击 草图 功能选项卡中的草图绘制 □ 草图绘制 按钮，在系统提示下，选取"前视基准面"作为草图平面，进入草图环境。

◎步骤2 执行命令。单击 草图 功能选项卡中的 ◎ 按钮，系统弹出"多边形"对话框。

◎步骤3 定义多边形的类型。在"多边形"对话框选中 ◉外接圆(B) 复选框。

◎步骤4 定义多边形的边数。在"多边形"对话框 ◈ 的文本框中输入边数 6。

◎步骤5 定义多边形的中心。在图形区任意位置再次单击，即可确定多边形的中心点。

◎步骤6 定义多边形的角点。在图形区任意位置再次单击，例如点 B，即可确定多边形的角点，此时系统会自动在两个点间绘制一个正六边形。

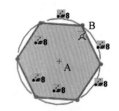

图 3.6　外接圆正多边形

◎步骤7 结束绘制。在键盘上按 Esc 键，结束多边形的绘制，如图 3.6 所示。

3.4.6　圆的绘制

▶ 5min

方法一：中心半径方式

◎步骤1　进入草图环境。单击 草图 功能选项卡中的草图绘制 ⌷ 草图绘制 按钮，在系统提示下，选取"前视基准面"作为草图平面，进入草图环境。

◎步骤2　执行命令。单击 草图 功能选项卡 ⊙· 后的 · 按钮，选择 ⊙ 圆(R) 命令，系统弹出"圆"对话框。

◎步骤3　定义圆的圆心。在图形区任意位置单击，即可确定圆形的圆心。

◎步骤4　定义圆的圆上点。在图形区任意位置再次单击，即可确定圆形的圆上点，此时系统会自动在两个点间绘制一个圆。

◎步骤5　结束绘制。在键盘上按 Esc 键，结束圆的绘制。

方法二：3 点方式

◎步骤1　进入草图环境。单击 草图 功能选项卡中的草图绘制 ⌷ 草图绘制 按钮，在系统提示下，选取"前视基准面"作为草图平面，进入草图环境。

◎步骤2　执行命令。单击 草图 功能选项卡 ⊙· 后的 · 按钮，选择 ⊙ 周边圆 命令，系统弹出"圆"对话框。

◎步骤3　定义圆上第 1 个点。在图形区任意位置单击，即可确定圆上的第 1 个点。

◎步骤4　定义圆上第 2 个点。在图形区任意位置再次单击，即可确定圆上的第 2 个点。

◎步骤5　定义圆上第 3 个点。在图形区任意位置再次单击，即可确定圆上的第 3 个点，此时系统会自动在 3 个点间绘制一个圆。

◎步骤6　结束绘制。在键盘上按 Esc 键，结束圆的绘制。

3.4.7　圆弧的绘制

▶ 10min

方法一：圆心起点端点方式

◎步骤1　进入草图环境。单击 草图 功能选项卡中的草图绘制 ⌷ 草图绘制 按钮，在系统提示下，选取"前视基准面"作为草图平面，进入草图环境。

◎步骤2　执行命令。单击 草图 功能选项卡 ⊙· 后的 · 按钮，选择 ⊙ 圆心/起/终点画弧(T) 命令，系统弹出"圆弧"对话框。

◎步骤3　定义圆弧的圆心。在图形区任意位置单击，即可确定圆弧的圆心。

◎步骤4　定义圆弧的起点。在图形区任意位置再次单击，即可确定圆弧的起点。

◎步骤5　定义圆弧的终点。在图形区任意位置再次单击，即可确定圆弧的终点，此时系统会自动绘制一个圆弧，鼠标移动的方向就是圆弧生成的方向。

◎步骤6　结束绘制。在键盘上按 Esc 键，结束圆弧的绘制。

方法二：3 点方式

○步骤1 进入草图环境。单击 草图 功能选项卡中的草图绘制 `[ 草图绘制 ]` 按钮，在系统提示下，选取"前视基准面"作为草图平面，进入草图环境。

○步骤2 执行命令。单击 草图 功能选项卡 `[ 3点圆弧(T) ]` 后的 `·` 按钮，选择 `[ 3点圆弧(T) ]` 命令，系统弹出"圆弧"对话框。

○步骤3 定义圆弧的起点。在图形区任意位置单击，即可确定圆弧的起点。

○步骤4 定义圆弧的端点。在图形区任意位置再次单击，即可确定圆弧的终点。

○步骤5 定义圆弧的通过点。在图形区任意位置再次单击，即可确定圆弧的通过点，此时系统会自动在 3 个点间绘制一个圆弧。

○步骤6 结束绘制。在键盘上按 Esc 键，结束圆弧的绘制。

方法三：相切方式

○步骤1 进入草图环境。单击 草图 功能选项卡中的草图绘制 `[ 草图绘制 ]` 按钮，在系统提示下，选取"前视基准面"作为草图平面，进入草图环境。

○步骤2 执行命令。单击 草图 功能选项卡 `[ 切线弧 ]` 后的 `·` 按钮，选择 `[ 切线弧 ]` 命令，系统弹出"圆弧"对话框。

○步骤3 定义圆弧的相切点。在图形区中选取现有开放对象的端点作为圆弧相切点。

○步骤4 定义圆弧的端点。在图形区任意位置单击，即可确定圆弧的端点，此时系统会自动在两个点间绘制一个相切的圆弧。

○步骤5 结束绘制。在键盘上按 Esc 键，结束圆弧的绘制。

说明

相切弧绘制前必须保证现有草图中有开放的图元对象，如直线、圆弧及样条曲线等。

▶3min

3.4.8 直线与圆弧的快速切换

直线与圆弧对象在进行具体绘制草图时是两个使用非常普遍的功能命令，如果我们还是采用传统的直线命令绘制直线，采用圆弧命令绘制圆弧，则绘图的效率将会非常低，因此软件向用户提供了一种快速切换直线与圆弧的方法，接下来以绘制如图 3.7 所示的图形为例，介绍直线与圆弧的快速切换方法。

图 3.7 直线与圆弧的快速切换

○步骤1 进入草图环境。单击 草图 功能选项卡中的草图绘制 `[ 草图绘制 ]` 按钮，在系统提示下，选取"前视基准面"作为草图平面，进入草图环境。

○步骤2 执行命令。单击 草图 功能选项卡 `[ 直线(L) ]` 后的 `·` 按钮，选择 `[ 直线(L) ]` 命令，系统弹出"插入线条"对话框。

◎步骤 3　绘制直线 1。在图形区任意位置单击（点 1），即可确定直线的起点。水平移动鼠标并在合适位置单击确定直线的端点（点 2），此时完成第一段直线的绘制。

◎步骤 4　绘制圆弧 1。当直线端点出现一个"橡皮筋"时，移动鼠标至直线的端点位置，此时可以在直线的端点处绘制一段圆弧，在合适的位置单击确定圆弧的端点（点 3）。

◎步骤 5　绘制直线 2。当圆弧端点出现一个"橡皮筋"时，水平移动鼠标，在合适位置单击即可确定直线的端点（点 4）。

◎步骤 6　绘制圆弧 2。当直线端点出现一个"橡皮筋"时，移动鼠标至直线的端点位置，此时可以在直线的端点处绘制一段圆弧，在直线 1 的起点处单击确定圆弧的端点。

◎步骤 7　结束绘制。在键盘上按 Esc 键，结束图形的绘制。

3.4.9　椭圆与椭圆弧的绘制

▶ 8min

1. 椭圆的绘制

◎步骤 1　进入草图环境。单击 草图 功能选项卡中的草图绘制 ⌐ 草图绘制 按钮，在系统提示下，选取"前视基准面"作为草图平面，进入草图环境。

◎步骤 2　执行命令。单击 草图 功能选项卡 ◎· 后的 · 按钮，选择 ◎ 椭圆(L) 命令。

◎步骤 3　定义椭圆的圆心。在图形区任意位置单击，即可确定椭圆的圆心。

◎步骤 4　定义椭圆长半轴点。在图形区任意位置再次单击，即可确定椭圆长半轴点，圆心与长半轴点的连线将决定椭圆的角度。

◎步骤 5　定义椭圆短半轴点。在图形区与长半轴垂直方向的合适位置单击，即可确定椭圆短半轴点，此时系统会自动绘制一个椭圆。

◎步骤 6　结束绘制。在键盘上按 Esc 键，结束椭圆的绘制。

2. 椭圆弧（部分椭圆）的绘制

◎步骤 1　进入草图环境。单击 草图 功能选项卡中的草图绘制 ⌐ 草图绘制 按钮，在系统提示下，选取"前视基准面"作为草图平面，进入草图环境。

◎步骤 2　执行命令。单击 草图 功能选项卡 ◎· 后的 · 按钮，选择 ◎ 部分椭圆(P) 命令。

◎步骤 3　定义椭圆的圆心。在图形区任意位置单击，即可确定椭圆的圆心。

◎步骤 4　定义椭圆长半轴点。在图形区任意位置再次单击，即可确定椭圆长半轴点，圆心与长半轴点的连线将决定椭圆的角度。

◎步骤 5　定义椭圆短半轴点及椭圆弧起始点。在图形区合适位置单击，即可确定椭圆短半轴及椭圆弧的起点。

◎步骤 6　定义椭圆弧终止点。在图形区合适位置单击，即可确定椭圆终止点。

◎步骤 7　结束绘制。在键盘上按 Esc 键，结束椭圆弧的绘制。

14min

3.4.10 槽口的绘制

方法一：直槽口

（步骤1）进入草图环境。单击 草图 功能选项卡中的草图绘制 □ 草图绘制 按钮，在系统提示下，选取"前视基准面"作为草图平面，进入草图环境。

（步骤2）执行命令。单击 草图 功能选项卡 ⊙ 后的 按钮，选择 直槽口 命令，系统弹出"槽口"对话框。

（步骤3）定义直槽口的第一定位点。在图形区任意位置单击，即可确定直槽口的第一定位点。

（步骤4）定义直槽口的第二定位点。在图形区任意位置再次单击，即可确定直槽口的第二定位点，第一定位点与第二定位点的连线将直接决定槽口的整体角度。

（步骤5）定义直槽口的大小控制点。在图形区任意位置再次单击，即可确定直槽口的大小控制点，此时系统会自动绘制一个直槽口。

> **注意**
>
> 大小控制点不可以与第一定位点与第二定位点之间的连线重合，否则不能创建槽口。第一定位点与第二定位点之间的连线与大小控制点之间的距离将直接决定槽口的半宽。

（步骤6）结束绘制。在键盘上按 Esc 键，结束槽口的绘制。

方法二：中心点直槽口

（步骤1）进入草图环境。单击 草图 功能选项卡中的草图绘制 □ 草图绘制 按钮，在系统提示下，选取"前视基准面"作为草图平面，进入草图环境。

（步骤2）执行命令。单击 草图 功能选项卡 ⊙ 后的 按钮，选择 中心点直槽口 命令，系统弹出"槽口"对话框。

（步骤3）定义中心点直槽口的中心点。在图形区任意位置单击，即可确定中心点直槽口的中心点。

（步骤4）定义中心点直槽口的定位点。在图形区任意位置再次单击，即可确定中心点直槽口的定位点，中心点与定位点的连线将直接决定槽口的整体角度。

（步骤5）定义中心点直槽口的大小控制点。在图形区任意位置再次单击，即可确定圆弧的通过点，此时系统会自动在 3 个点间绘制一个槽口。

（步骤6）结束绘制。在键盘上按 Esc 键，结束槽口的绘制。

方法三：三点圆弧槽口

（步骤1）进入草图环境。单击 草图 功能选项卡中的草图绘制 □ 草图绘制 按钮，在系统提示下，选取"前视基准面"作为草图平面，进入草图环境。

步骤2 执行命令。单击 草图 功能选项卡 后的 按钮，选择 三点圆弧槽口 命令，系统弹出"槽口"对话框。

步骤3 定义三点圆弧的起点。在图形区任意位置单击，即可确定三点圆弧的起点。

步骤4 定义三点圆弧的端点。在图形区任意位置再次单击，即可确定三点圆弧的终点。

步骤5 定义三点圆弧的通过点。在图形区任意位置再次单击，即可确定三点圆弧的通过点。

步骤6 定义三点圆弧槽口的大小控制点。在图形区任意位置再次单击，即可确定三点圆弧槽口的大小控制点，此时系统会自动在 3 个点间绘制一个槽口。

步骤7 结束绘制。在键盘上按 Esc 键，结束槽口的绘制。

方法四：中心点圆弧槽口

步骤1 进入草图环境。单击 草图 功能选项卡中的草图绘制 草图绘制 按钮，在系统提示下，选取"前视基准面"作为草图平面，进入草图环境。

步骤2 执行命令。单击 草图 功能选项卡 后的 按钮，选择 中心点圆弧槽口(I) 命令，系统弹出"槽口"对话框。

步骤3 定义圆弧的中心点。在图形区任意位置单击，即可确定圆弧的中心点。

步骤4 定义圆弧的起点。在图形区任意位置再次单击，即可确定圆弧的起点。

步骤5 定义圆弧的端点。在图形区任意位置再次单击，即可确定圆弧的端点。

步骤6 定义中心点圆弧槽口的大小控制点。在图形区任意位置再次单击，即可确定中心点圆弧槽口的大小控制点，此时系统会自动在 4 个点间绘制一个槽口。

步骤7 结束绘制。在键盘上按 Esc 键，结束槽口的绘制。

3.4.11　样条曲线的绘制

9min

样条曲线是通过任意多个位置点（至少两个点）的平滑曲线，样条曲线主要是用来帮助用户得到各种复杂的曲面造型，因此在进行曲面设计时会经常使用。

方法一：样条曲线

下面以绘制如图 3.8 所示的样条曲线为例，说明绘制样条曲线的一般操作过程。

步骤1 进入草图环境。单击 草图 功能选项卡中的草图绘制 草图绘制 按钮，在系统提示下，选取"前视基准面"作为草图平面，进入草图环境。

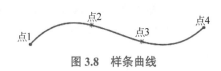

图 3.8　样条曲线

步骤2 执行命令。单击 草图 功能选项卡 后的 按钮，选择 样条曲线(S) 命令。

步骤3 定义样条曲线的第一定位点。在图形区点 1（如图 3.8 所示）位置单击，即可确定样条曲线的第一定位点。

步骤4 定义样条曲线的第二定位点。在图形区点 2（如图 3.8 所示）位置再次单击，即可确定样条曲线的第二定位点。

步骤5 定义样条曲线的第三定位点。在图形区点 3（如图 3.8 所示）位置再次单击，即可确定样条曲线的第三定位点。

步骤6 定义样条曲线的第四定位点。在图形区点 4（如图 3.8 所示）位置再次单击，即可确定样条曲线的第四定位点。

步骤7 结束绘制。在键盘上按 Esc 键，结束样条曲线的绘制。

方法二：样式样条曲线

图 3.9 样式样条曲线

下面以绘制如图 3.9 所示的样条曲线为例，说明绘制样式样条曲线的一般操作过程。

步骤1 进入草图环境。单击 草图 功能选项卡中的草图绘制 草图绘制 按钮，在系统提示下，选取"前视基准面"作为草图平面，进入草图环境。

步骤2 执行命令。单击 草图 功能选项卡 N· 后的 · 按钮，选择 样式样条曲线(S) 命令，系统弹出"插入样式样条曲线"对话框。

步骤3 定义样式样条曲线的第 1 个控制点。在图形区点 1（如图 3.9 所示）位置单击，即可确定样式样条曲线的第一定位点。

步骤4 定义样式样条曲线的第 2 个控制点。在图形区点 2（如图 3.9 所示）位置单击，即可确定样式样条曲线的第二定位点。

步骤5 定义样式样条曲线的第 3 个控制点。在图形区点 3（如图 3.9 所示）位置单击，即可确定样式样条曲线的第三定位点。

步骤6 定义样式样条曲线的第 4 个控制点。在图形区点 4（如图 3.9 所示）位置单击，即可确定样式样条曲线的第四定位点。

步骤7 结束绘制。在键盘上按 Esc 键，结束样式样条曲线的绘制。

3.4.12 文本的绘制

7min

文本是指我们常用的文字，它是一种比较特殊的草图，在 SolidWorks 中软件向我们提供了草图文字功能来帮助我们绘制文字。

方法一：普通文字

下面以绘制如图 3.10 所示的文本为例，说明绘制文本的一般操作过程。

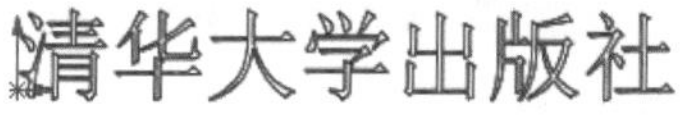

步骤1 进入草图环境。单击 草图 功能选项卡中的草图绘制 草图绘制 按钮，在系统提示下，选取"前视基准面"作为草图平面，进入草图环境。

清华大学出版社

图 3.10 文本

◎步骤2 执行命令。单击 草图 功能选项卡 Ⓐ 按钮，系统弹出"草图文字"对话框。

◎步骤3 定义文字内容。在"草图文字"对话框的"文字"区域的文本框中输入"清华大学出版社"。

◎步骤4 定义文本位置。在图形区合适位置单击，即可确定文本的位置。

◎步骤5 结束绘制。单击"草图文字"对话框中的 ✓ 按钮，结束文本的绘制。

> **注意**
>
> 　　如果不在绘图区域中单击确定位置，则系统默认在原点位置放置。
>
> 　　在通过单击方式确定放置位置时，绘图区有可能不会直接显示放置的实际位置，此时我们只需单击"草图文字"对话框中的 ✓ 按钮就可以看到实际位置。

方法二：沿曲线文字

下面以绘制如图 3.11 所示的沿曲线文字为例，说明绘制沿曲线文字的一般操作过程。

图 3.11　沿曲线文字

◎步骤1 进入草图环境。单击 草图 功能选项卡中的草图绘制 ⌐草图绘制 按钮，在系统提示下，选取"前视基准面"作为草图平面，进入草图环境。

◎步骤2 定义定位样条曲线。单击 草图 功能选项卡 Ⓝ· 后的 · 按钮，选择 Ⓝ样条曲线(S) 命令，绘制如图 3.11 所示的样条曲线。

◎步骤3 执行命令。单击 草图 功能选项卡 Ⓐ 按钮，系统弹出"草图文字"对话框。

◎步骤4 定义定位曲线。在草图文字对话框中激活曲线区域，然后选取步骤 2 所绘制的样条曲线。

◎步骤5 定义文本内容。在草图文字对话框的"文字"区域的文本框中输入"清华大学出版社"。

◎步骤6 定义文本位置。选择"两端对齐"▤ 选项，其他参数采用默认。

◎步骤7 结束绘制。单击"草图文字"对话框中的 ✓ 按钮，结束文本的绘制。

3.4.13　点的绘制

▶2min

点是最小的几何单元，由点可以帮助我们绘制线对象、圆弧对象等，点的绘制在 SolidWorks 中也比较简单，在零件设计、曲面设计时点都有很大的作用。

◎步骤1 进入草图环境。单击 草图 功能选项卡中的草图绘制 ⌐草图绘制 按钮，在系统提示下，选取"前视基准面"作为草图平面，进入草图环境。

◎步骤2 执行命令。单击 草图 功能选项卡 ▫ 按钮。

○步骤3 定义点的位置。在绘图区域中合适位置单击就可以放置点了，如果想继续放置点，则可以继续单击放置点。

○步骤4 结束绘制。在键盘上按 Esc 键，结束点的绘制。

3.5 SolidWorks 二维草图的编辑

对于比较简单的草图，在我们具体绘制时，可以将各个图元确定好，但并不是每幅图元都可以一步到位地绘制好，在绘制完成后还要对其进行必要的修剪或复制才能符合要求，这就是草图的编辑。我们在绘制草图的时候，绘制的速度较快，经常会出现绘制的图元形状和位置不符合要求的情况，这时就需要对草图进行编辑。草图的编辑包括操纵移动图元、镜像、修剪图元等，我们可以通过这些操作将一个很粗略的草图调整到很规整的状态。

▶13min

3.5.1 图元的操纵

图元的操纵主要用来调整现有对象的大小和位置。在 SolidWorks 中不同图元的操纵方法是不一样的，接下来具体介绍常用的几类图元的操纵方法。

1. 直线的操纵

整体移动直线位置：在图形区，把鼠标移动到直线上，按住左键不放，同时移动鼠标，此时直线将随着鼠标指针一起移动，达到绘图意图后松开鼠标左键即可。

> **注意**
>
> 直线移动的方向为直线垂直的方向。

调整直线的大小：在图形区，把鼠标移动到直线端点上，按住左键不放，同时移动鼠标，此时会看到直线会以另外一个点为固定点伸缩或转动直线，达到绘图意图后松开鼠标左键即可。

2. 圆的操纵

整体移动圆位置：在图形区，把鼠标移动到圆心上，按住左键不放，同时移动鼠标，此时圆将随着鼠标指针一起移动，达到绘图意图后松开鼠标左键即可。

调整圆的大小：在图形区，把鼠标移动到圆上，按住左键不放，同时移动鼠标，此时会看到圆随着鼠标移动变大或变小，达到绘图意图后松开鼠标左键即可。

3. 圆弧的操纵

整体移动圆弧位置：在图形区，把鼠标移动到圆弧圆心上，按住左键不放，同时移动鼠标，此时圆弧将随着鼠标指针一起移动，达到绘图意图后松开鼠标左键即可。

调整圆弧的大小（方法一）：在图形区，把鼠标移动到圆弧的某一个端点上，按住左键不放，同时移动鼠标，此时会看到圆弧会以另一端为固定点旋转，并且圆弧的夹角也会变化，达到绘图意图后松开鼠标左键即可。

调整圆弧的大小（方法二）：在图形区，把鼠标移动到圆弧上，按住左键不放，同时移动鼠标，此时会看到圆弧的两个端点固定不变，圆弧的夹角和圆心位置会随着鼠标的移动而变化，达到绘图意图后松开鼠标左键即可。

注意

由于在调整圆弧大小时，圆弧圆心位置也会发生变化，因此为了更好地控制圆弧位置，建议读者先调整好大小，然后再调整位置。

4. 矩形的操纵

整体移动矩形位置：在图形区，通过框选的方式选中整个矩形，然后将鼠标移动到矩形的任意一条边线上，按住左键不放，同时移动鼠标，此时矩形将随着鼠标指针一起移动，达到绘图意图后松开鼠标左键即可。

调整矩形的大小：在图形区，把鼠标移动到矩形的水平边线上，按住左键不放，同时移动鼠标，此时会看到矩形的宽度会随着鼠标移动变大或变小。在图形区，把鼠标移动到矩形的竖直边线上，按住左键不放，同时移动鼠标，此时会看到矩形的长度会随着鼠标的移动变大或变小。在图形区，把鼠标移动到矩形的角点上，按住左键不放，同时移动鼠标，此时会看到矩形的长度与宽度会随着鼠标的移动而变大或变小，达到绘图意图后松开鼠标左键即可。

5. 样条曲线的操纵

整体移动样条曲线位置：在图形区，把鼠标移动到样条曲线上，按住左键不放，同时移动鼠标，此时样条曲线将随着鼠标指针一起移动，达到绘图意图后松开鼠标左键即可。

调整样条曲线的形状大小：在图形区，把鼠标移动到样条曲线的中间控制点上，按住左键不放，同时移动鼠标，此时会看到样条曲线的形状会随着鼠标的移动而不断变化。在图形区，把鼠标移动到样条曲线的某个端点上，按住左键不放，同时移动鼠标，此时样条曲线的另一个端点和中间点固定不变，其形状随着鼠标移动而变化，达到绘图意图后松开鼠标左键即可。

3.5.2　图元的移动

图元的移动主要用来调整现有对象的整体位置。下面以如图 3.12 所示的圆弧为例，介绍图元移动的一般操作过程。

步骤 1　打开文件 D:\sw21\work\ch03.05\图元移动 -ex.SLDPRT。

步骤 2　进入草图环境。在设计树中右击

4min

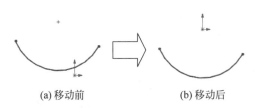

(a) 移动前　　　　　(b) 移动后

图 3.12　图元移动

◯▣(-) 草图1，选择 ▣ 命令，此时系统进入草图环境。

◯步骤3 执行命令。单击 草图 功能选项卡 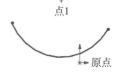 后的 ▪ 按钮，选择 移动实体 命令，系统弹出"移动"对话框。

◯步骤4 选取移动对象。在"移动"对话框中激活要移动的实体区域，在绘图区选取圆弧作为要移动的对象。

◯步骤5 定义移动参数。在"移动"对话框"参数"区域中选中 ⊙从/到(F)，激活参与区域中 ▫ 文本框，选取如图 3.13 所示的点 1 为移动参考点，选取原点为要移动到的点。

◯步骤6 在"移动"对话框中单击 ✓ 按钮完成移动的操作。

图 3.13 移动参数

3.5.3 图元的修剪

图元的修剪主要用来修剪或者延伸图元对象，也可以删除图元对象。下面以图 3.14 为例，介绍图元修剪的一般操作过程。

(a) 修剪前   (b) 修剪后

图 3.14 图元修剪

◯步骤1 打开文件 D:\sw21\work\ch03.05\ 图元修剪 -ex.SLDPRT。

◯步骤2 执行命令。单击 草图 功能选项卡 🔧 下的 ▪ 按钮，选择 ✂ 剪裁实体(T) 命令，系统弹出如图 3.15 所示的"剪裁"对话框。

图 3.15 所示的"剪裁"对话框中各选项的说明如下。

- 🔳 按钮：用于通过滑动鼠标快速修剪图元对象。

- 🔳 按钮：用于通过修剪或者延伸的方式得到交叉的边角，如图 3.16 所示，选择位置决定保留位置。

- 🔳 按钮：用于快速修剪两个所选边界内的图元对象，如图 3.17 所示，先选取边界，然后选取要修剪的对象。

- 🔳 按钮：用于快速修剪两个所选边界外的图元对象，如图 3.18 所示。

- 🔳 按钮：用于快速修剪图元中的某一段对象，如图 3.19 所示，只需要在修剪的位置单击。

- □ 将已剪裁的实体保留为构造几何体 复选框：用于将剪裁的图元转换为构造几何体，如图 3.20 所示。

图 3.15 "剪裁"对话框

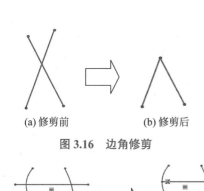

(a) 修剪前　　　　　　(b) 修剪后

图 3.16　边角修剪

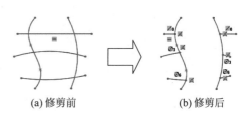

(a) 修剪前　　　　　　(b) 修剪后

图 3.17　在边界内修剪

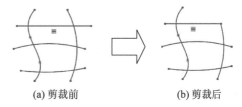

(a) 修剪前　　　　　　(b) 修剪后

图 3.18　在边界外修剪

(a) 剪裁前　　　　　　(b) 剪裁后

图 3.19　剪裁到最近段

- □ 忽略对构造几何体的剪裁 复选框：用于设置在修剪时忽略对构造线的修剪或者理解为所有构造线将不修剪。

步骤 3 定义剪裁类型。在"剪裁"对话框的区域中选中 ⊩ 。

步骤 4 在系统 选择一实体或拖动光标 的提示下，拖动鼠标左键绘制如图 3.21 所示的轨迹，与该轨迹相交的草图图元将被修剪，结果如图 3.14（b）所示。

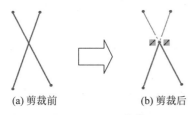

(a) 剪裁前　　　　　　(b) 剪裁后

图 3.20　图元剪裁

图 3.21　图元的修剪

步骤 5 在"剪裁"对话框中单击 ✓ 按钮，完成此操作。

3.5.4　图元的延伸

图元的延伸主要用来延伸图元对象。下面以图 3.22 为例，介绍图元延伸的一般操作过程。

▶ 2min

(a) 延伸前　　　　　　　　　　(b) 延伸后

图 3.22　图元延伸

◎步骤1 打开文件 D:\sw21\work\ch03.05\ 图元延伸 -ex.SLDPRT。

◎步骤2 执行命令。单击 草图 功能选项卡 ⚏ 下的 ▾ 按钮，选择 ⊤ 延伸实体 命令。

◎步骤3 定义要延伸的草图图元。在绘图区单击如图 3.22（a）所示的直线与圆弧，系统会自动将这些直线与圆弧延伸到最近的边界上。

◎步骤4 结束操作。按 Esc 键结束延伸操作，效果如图 3.22（b）所示。

3.5.5 图元的分割

图元的分割主要用来将一个草图图元分割为多个独立的草图图元。下面以图 3.23 为例，介绍图元分割的一般操作过程。

(a) 分割前　　　　　　　　　(b) 分割后

图 3.23　图元分割

◎步骤1 打开文件 D:\sw21\work\ch03.05\ 图元分割 -ex.SLDPRT。

◎步骤2 执行命令。选择下拉菜单 工具(T) → 草图工具(T) → ⌒ 分割实体(I) 命令，系统弹出"分割实体"对话框。

◎步骤3 定义分割对象及位置。在绘图区需要分割的位置单击，此时系统将自动在单击处分割草图图元。

◎步骤4 结束操作。按 Esc 键结束分割操作，效果如图 3.23（b）所示。

3.5.6 图元的镜像

图元的镜像主要用来将所选择的源对象相对于某个镜像中心线进行对称复制，从而得到源对象的一个副本。图元镜像可以保留源对象，也可以不保留源对象。下面以图 3.24 为例，介绍图元镜像的一般操作过程。

◎步骤1 打开文件 D:\sw21\work\ch03.05\ 图元镜像 -ex.SLDPRT。

◎步骤2 执行命令。单击 草图 功能选项卡中的 ⋈ 镜像实体 按钮，系统弹出"镜像"对话框。

说明

由于软件将镜像错误汉化为镜向，因此本书中统一按照正确的镜像来写作。

◎步骤3 定义要镜像的草图图元。在系统 选择要镜像的实体 的提示下，在图形区框选要镜像的草图图元，如图 3.24（a）所示。

◎步骤4 定义镜像中心线。在"镜像"对话框中单击激活"镜像轴"区域的文本框，然后在系统 选择镜像所绕的线条或线性模型边线或平面实体 的提示下，选取如图 3.24（a）所示的竖直中心线作为镜像中心线。

○步骤5 结束操作。单击"镜像"对话框中的 ✓ 按钮，完成镜像操作，效果如图 3.24（b）所示。

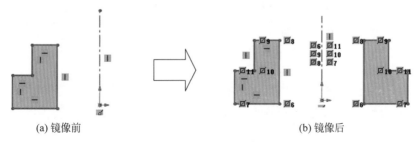

(a) 镜像前　　　　　　　　　　　(b) 镜像后

图 3.24　图元镜像

　　由于图元镜像后的副本与源对象之间是一种对称的关系，因此我们在具体绘制对称图形时，就可以采用先绘制一半，然后通过镜像复制的方式快速得到另外一半，进而提高实际绘图效率。

3.5.7　图元的等距

10min

　　图元的等距主要用来将所选择的源对象沿着某个方向移动一定的距离，从而得到源对象的一个副本。下面以图 3.25 为例，介绍图元等距的一般操作过程。

○步骤1 打开文件 D:\sw21\work\ch03.05\ 图元等距 -ex.SLDPRT。

○步骤2 执行命令。单击 草图 功能选项卡中的 ⊏ 按钮，系统弹出如图 3.26 所示的"等距实体"对话框。

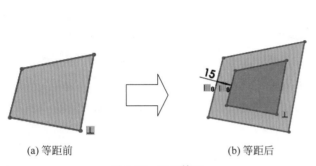

(a) 等距前　　　　　　　　(b) 等距后

图 3.25　图元等距

图 3.26　"等距实体"对话框

○步骤3 定义要等距的草图图元。在系统 选择要等距的面、边线或草图曲线。 的提示下，在图形区选取要等距的草图图元，如图 3.25（a）所示。

◎步骤 4 定义等距的距离。在"等距实体"对话框中的 ⟨⟩ 文本框中输入数值 15。

◎步骤 5 定义等距的方向。在绘图区域中图形外侧单击，外测单击就是等距到外侧，内侧单击就是等距到内侧，系统自动完成等距草图。

图 3.26 所示的"等距实体"对话框中各选项的说明如下。

- ⟨⟩ 文本框：用于设置等距的距离。
- ☑添加尺寸(D) 复选框：用于设置是否在等距后添加尺寸约束，如图 3.25（b）所示。
- ☑反向(R) 复选框：用于调整等距的方向。
- ☑选择链(S) 按钮：用于设置是否选取与所选对象相连的其他对象，如图 3.27 所示。
- ☑双向(B) 按钮：用于设置是否将两个方向同时等距，如图 3.28 所示。

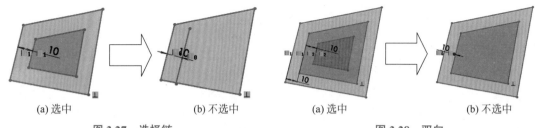

(a) 选中   (b) 不选中   (a) 选中   (b) 不选中

图 3.27 选择链   图 3.28 双向

- ☑顶端加盖(C) 复选框：用于设置是否封闭两端开口，此选项只针对开放的对象有效，当选中 ◉圆弧(A) 时，将使用圆弧封闭两端开口，当选中 ◉直线(L) 时，将使用直线封闭两端开口，如图 3.29 所示。

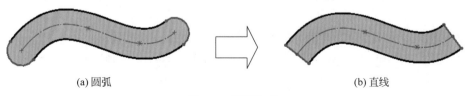

(a) 圆弧   (b) 直线

图 3.29 顶端加盖

- 构造几何体: 复选框：用于设置是否将图元设置为构造线，当选中 ☑基本几何体(E) 时，系统会将原始图元设置为构造线，选中 ☑偏移几何体(O) 时，系统将偏移后的对象设置为构造线。

3.5.8 图元的阵列

图元的阵列主要用来将所选择的源对象进行规律性的复制，从而得到源对象的多个副本，在 SolidWorks 中，软件主要向用户提供了两种阵列方法，一种是线性阵列，另一种是圆周阵列。

1. 线性阵列

下面以图 3.30 为例，介绍线性阵列的一般操作过程。

◎步骤 1 打开文件 D:\sw21\work\ch03.05\ 线性阵列 -ex.SLDPRT。

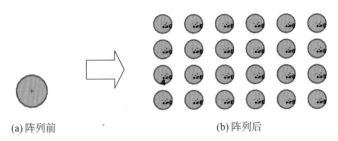

(a) 阵列前　　　　　　　　　(b) 阵列后

图 3.30　线性阵列

◎步骤2 执行命令。单击 草图 功能选项卡 线性草图阵列 ▾ 后的 ▾ 按钮，选择 线性草图阵列 命令，系统弹出"线性阵列"对话框。

◎步骤3 定义要阵列的草图图元。在"线性阵列"对话框中激活要阵列的实体区域，选取如图 3.30（a）所示的圆作为阵列对象。

◎步骤4 定义 X 方向阵列参数。在"线性阵列"对话框的 方向1(1) 区域中，将阵列间距 设置为 25，将阵列数量 设置为 6，将阵列角度 设置为 0。

◎步骤5 定义 Y 方向阵列参数。在"线性阵列"对话框的 方向2(2) 区域中，将阵列数量 设置为 4，将阵列间距 设置为 22，将阵列角度 设置为 90。

◎步骤6 结束操作。单击"线性阵列"对话框中的 ✔ 按钮，完成线性阵列操作，效果如图 3.30（b）所示。

2. 圆周阵列

下面以图 3.31 为例，介绍圆周阵列的一般操作过程。

◎步骤1 打开文件 D:\sw21\work\ch03.05\ 圆周阵列 -ex.SLDPRT。

◎步骤2 执行命令。单击 草图 功能选项卡 线性草图阵列 ▾ 后的 ▾ 按钮，选择 圆周草图阵列 命令，系统弹出"圆周阵列"对话框。

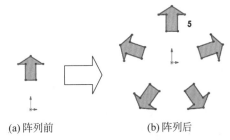

(a) 阵列前　　　　(b) 阵列后

图 3.31　圆周阵列

◎步骤3 定义要阵列的草图图元。在"圆周阵列"对话框中激活要阵列的实体区域，选取如图 3.31（a）所示的箭头作为阵列对象。

◎步骤4 定义阵列参数。在"圆周阵列"对话框的 参数(P) 区域中，将 设置为 360，选中 ☑等间距(S) 复选框，在 文本框输入数量 5，其他参数均采用默认。

◎步骤5 结束操作。单击"圆周阵列"对话框中的 ✔ 按钮，完成圆周阵列的操作，效果如图 3.31（b）所示。

3.5.9　图元的复制

▶3min

下面以图 3.32 为例，介绍图元复制的一般操作过程。

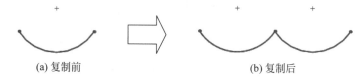

(a) 复制前　　　　　　　　　　　　　　(b) 复制后

图 3.32　图元复制

◎步骤 1　打开文件 D:\sw21\work\ch03.05\ 图元复制 -ex.SLDPRT。

◎步骤 2　执行命令。单击 草图 功能选项卡 [移动实体] 后的 · 按钮，选择 [复制实体] 命令，系统弹出"复制"对话框。

◎步骤 3　定义要复制的草图图元。在系统 [选择草图项目或注解.] 的提示下，在图形区选取圆弧为要复制的草图图元，如图 3.32（a）所示。

◎步骤 4　定义复制方式。在"复制"对话框的 参数(P) 区域中选中 ⦿从到(F) 单选按钮。

◎步骤 5　定义基准点。在系统 [单击来定义复制的基准点.] 的提示下，选取圆弧的左端点作为基准点。

◎步骤 6　定义目标点。在系统 [单击来定义复制的目标点.] 的提示下，选取圆弧的右端点作为目标点。

◎步骤 7　结束操作。单击"复制"对话框中的 ✓ 按钮，完成复制操作，效果如图 3.32(b)所示。

▶3min

3.5.10　图元的旋转

下面以图 3.33 为例，介绍图元旋转的一般操作过程。

◎步骤 1　打开文件 D:\sw21\work\ch03.05\ 图元旋转 -ex.SLDPRT。

◎步骤 2　执行命令。单击 草图 功能选项卡 [移动实体] 后的 · 按钮，选择 [旋转实体] 命令，系统弹出"旋转"对话框。

◎步骤 3　定义要旋转的草图图元。在系统 [选择草图项目或注解.] 的提示下，在图形区选取圆弧为要旋转的草图图元，如图 3.33（a）所示。

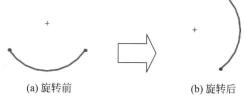

(a) 旋转前　　　　　　　　(b) 旋转后

图 3.33　图元旋转

◎步骤 4　定义旋转中心。在"旋转"对话框的参数区域中激活"旋转中心"区域，选取圆弧的圆心为旋转中心。

◎步骤 5　定义旋转角度。在参数区域的 🔄 文本框输入 90。

◎步骤 6　结束操作。单击"旋转"对话框中的 ✓ 按钮，然后按 Esc 键完成旋转操作，效果如图 3.33（b）所示。

▶4min

3.5.11　图元的缩放

下面以图 3.34 为例，介绍图元缩放的一般操作过程。

◎步骤❶ 打开文件 D:\sw21\work\ch03.05\ 图元缩放 -ex.SLDPRT。

◎步骤❷ 执行命令。单击 草图 功能选项卡 ⊡移动实体 ┆ 后的 ┆ 按钮，选择 ⊡缩放实体比例 命令，系统弹出"比例"对话框。

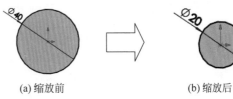

(a) 缩放前　　　　(b) 缩放后

图 3.34　图元缩放

◎步骤❸ 定义要缩放的草图图元。在系统 选择草图项目或注解. 的提示下，在图形区选取圆为要缩放的草图图元，如图 3.34（a）所示。

◎步骤❹ 定义缩放中心。在"比例"的参数区域中激活比例缩放点区域，选取圆心为缩放中心。

◎步骤❺ 定义缩放比例。在参数区域的 ⊡ 文本框输入 0.5。

◎步骤❻ 结束操作。单击"比例"对话框中的 ✓ 按钮，然后按 Esc 键完成缩放操作，效果如图 3.34（b）所示。

3.5.12　倒角

下面以图 3.35 为例，介绍倒角的一般操作过程。

◎步骤❶ 打开文件 D:\sw21\work\ch03.05\ 倒角 -ex.SLDPRT。

◎步骤❷ 执行命令。单击 草图 功能选项卡 ⌐ 后的 ┆ 按钮，选择 ⌐绘制倒角 命令，系统弹出如图 3.36 所示的"绘制倒角"对话框。

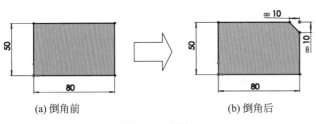

(a) 倒角前　　　　　　　(b) 倒角后

图 3.35　倒角

图 3.36　"绘制倒角"对话框

图 3.36 所示的"绘制倒角"对话框中各选项的说明如下。

● ⦿角度距离(A) 单选按钮：用于通过角度和距离控制倒角的大小。

● ⦿距离-距离(D) 单选按钮：用于通过距离和距离控制倒角的大小。

● ☑相等距离(E) 复选框：此选项适用于 ⦿距离-距离(D) 被选中时，选中该选项，可使距离 1 与距离 2 相等。

◎步骤❸ 定义倒角参数。在"绘制倒角"对话框的倒角参数区域中选中 ⦿距离-距离(D) 与 ☑相等距离(E)，在 ⌱ 文本框中输入 10。

◎步骤❹ 定义倒角对象。选取矩形的右上角点作为倒角对象，对象选取时还可以选取矩形的上方边线和右侧边线。

◎步骤5 结束操作。单击"绘制倒角"对话框中的 ✓ 按钮，完成倒角的操作，效果如图 3.35（b）所示。

6min

3.5.13 圆角

下面以图 3.37 为例，介绍圆角的一般操作过程。

◎步骤1 打开文件 D:\sw21\work\ch03.05\ 圆角 -ex.SLDPRT。

◎步骤2 执行命令。单击 草图 功能选项卡 ⃗⃤ 后的 · 按钮，选择 ⌐ 绘制圆角 命令，系统弹出如图 3.38 所示的"绘制圆角"对话框。

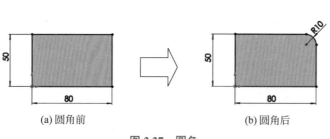

(a) 圆角前　　　　(b) 圆角后

图 3.37　圆角

图 3.38　"绘制圆角"对话框

图 3.38 所示的"绘制圆角"对话框中各选项的说明如下。

- ⃗⃤ 文本框：用于设置圆角半径的大小。
- ☑保持拐角处约束条件(K) 复选框：用于添加圆角与所连接的两个对象呈相切的几何约束关系。
- ☑标注每个圆角的尺寸(D) 复选框：当在多个对象间添加圆角时，选中此复选框，系统会在每个圆角上标注圆角半径。

◎步骤3 定义圆角参数。在"绘制圆角"对话框"圆角参数"区域的 ⃗⃤ 文本框中输入圆角半径值 10。

◎步骤4 定义倒角对象。选取矩形的右上角点作为圆角对象，对象选取时还可以选取矩形的上方边线和右侧边线。

◎步骤5 结束操作。单击"绘制圆角"对话框中的 ✓ 按钮，完成圆角的操作，效果如图 3.37（b）所示。

3.5.14 图元的删除

删除草图图元的一般操作过程如下。

◎步骤1 在图形区选中要删除的草图图元。

◎步骤2 按键盘上的 Delete 键，所选图元即可被删除。

3.6　SolidWorks 二维草图的几何约束

3.6.1　几何约束概述

根据实际设计的要求，一般情况下，当用户将草图的形状绘制出来之后，一般会根据实际要求增加一些如平行、相切、相等和共线等约束来帮助进行草图定位。我们把这些定义图元和图元之间几何关系的约束叫作草图几何约束。在 SolidWorks 中可以很容易地添加这些约束。

3.6.2　几何约束的种类

在 SolidWorks 中支持的几何约束类型包含重合 ⊼、水平 ═、竖直 ▮、中点 ⊿、同心 ◎、相切 ◔、平行 ◳、垂直 ⊾、相等 ≡、全等 ⊙、共线 ◢、合并、对称 ◪ 及固定 ✖。

3.6.3　几何约束的显示与隐藏

在视图前导栏中单击 ⊙▾ 后的 ▾，在系统弹出的下拉菜单中当 ▱ 按钮处于按下状态时，说明几何约束处于显示状态，如果 ▱ 按钮处于弹起状态，则说明几何约束处于隐藏状态。

3.6.4　几何约束的自动添加

▶ 5min

1. 基本设置

在快速访问工具栏中单击 ⊙▾ 按钮，系统弹出"系统选项"对话框，然后单击"系统选项"对话框中的"系统选项"选项卡，在左侧的节点中选中草图下的 几何关系/捕捉 节点，选中 ☑激活捕捉(S) 与 ☑自动几何关系(U) 复选框，其他参数采用默认，如图 3.39 所示。

图 3.39　"系统选项"对话框

2. 一般操作过程

下面以绘制一条水平的直线为例，介绍自动添加几何约束的一般操作过程。

◎步骤1 选择命令。单击 草图 功能选项卡 ╱· 后的 · 按钮，选择 ╱ 直线 命令。

◎步骤2 在绘图区域中单击确定直线的第一个端点，然后水平移动鼠标，此时在鼠标右下角可以看到 ═ 符号，代表此线是一条水平线，此时单击鼠标就可以确定直线的第二个端点，完成直线的绘制。

◎步骤3 在绘制完的直线的下方如果有 ═ 的几何约束符号，则代表几何约束已经添加成功，如图 3.40 所示。

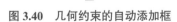

图 3.40 几何约束的自动添加框

3.6.5 几何约束的手动添加

▶7min

在 SolidWorks 中手动添加几何约束的方法一般是先选中要添加几何约束的对象，选取的对象如果是单个，则可以直接采用单击的方式选取，如果需要选取多个对象，则需要按住 Ctrl 键进行选取，然后在左侧"属性"对话框的添加几何关系区域选择一个合适的几何约束。下面以添加一个合并和相切约束为例，介绍手动添加几何约束的一般操作过程。

◎步骤1 打开文件 D:\sw21\work\ch03.06\ 几何约束 -ex.SLDPRT。

◎步骤2 选择添加合并约束的图元。按住 Ctrl 键选取直线的上端点和圆弧的右端点，如图 3.41 所示，系统弹出如图 3.42 所示的"属性"对话框。

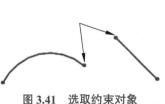

图 3.41 选取约束对象

图 3.42 "属性"对话框

◎步骤3 定义重合约束。在"属性"对话框的添加几何关系区域中单击 ☑ 合并(G) 按钮，然后单击 ✓ 按钮，完成合并约束的添加，如图 3.43 所示。

◎步骤4 添加相切约束。按住 Ctrl 键选取直线和圆弧，系统弹出"属性"对话框。在"属性"对话框的添加几何关系区域中单击 △ 相切(A) 按钮，然后单击 ✓ 按钮，完成相切约束的添加，如图 3.44 所示。

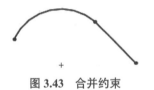

图 3.43 合并约束

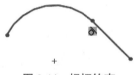

图 3.44 相切约束

3.6.6　几何约束的删除

在 SolidWorks 中添加几何约束时，如果草图中有原本不需要的约束，则必须先把这些不需要的约束删除，然后添加必要的约束，原因是对于一个草图来讲，需要的几何约束应该是明确的，如果草图中存在不需要的约束，必然会导致一些必要约束无法正常添加，因此我们就需要掌握约束删除的方法。下面以删除如图 3.45 所示的相切约束为例，介绍删除几何约束的一般操作过程。

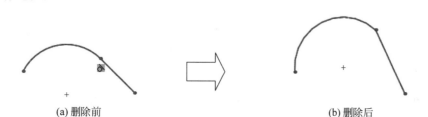

(a) 删除前　　　　　　　　　　　　　(b) 删除后

图 3.45　删除约束

◎步骤1　打开文件 D:\sw21\work\ch03.06\ 删除约束 -ex.SLDPRT。

◎步骤2　选择要删除的几何约束。在绘图区选中如图 3.45（a）所示的 ☒ 符号。

◎步骤3　删除几何约束。按键盘上的 Delete 键即可删除约束（或者在 ☒ 符号上右击，选择"删除"命令）。

◎步骤4　操纵图形。将鼠标移动到直线与圆弧的连接处，按住鼠标左键拖动即可得到如图 3.45（b）所示的图形。

3.7　SolidWorks 二维草图的尺寸约束

3.7.1　尺寸约束概述

尺寸约束也称标注尺寸，主要用来确定草图中几何图元的尺寸，例如长度、角度、半径和直径。尺寸约束是一种以数值来确定草图图元精确大小的约束形式。一般情况下，当我们绘制完草图的大概形状后，需要对图形进行尺寸定位，使尺寸满足实际要求。

3.7.2　尺寸的类型

在 SolidWorks 中标注的尺寸主要分为两种：一种是从动尺寸，另一种是驱动尺寸。从动尺寸的特点有两个：一个是不支持直接修改，另一个是如果强制修改了尺寸值，则尺寸所标注的对象不会发生变化。驱动尺寸的特点也有两个：一个是支持直接修改，另一个是当尺寸发生变化时，尺寸所标注的对象也会发生变化。

3.7.3 标注线段长度

3min

（步骤1）打开文件 D:\sw21\work\ch03.07\ 尺寸标注 -ex.SLDPRT。

（步骤2）选择命令。单击 草图 功能选项卡智能尺寸 按钮（或者选择下拉菜单"工具"→"尺寸"→"智能尺寸"命令）。

（步骤3）选择标注对象。在系统 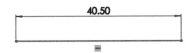 的提示下，选取如图 3.46 所示的直线，系统弹出"线条属性"对话框。

图 3.46 标注线段长度

（步骤4）定义尺寸放置位置。在直线上方合适位置单击，完成尺寸的放置，按 Esc 键完成标注。

说明

在进行尺寸标注前，建议大家进行如下设置：单击快速访问工具栏中的 ⚙ 按钮，系统弹出"系统选项"对话框，在"系统选项"选项卡下单击普通节点，取消选中□输入尺寸值(I)复选框。如果该选项被选中，则在放置尺寸后会弹出如图 3.47 所示的"修改"对话框。

图 3.47 "修改"对话框

3.7.4 标注点线距离

图 3.48 点线距离

（步骤1）选择命令。单击 草图 功能选项卡智能尺寸 按钮。

（步骤2）选择标注对象。在系统 选择一个或两个边线/顶点后再选择尺寸文字标注的位置. 的提示下，选取如图 3.48 所示的端点与直线，系统弹出"线条属性"对话框。

（步骤3）定义尺寸放置位置。水平向右移动鼠标并在合适位置单击，完成尺寸的放置，按 Esc 键完成标注。

3.7.5 标注两点距离

（步骤1）选择命令。单击 草图 功能选项卡智能尺寸 按钮。

（步骤2）选择标注对象。在系统 选择一个或两个边线/顶点后再选择尺寸文字标注的位置. 的提示下，选取如图 3.49 所示的两个端点，系统弹出"点"对话框。

（步骤3）定义尺寸放置位置。水平向右移动鼠标并在合适位置单击，完成尺寸的放置，按 Esc 键完成标注。

图 3.49 两点距离

> **说明**
>
> 　　在放置尺寸时，鼠标移动方向不同则所标注的尺寸也不同。如果水平移动尺寸，则可以标注如图 3.50 所示的竖直尺寸，如果竖直移动鼠标，则可以标注如图 3.50 所示的水平尺寸。如果沿两点连线的垂直方向移动鼠标，则可以标注如图 3.51 所示的倾斜尺寸。

图 3.50　竖直尺寸

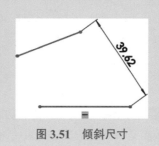
图 3.51　倾斜尺寸

3.7.6　标注两平行线间距离

　　◎步骤1　选择命令。单击 草图 功能选项卡智能尺寸 ✎ 按钮。

　　◎步骤2　选择标注对象。在系统 选择一个或两个边线/顶点后再选择尺寸文字标注的位置. 的提示下，选取如图 3.52 所示的两条直线，系统弹出"线条属性"对话框。

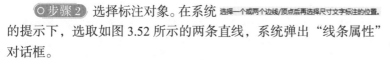
图 3.52　两平行线距离

　　◎步骤3　定义尺寸放置位置。在两直线中间合适位置单击，完成尺寸的放置，按 Esc 键完成标注。

3.7.7　标注直径

2min

图 3.53　直径

　　◎步骤1　选择命令。单击 草图 功能选项卡智能尺寸 ✎ 按钮。

　　◎步骤2　选择标注对象。在系统 选择一个或两个边线/顶点后再选择尺寸文字标注的位置. 的提示下，选取如图 3.53 所示的圆，系统弹出"圆"对话框。

　　◎步骤3　定义尺寸放置位置。在圆左上方合适位置单击，完成尺寸的放置，按 Esc 键完成标注。

3.7.8　标注半径

　　◎步骤1　选择命令。单击 草图 功能选项卡智能尺寸 ✎ 按钮。

　　◎步骤2　选择标注对象。在系统 选择一个或两个边线/顶点后再选择尺寸文字标注的位置. 的提示下，选取如图 3.54 所示的圆弧，系统弹出"线条属性"对话框。

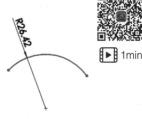
图 3.54　半径

　　◎步骤3　定义尺寸放置位置。在圆弧上方合适位置单击，完成尺寸的放置，按 Esc 键完成标注。

3.7.9 标注角度

○步骤1 选择命令。单击 草图 功能选项卡智能尺寸 ✎ 按钮。

○步骤2 选择标注对象。在系统 选择一个或两个边线/顶点后再选择尺寸文字标注的位置. 的提示下，选取如图 3.55 所示的两根直线，系统弹出"线条属性"对话框。

○步骤3 定义尺寸放置位置。在两直线之间合适位置单击，完成尺寸的放置，按 Esc 键完成标注。

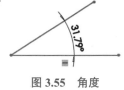

图 3.55 角度

3.7.10 标注两圆弧间的最小及最大距离

○步骤1 选择命令。单击 草图 功能选项卡智能尺寸 ✎ 按钮。

○步骤2 选择标注对象。在系统 选择一个或两个边线/顶点后再选择尺寸文字标注的位置. 的提示下，按住 Shift 键在靠近左侧的位置选取圆 1，按住 Shift 键在靠近右侧的位置选取圆 2。

○步骤3 定义尺寸放置位置。在圆上方合适位置单击，完成最大尺寸的放置，按 Esc 键完成标注，如图 3.56 所示。

> **说明**
>
> 在选取对象时，如果按住 Shift 键在靠近右侧的位置选取圆 1，按住 Shift 键在靠近左侧的位置选取圆 2 放置尺寸，此时将标注如图 3.57 所示的最小尺寸。

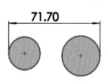
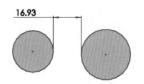

图 3.56 最大尺寸　　　图 3.57 最小尺寸

3.7.11 标注对称尺寸

○步骤1 选择命令。单击 草图 功能选项卡智能尺寸 ✎ 按钮。

○步骤2 选择标注对象。在系统 选择一个或两个边线/顶点后再选择尺寸文字标注的位置. 的提示下，选取如图 3.58 所示的直线上端点与中心线。

○步骤3 定义尺寸放置位置。在中心线右侧合适位置单击，完成尺寸的放置，按 Esc 键完成标注。

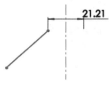

图 3.58 对称尺寸

3.7.12 标注弧长

○步骤1 选择命令。单击 草图 功能选项卡智能尺寸 ✎ 按钮。

步骤2 选择标注对象。在系统 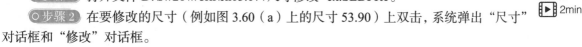 的提示下，选取如图 3.59 所示圆弧的两个端点及圆弧。

步骤3 定义尺寸放置位置。在圆弧上方合适位置单击，完成尺寸的放置，按 Esc 键完成标注。

图 3.59　弧长

3.7.13　修改尺寸

步骤1 打开文件 D:\sw21\work\ch03.07\ 尺寸修改 -ex.SLDPRT。

步骤2 在要修改的尺寸（例如图 3.60（a）上的尺寸 53.90）上双击，系统弹出"尺寸"对话框和"修改"对话框。

步骤3 在"修改"对话框中输入数值 60，然后单击"修改"对话框中的 ✓ 按钮，再单击"尺寸"对话框中的 ✓ 按钮，完成尺寸的修改。

步骤4 重复步骤 2 和步骤 3，修改角度尺寸，最终结果如图 3.60（b）所示。

(a) 修改前　　　　　　　　　　　　　　　　　　(b) 修改后

图 3.60　修改尺寸

3.7.14　删除尺寸

删除尺寸的一般操作步骤如下。

步骤1 选中要删除的尺寸，单个尺寸可以单击选取，多个尺寸可以按住 Ctrl 键选取。

步骤2 按键盘上的 Delete 键（或者在选中的尺寸上右击，在弹出的快捷菜单中选择 ✕ 删除 ⑩ 命令），选中的尺寸就可被删除。

3.7.15　修改尺寸精度

读者可以使用"系统选项"对话框来控制尺寸的默认精度。

步骤1 选择快速访问工具栏中的 ⑥· 命令，系统弹出"系统选项"对话框。

步骤2 在"系统选项"对话框中单击"文档属性"选项卡，然后选中"尺寸"节点。

步骤3 定义尺寸精度。在"文档属性 - 尺寸"对话框中的"主要精度"区域的 下拉列表中设置尺寸值的小数位数。

步骤4 单击"确定"按钮，完成小数位的设置。

3.8　SolidWorks 二维草图的全约束

3.8.1　基本概述

我们知道在设计完成某个产品之后，这个产品中每个模型的每个结构的大小与位置都应该已经完全确定，因此为了能够使所创建的特征能够满足产品的设计要求，有必要把所绘制的草图的大小、形状与位置都约束好，这种都约束好的状态就称为全约束。

3.8.2　如何检查是否全约束

检查草图是否全约束的方法主要是有以下几种：
- 观察草图的颜色，默认情况下黑色的草图代表全约束，蓝色代表欠约束，红色代表过约束。

> **说明**
>
> 用户可以在如图 3.61 所示的"系统选项"对话框中设置各种不同状态下草图颜色的控制。

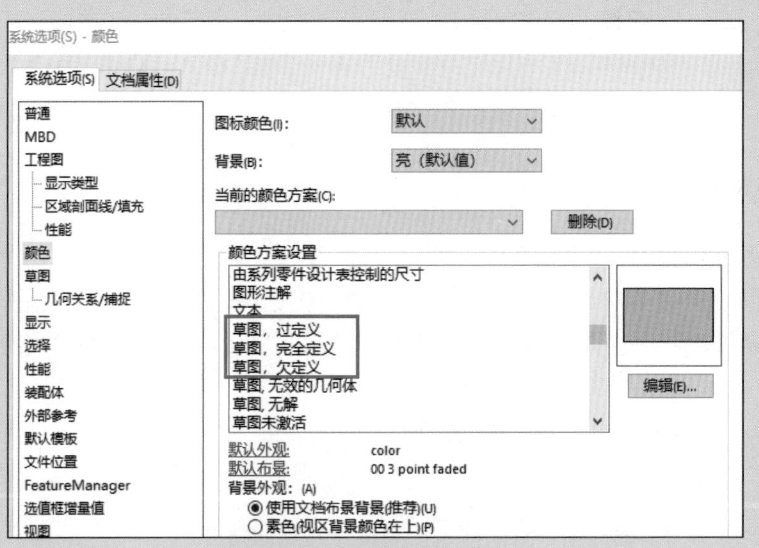

图 3.61　"系统选项"对话框

- 鼠标拖动图元，如果所有图元不能拖动，则代表全约束。如果有图元可以拖动，则代表欠约束。
- 查看状态栏信息，在状态栏软件会明确提示当前草图是欠定义、完全定义，还是过定义，如图 3.62 所示。

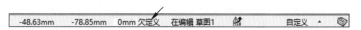

图 3.62　状态栏信息

- 查看设计树中的特殊符号，如果设计树草图节点前有 (-) ↓，则代表是欠约束。如果设计树草图前没有任何符号，则代表全约束。

3.9　SolidWorks 二维草图绘制的一般方法

3.9.1　常规法

▶ 20min

常规法绘制二维草图主要针对一些外形不是很复杂或者比较容易进行控制的图形。在使用常规法绘制二维图形时，一般会经历以下几个步骤：

- 分析将要创建的截面几何图形；
- 绘制截面几何图形的大概轮廓；
- 初步编辑图形；
- 处理相关的几何约束；
- 标注并修改尺寸。

接下来以绘制如图 3.63 所示的图形为例，介绍在每一步中具体的工作有哪些。

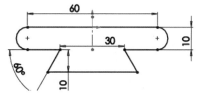

图 3.63　草图绘制的一般过程

◎步骤 1　分析将要创建的截面的几何图形。

- 分析所绘制图形的类型，如开放、封闭或者多重封闭，经分析此图形是一个封闭的图形。
- 分析此封闭图形的图元组成，此图形是由 6 段直线和 2 段圆弧组成的。
- 分析所包含的图元中有没有可编辑对象，如总结草图编辑中可以创建新对象的工具：镜像实体、等距实体、倒角、圆角、复制实体、阵列实体等，在此图形中由于是整体对称的图形，因此可以考虑使用镜像方式实现，此时只需绘制 4 段直线和 1 段圆弧。
- 分析图形包含哪些几何约束，在此图形中包含了直线的水平约束、直线与圆弧的相切、对称及原点与水平直线的中点约束。
- 分析图形包含哪些尺寸约束，此图形包含 5 个尺寸约束。

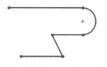

图 3.64　绘制大概轮廓

◎步骤 2　绘制截面几何图形的大概轮廓。新建模型文件进入建模环境，单击 草图 功能选项卡中的草图绘制 ⌷ 草图绘制 按钮，选取前视基准面作为草图平面进入草图环境，单击 草图 功能选项卡 ⌷· 后的 · 按钮，选择 ⟋ 直线 命令，绘制如图 3.64 所示的大概轮廓。

> **注意**
>
> 在绘制图形中的第一张图元时，尽可能使绘制的图元大小与实际相一致，否则会导致后期修改尺寸非常麻烦。

◯步骤3 初步编辑图形。通过图元操纵的方式调整图形的形状及整体位置，如图 3.65 所示。

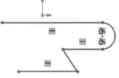

> **注意**
>
> 在初步编辑时，暂时先不去进行镜像、等距、复制等创建类的编辑操作。

图 3.65　初步编辑图形

◯步骤4 处理相关的几何约束。

首先需要检查所绘制的图形中有没有无用的几何约束，如果有无用的约束，则需要及时删除，判断是否需要的依据就是步骤 1 分析时所分析到的约束。

添加必要约束，添加中点约束，按住 Ctrl 键选取原点和最上方水平直线，在添加几何关系中单击 ⊿ 中点(M)，完成后如图 3.66 所示。

添加对称约束，单击 草图 功能选项卡 ⊿· 后的 · 按钮，选择 ⚊ 中心线(N) 命令，绘制一条通过原点的无限长度的中心线，如图 3.67 所示，按住 Ctrl 键选取最下方水平直线的两个端点和中心线，在添加几何关系中单击 ⬚ 对称(S)，完成后如图 3.68 所示。

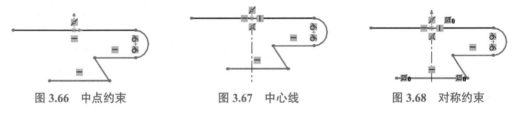

图 3.66　中点约束　　　　　图 3.67　中心线　　　　　图 3.68　对称约束

◯步骤5 标注并修改尺寸。

单击 草图 功能选项卡智能尺寸 ◈ 按钮，标注如图 3.69 所示的尺寸。

检查草图的全约束状态。

> **注意**
>
> 如果草图是全约束就代表约束添加得没问题，如果此时草图并没有全约束，我们首先需要检查尺寸有没有标注完整，如果尺寸没问题，就说明草图中缺少必要的几何约束，我们需要通过操纵的方式检查缺少哪些几何约束，直到全约束。

修改尺寸值的最终值，双击图 3.69 中的尺寸值 22.8，在系统弹出的"修改"文本框中输入 30，单击两次 ✓ 按钮完成修改。采用相同的方法修改其他尺寸，修改后效果如图 3.70 所示。

> **注意**
>
> 一般情况下，如果我们绘制的图形比我们实际想要的图形大，则建议大家先修改小一些的尺寸。如果我们绘制的图形比我们实际想要的图形小，则建议大家先修改大一些的尺寸。

◎步骤 6　镜像复制。单击 草图 功能选项卡中的 🔲 镜像实体 按钮，系统弹出"镜像"对话框，选取如图 3.71 所示的一个圆弧与两端直线作为镜像的源对象，在"镜像"对话框中单击激活镜像轴区域的文本框，选取竖直中心线作为镜像中心线，单击 ✓ 按钮，完成镜像的操作，效果如图 3.63 所示。

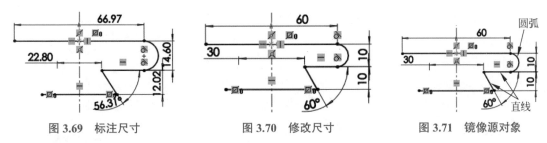

图 3.69　标注尺寸　　　　　图 3.70　修改尺寸　　　　　图 3.71　镜像源对象

◎步骤 7　退出草图环境。在草图设计环境中单击图形右上角的"退出草图"按钮 ↳ 退出草图环境。

◎步骤 8　保存文件。选择"快速访问工具栏"中的"保存"命令，系统弹出"另存为"对话框，在文件名文本框输入"常规法"，单击"保存"按钮，完成保存操作。

3.9.2　逐步法

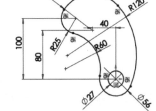

逐步法绘制二维草图主要针对一些外形比较复杂或者不容易进行控制的图形。接下来以绘制如图 3.72 所示的图形为例，给大家具体介绍使用逐步法绘制二维图形的一般操作过程。

◎步骤 1　新建文件。启动 SolidWorks 软件，选择"快速访问工具栏"中的 📄· 命令，系统弹出"新建 SolidWorks 文件"对话框。在"新建 SolidWorks 文件"对话框中选择"零件" 🔩，然后单击"确定"按钮进入零件建模环境。

◎步骤 2　新建草图。单击 草图 功能选项卡中的草图绘制

图 3.72　逐步法

🔲 草图绘制 按钮，在系统提示下，选取"前视基准面"作为草图平面，进入草图环境。

◎步骤 3　绘制圆 1。单击 草图 功能选项卡 ⭕· 后的 · 按钮，选择 ⭕ 圆(R) 命令，系统弹出"圆"对话框，在坐标原点位置单击，即可确定圆形的圆心，在图形区任意位置再次单击，即可确定圆形的圆上点，此时系统会自动在两个点间绘制一个圆。单击 草图 功能选项卡智能尺寸 ✦ 按钮，选取圆对象，然后在合适位置放置尺寸，按 Esc 键完成标注。双击标注的尺寸，在系统弹出的"修改"文本框中输入 27，单击两次 ✓ 按钮完成修改，如图 3.73 所示。

◎步骤 4　绘制圆 2。参照步骤 3 的步骤绘制圆 2，完成后如图 3.74 所示。

◎步骤 5　绘制圆 3。单击 草图 功能选项卡 ⭕· 后的 · 按钮，选择 ⭕ 圆(R) 命令，系统弹出"圆"对话框，在相对原点左上方合适位置单击，即可确定圆形的圆心，在图形区任意位置再次单击，即可确定圆形的圆上点，此时系统会自动在两个点间绘制一个圆。单击 草图 功

能选项卡智能尺寸 ✎ 按钮，选取绘制的圆对象，然后在合适位置放置尺寸，将尺寸类型修改为半径，然后标注圆心与原点之间的水平与竖直间距，按 Esc 键完成标注。依次双击标注的尺寸，分别将半径尺寸修改为 60，将水平间距修改为 40，将竖直间距修改为 80，单击两次 ✓ 按钮完成修改，如图 3.75 所示。

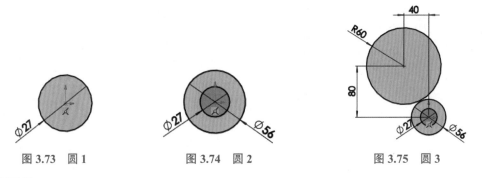

图 3.73　圆 1　　　　　图 3.74　圆 2　　　　　图 3.75　圆 3

> **说明**
>
> 　　选中标注的直径尺寸，在左侧对话框中选中引线节点，然后在 尺寸界线/引线显示(W) 区域中选中半径 ◯，此时就可将直径尺寸修改为半径。

　　◎步骤6　绘制圆弧 1。单击 草图 功能选项卡 ⌒· 后的 · 按钮，选择 ⌒ 3 点圆弧(T) 命令，系统弹出"圆弧"对话框，在半径 60 的圆上合适位置单击，即可确定圆弧的起点，在直径为 56 的圆上合适位置再次单击，即可确定圆弧的终点，在直径为 56 的圆的右上角合适位置再次单击，即可确定圆弧的通过点，此时系统会自动在 3 个点间绘制一个圆弧。按住 Ctrl 键选取圆弧与半径为 60 的圆，在"属性"对话框的添加几何关系区域中单击 ◔ 相切(A) 按钮，按 Esc 键完成相切约束添加，按住 Ctrl 键选取圆弧与直径为 56 的圆，在"属性"对话框的添加几何关系区域中单击 ◔ 相切(A) 按钮，按 Esc 键完成相切约束添加，单击 草图 功能选项卡智能尺寸 ✎ 按钮，选取绘制的圆弧对象，然后在合适位置放置尺寸，双击标注的尺寸，在系统弹出的"修改"文本框中输入 120，单击两次 ✓ 按钮完成修改，如图 3.76 所示。

　　◎步骤7　绘制圆 4。单击 草图 功能选项卡 ◯· 后的 · 按钮，选择 ◯ 圆(R) 命令，系统弹出"圆"对话框，在相对原点左上方合适位置单击，即可确定圆形的圆心，在图形区合适位置再次单击，即可确定圆形的圆上点，此时系统会自动在两个点间绘制一个圆。单击 草图 功能选项卡智能尺寸 ✎ 按钮，选取绘制的圆对象，然后在合适位置放置尺寸，将尺寸类型修改为半径，然后标注圆心与原点之间的竖直间距，按 Esc 键完成标注。按住 Ctrl 键选取圆与半径为 60 的圆，在"属性"对话框的添加几何关系区域中单击 ◔ 相切(A) 按钮，按 Esc 键完成相切约束添加，依次双击标注的尺寸，分别将半径尺寸修改为 25，将竖直间距修改为 100，单击两次 ✓ 按钮完成修改，如图 3.77 所示。

　　◎步骤8　绘制圆弧 2。单击 草图 功能选项卡 ⌒· 后的 · 按钮，选择 ⌒ 3 点圆弧(T) 命令，系统弹出"圆弧"对话框，在半径 25 的圆上合适位置单击，即可确定圆弧的起点，在直径为 56

的圆上合适位置再次单击，即可确定圆弧的终点，在直径为 56 的圆的左上角合适位置再次单击，即可确定圆弧的通过点，此时系统会自动在 3 个点间绘制一个圆弧。按住 Ctrl 键选取圆弧与半径为 25 的圆，在"属性"对话框的添加几何关系区域中单击 相切(A) 按钮，按 Esc 键完成相切约束添加，按住 Ctrl 键选取圆弧与直径为 56 的圆，在"属性"对话框的添加几何关系区域中单击 相切(A) 按钮，按 Esc 键完成相切约束添加，单击 草图 功能选项卡智能尺寸 按钮，选取绘制的圆弧对象，然后在合适位置放置尺寸，双击标注的尺寸，在系统弹出的"修改"文本框中输入 60，单击两次 按钮完成修改，如图 3.78 所示。

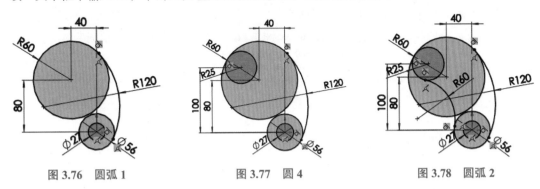

图 3.76　圆弧 1　　　　图 3.77　圆 4　　　　图 3.78　圆弧 2

○步骤 9　剪裁图元。单击 草图 功能选项卡 下的 按钮，选择 剪裁实体(T) 命令，系统弹出"剪裁"对话框，在"剪裁"对话框的区域中选中 ，在系统 选择一实体或拖动光标 的提示下，在需要修剪的图元上按住鼠标左键拖动，此时与该轨迹相交的草图图元将被修剪，结果如图 3.72 所示。

○步骤 10　退出草图环境。在草图设计环境中单击图形右上角的"退出草图"按钮 退出草图环境。

○步骤 11　保存文件。选择"快速访问工具栏"中的"保存"命令，系统弹出"另存为"对话框，在文件名文本框输入"逐步法"，单击"保存"按钮，完成保存操作。

3.10　SolidWorks 二维草图综合案例 1

▶11min

案例概述

　　本案例所绘制的图形相对简单，因此我们采用常规方法进行绘制，通过草图绘制功能绘制大概形状，草图约束限制大小与位置，通过草图编辑添加圆角圆弧，读者需要重点掌握创建常规草图的正确流程，案例如图 3.79 所示，其绘制过程如下。

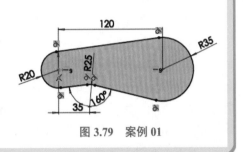

图 3.79　案例 01

◎步骤1 新建文件。启动 SolidWorks 软件，选择"快速访问工具栏"中的 □· 命令，系统弹出"新建 SolidWorks 文件"对话框。在"新建 SolidWorks 文件"对话框中选择"零件" 🗏，然后单击"确定"按钮进入零件建模环境。

◎步骤2 新建草图。单击 草图 功能选项卡中的草图绘制 □ 草图绘制 按钮，在系统提示下，选取"前视基准面"作为草图平面，进入草图环境。

◎步骤3 绘制圆。单击 草图 功能选项卡 ⊙· 后的 · 按钮，选择 ⊙ 圆(R) 命令，在绘图区绘制如图 3.80 所示的圆。

◎步骤4 绘制直线。单击 草图 功能选项卡 ╱· 按钮，在绘图区绘制如图 3.81 所示的直线。

◎步骤5 添加几何约束。按住 Ctrl 键选取两个圆的圆心，在"属性"对话框的添加几何关系区域单击 — 水平(H) 按钮，按 Esc 键完成水平约束添加。按住 Ctrl 键选取左侧圆及左下直线，在"属性"对话框的添加几何关系区域单击 ♂ 相切(A) 按钮，按 Esc 键完成相切约束添加，如图 3.82 所示。

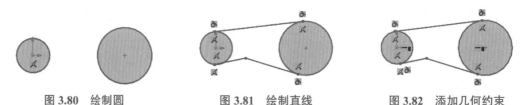

图 3.80　绘制圆　　　　　图 3.81　绘制直线　　　　　图 3.82　添加几何约束

◎步骤6 剪裁图元。单击 草图 功能选项卡 ✂ 下的 · 按钮，选择 ✂ 剪裁实体(I) 命令，系统弹出"剪裁"对话框，在"剪裁"对话框的区域中选中 ┣，在系统提示 选择一实体或拖动光标 的提示下，在需要修剪的图元上按住鼠标左键拖动，此时与该轨迹相交的草图图元将被修剪，结果如图 3.83 所示。

◎步骤7 标注并修改尺寸。单击 草图 功能选项卡智能尺寸 ✎ 按钮，标注如图 3.84 所示的尺寸，双击尺寸值 19.75，在系统弹出的修改文本框中输入 20，单击两次 ✓ 按钮完成修改。采用相同的方法修改其他尺寸，修改后效果如图 3.85 所示。

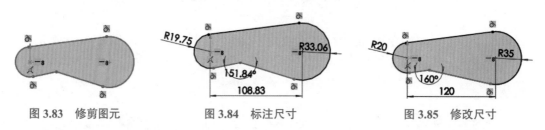

图 3.83　修剪图元　　　　　图 3.84　标注尺寸　　　　　图 3.85　修改尺寸

◎步骤8 添加圆角并标注。单击 草图 功能选项卡 ╮· 按钮，系统弹出"绘制圆角"对话框，在"绘制圆角"对话框圆角参数区域的 ⎰ 文本框中输入圆角半径值 25，选取下方两根直线的交点作为圆角对象。单击"绘制圆角"对话框中的 ✓ 按钮，完成圆角操作，单击 草图 功能选项卡智能尺寸 ✎ 按钮，选取圆角圆心与坐标原点，然后竖直向下移动鼠标并在合适位置单击标注水平间距，双击标注的尺寸，在系统弹出的修改文本框中输入 35，单击两次 ✓ 按钮完成修改，如图 3.79 所示。

◎步骤⑨ 退出草图环境。在草图设计环境中单击图形右上角的"退出草图"按钮 ↳ 退出草图环境。

◎步骤⑩ 保存文件。选择"快速访问工具栏"中的"保存"命令，系统弹出"另存为"对话框，在文件名文本框输入"案例 01"，单击"保存"按钮，完成保存操作。

3.11　SolidWorks 二维草图综合案例 2

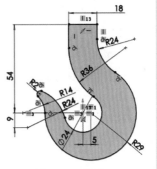

▶ 19min

案例概述

　　本案例所绘制的图形相对比较复杂，因此我们采用逐步方法进行绘制，通过绘制约束同步进行的方法可以很好地控制图形的整体形状，案例如图 3.86 所示，其绘制过程如下。

图 3.86　案例 02

◎步骤① 新建文件。启动 SolidWorks 软件，选择"快速访问工具栏"中的 □· 命令，系统弹出"新建 SolidWorks 文件"对话框。在"新建 SolidWorks 文件"对话框中选择"零件" 🗔，然后单击"确定"按钮进入零件建模环境。

◎步骤② 新建草图。单击 草图 功能选项卡中的草图绘制 └ 草图绘制 按钮，在系统提示下，选取"前视基准面"作为草图平面，进入草图环境。

◎步骤③ 绘制圆 1。单击 草图 功能选项卡 ◎· 后的 · 按钮，选择 ◎ 圆(R) 命令，系统弹出"圆"对话框，在坐标原点位置单击，即可确定圆形的圆心，在图形区任意位置再次单击，即可确定圆形的圆上点，此时系统会自动在两个点间绘制一个圆。单击 草图 功能选项卡智能尺寸 ✎ 按钮，选取圆对象，然后在合适位置放置尺寸，按 Esc 键完成标注。双击标注的尺寸，在系统弹出的"修改"文本框中输入 24，单击两次 ✓ 按钮完成修改，如图 3.87 所示。

◎步骤④ 绘制圆 2。单击 草图 功能选项卡 ◎· 后的 · 按钮，选择 ◎ 圆(R) 命令，系统弹出"圆"对话框，在坐标原点右侧合适位置单击，即可确定圆形的圆心，在图形区任意位置再次单击，即可确定圆形的圆上点，此时系统会自动在两个点间绘制一个圆。按住 Ctrl 键选取两个圆的圆心，在"属性"对话框的添加几何关系区域单击 ━ 水平(H) 按钮，按 Esc 键完成水平约束的添加。单击 草图 功能选项卡智能尺寸 ✎ 按钮，选取绘制的圆对象，然后在合适位置放置尺寸，并将尺寸类型设置为半径，选取绘制的圆与坐标原点，竖直向上移动鼠标并标注水平间距，按 Esc 键完成标注，分别双击标注的尺寸，将半径值修改为 29，将水平间距修改为 5，单击两次 ✓ 按钮完成修改，如图 3.88 所示。

◎步骤5 绘制圆3。单击 草图 功能选项卡 ⊙· 后的 · 按钮，选择 ⊙ 圆(R) 命令，系统弹出"圆"对话框，在坐标原点左侧合适位置单击，即可确定圆形的圆心，在图形区捕捉到半径为29的左侧象限点位置再次单击，即可确定圆形的圆上点，此时系统会自动在两个点间绘制一个圆。按住 Ctrl 键选取圆2的圆心与坐标原点，在"属性"对话框的添加几何关系区域单击 —水平(H) 按钮，按 Esc 键完成水平约束的添加。单击 草图 功能选项卡智能尺寸 ◈ 按钮，选取绘制的圆对象，然后在合适位置放置尺寸，并将尺寸类型设置为半径，按 Esc 键完成标注，双击标注的尺寸，将半径值修改为14，单击两次 ✓ 按钮完成修改，如图3.89所示。

◎步骤6 绘制圆4。单击 草图 功能选项卡 ⊙· 后的 · 按钮，选择 ⊙ 圆(R) 命令，系统弹出"圆"对话框，在坐标原点左下方合适位置单击，即可确定圆形的圆心，在图形区捕捉到直径为24的圆上点位置再次单击，即可确定圆形的圆上点，此时系统会自动在两个点间绘制一个圆。单击 草图 功能选项卡智能尺寸 ◈ 按钮，选取绘制的圆对象，然后在合适位置放置尺寸，并将尺寸类型设置为半径，选取圆4与坐标原点，水平向左移动鼠标并标注竖直间距，按 Esc 键完成标注，分别双击标注的尺寸，将半径值修改为24，将水平间距修改为9，单击两次 ✓ 按钮完成修改，如图3.90所示。

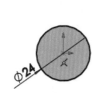
图 3.87 绘制圆 1

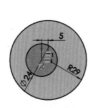
图 3.88 绘制圆 2

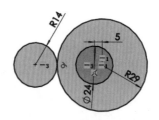
图 3.89 绘制圆 3

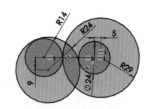
图 3.90 绘制圆 4

◎步骤7 绘制直线。单击 草图 功能选项卡 ╱· 按钮，在绘图区绘制如图3.91所示的直线，按住 Ctrl 键选取水平直线的中点与坐标原点，在"属性"对话框的添加几何关系区域单击 ┃ 竖直(V) 按钮，按 Esc 键完成竖直约束的添加。单击 草图 功能选项卡智能尺寸 ◈ 按钮，选取水平直线对象，然后在上方合适位置放置尺寸，选取水平直线与坐标原点，然后在合适位置放置竖直尺寸，按 Esc 键完成标注，分别双击标注的尺寸，将长度值修改为18，将竖直间距修改为54，单击两次 ✓ 按钮完成修改。通过操纵将竖直直线的长度调整至如图3.92所示的大概长度。

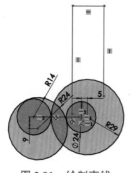
图 3.91 绘制直线

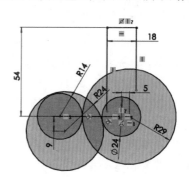
图 3.92 直线绘制完成

◎步骤 8　绘制圆 5。单击 草图 功能选项卡 ⊙· 后的 · 按钮，选择 ⊙ 圆(R) 命令，系统弹出 "圆" 对话框，在半径 14 与半径 24 的圆的中间合适位置单击，即可确定圆形的圆心，在图形区捕捉到半径为 24 的圆上点位置再次单击，即可确定圆形的圆上点，此时系统会自动在两个点间绘制一个圆。按住 Ctrl 键选取圆 5 与半径为 14 的圆，在属性对话框的添加几何关系区域单击 ⒣ 相切(A) 按钮，按 Esc 键完成相切约束的添加。单击 草图 功能选项卡智能尺寸 ✎ 按钮，选取绘制的圆对象，然后在合适位置放置尺寸，并将尺寸类型设置为半径，按 Esc 键完成标注，双击标注的尺寸，将半径值修改为 2，单击两次 ✔ 按钮完成修改，如图 3.93 所示。

◎步骤 9　剪裁图元。单击 草图 功能选项卡 ⚊ 下的 · 按钮，选择 ⚊ 剪裁实体(T) 命令，系统弹出 "剪裁" 对话框，在 "剪裁" 对话框的区域中选中 ⊢，在系统提示 选择一实体或拖动光标 的提示下，在需要修剪的图元上按住鼠标左键拖动，此时与该轨迹相交的草图图元将被修剪，结果如图 3.94 所示。

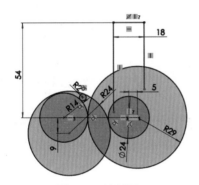

图 3.93　绘制圆 5

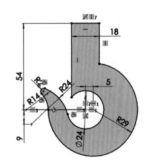

图 3.94　修剪图元

◎步骤 10　添加圆角。单击 草图 功能选项卡 ⟋· 按钮，系统弹出 "绘制圆角" 对话框，在 "绘制圆角" 对话框圆角参数区域的 ⌒ 文本框中输入圆角半径值 36，选取左侧竖直直线与直径为 24 的圆的交点作为圆角对象。单击 "绘制圆角" 对话框中的 ✔ 按钮，完成圆角 1 操作。在 "绘制圆角" 对话框圆角参数区域的 ⌒ 文本框中输入圆角半径值 24，选取右侧竖直直线与半径为 29 的圆的交点作为圆角对象。单击 "绘制圆角" 对话框中的 ✔ 按钮，完成圆角 2 的操作，如图 3.86 所示。

◎步骤 11　退出草图环境。在草图设计环境中单击图形右上角的 "退出草图" 按钮 ⌙↲ 退出草图环境。

◎步骤 12　保存文件。选择 "快速访问工具栏" 中的 "保存" 命令，系统弹出 "另存为" 对话框，在文件名文本框输入 "案例 02"，单击 "保存" 按钮，完成保存操作。

第4章

SolidWorks 零件设计

4.1 拉伸特征

4.1.1 基本概述

拉伸特征是指将一个截面轮廓沿着草绘平面的垂直方向进行伸展而得到的一种实体。通过对概念的学习，我们应该可以总结得到，拉伸特征的创建需要两大要素：一是截面轮廓，二是草绘平面，并且对于这两大要素来讲，一般情况下截面轮廓是绘制在草绘平面上的，因此，一般我们在创建拉伸特征时需要先确定草绘平面，然后考虑要在这个草绘平面上绘制一个什么样的截面轮廓草图。

12min

4.1.2 拉伸凸台特征的一般操作过程

一般情况下在使用拉伸特征创建特征结构时都会经过以下几步：①执行命令；②选择合适的草绘平面；③定义截面轮廓；④设置拉伸的开始位置；⑤设置拉伸的终止位置；⑥设置其他的拉伸特殊选项；⑦完成操作。接下来我们就以创建如图 4.1 所示的模型为例，介绍拉伸凸台特征的一般操作过程。

○步骤1 新建文件。选择"快速访问工具栏"中的 📄· 命令（或者选择下拉菜单"文件"→"新建"命令），系统弹出"新建 SolidWorks 文件"对话框。在"新建 SolidWorks 文件"对话框中选择"零件" 🦴，然后单击"确定"按钮进入零件建模环境。

○步骤2 执行命令。单击 特征 功能选项卡中的拉伸凸台基体 🗐 按钮（或者选择下拉菜单"插入"→"凸台/基体"→"拉伸"命令）。

草图平面的几种可能性：系统默认的 3 个基准面（前视基准面、上视基准面、右视基准面）；现有模型的平面表面；用户自己独立创建的基准平面。

○步骤3 绘制截面轮廓。在系统提示"选择一基准面来绘制特征横截面"下，选取"前视基准面"作为草图平面，进入草图环境，绘制如图 4.2 所示的草图（具体操作可参考 3.9.1 节中的相关内容），绘制完成后单击图形区右上角的 ↳ 按钮退出草图环境。

退出草图环境的其他几种方法：

- 在图形区右击，在弹出的快捷菜单中选择 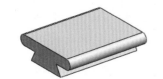 命令。
- 单击 草图 功能选项卡下的 ⟲ 按钮。
- 选择下拉菜单："插入" → "退出草图" 命令。

（○步骤 4）定义拉伸的开始位置。退出草图环境后，系统会弹出如图 4.3 所示的 "凸台 - 拉伸" 对话框，在 从(F) 区域的下拉列表中选择 草图基准面 。

图 4.1　拉伸凸台

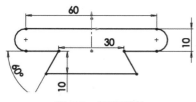

图 4.2　截面轮廓

图 4.3　"凸台 - 拉伸" 对话框

图 4.3 所示的 "凸台 - 拉伸" 对话框 从(F) 区域下拉列表中各选项的说明如下。

- 草图基准面 选项：表示特征是用草图基准面作为拉伸的开始位置。
- 曲面/面/基准面 选项：表示特征从我们所选取的某个面（平面、基准面、曲面）作为拉伸的开始位置。
- 顶点 选项：表示特征从我们所选取的某个点所在的平面（此面通过我们所选的点，并且与草绘平面平行）作为拉伸的开始位置。
- 等距 选项：表示特征是从与草绘平面平行并且有一定间距的一个面作为拉伸的开始位置。我们需要输入一个间距值，间距的方向可以通过 ↗ 按钮进行调整，需要注意不可以输入负值。

（○步骤 5）定义拉伸的深度方向。采用系统默认的方向。

说明

- 在 "凸台 - 拉伸" 对话框的 方向 1(1) 区域中单击 ↗ 按钮便可调整拉伸的方向。
- 在绘图区域的模型中可以看到如图 4.4 所示的拖动手柄，将鼠标放到拖动手柄中，按住左键拖动就可以调整拉伸的深度及方向。

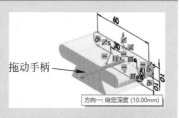

图 4.4　拖动箭头手柄

◯步骤 6 定义拉伸的深度类型及参数。在"凸台 - 拉伸"对话框 方向1(1) 区域的下拉列表中选择 给定深度 选项，如图 4.5 所示，在 🔩 文本框中输入深度值 80。

图 4.5 "凸台拉伸"对话框

◯步骤 7 完成拉伸凸台。单击"凸台 - 拉伸"对话框中的 ✓ 按钮，完成特征创建。

4.1.3 拉伸切除特征的一般操作过程

拉伸切除与拉伸凸台的创建方法基本一致，只不过拉伸凸台是添加材料，而拉伸切除是减去材料，下面以创建如图 4.6 所示的拉伸切除为例，介绍拉伸切除的一般操作过程。

◯步骤 1 打开文件 D:\sw21\work\ch04.01\ 拉伸切除 -ex.SLDPRT。

◯步骤 2 选择命令。单击 特征 功能选项卡中的拉伸切除 ▣ 按钮（或者选择下拉菜单"插入"→"切除"→"拉伸"命令），在系统提示下，选取模型上表面作为草图平面，进入草图环境。

◯步骤 3 绘制截面轮廓。绘制如图 4.7 所示的草图，绘制完成后单击图形区右上角的 ↳ 按钮退出草图环境。

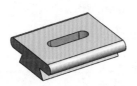

图 4.6 拉伸切除

图 4.7 截面轮廓

◯步骤 4 定义拉伸的开始位置。在 从(F) 区域的下拉列表中选择 草图基准面 。

◯步骤 5 定义拉伸的深度方向。采用系统默认的方向。

◯步骤 6 定义拉伸的深度类型及参数。在"切除 - 拉伸"对话框 方向1(1) 区域的下拉列表中选择 完全贯穿 选项。

◯步骤 7 完成拉伸切除。单击"切除 - 拉伸"对话框中的 ✓ 按钮，完成特征创建。

4.1.4　拉伸特征的截面轮廓要求

绘制拉伸特征的横截面时，需要满足以下要求：

- 横截面需要闭合，不允许有缺口，如图 4.8（a）所示（拉伸切除除外）。
- 横截面不能有探出多余的图元，如图 4.8（b）所示。
- 横截面不能有重复的图元，如图 4.8（c）所示。
- 横截面可以包含一个或者多个封闭截面，生成特征时，外环生成实体，内环生成孔，环与环之间不可以相切，如图 4.8（d）所示，环与环之间也不能有直线或者圆弧相连，如图 4.8（e）所示。

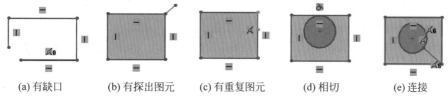

(a) 有缺口　　(b) 有探出图元　　(c) 有重复图元　　(d) 相切　　(e) 连接

图 4.8　截面轮廓要求

4.1.5　拉伸深度的控制选项

"凸台 - 拉伸"对话框 方向1(1) 区域深度类型下拉列表各选项的说明如下。

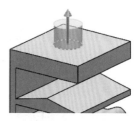

- 给定深度 选项：表示通过给定一个深度值确定拉伸的终止位置，当选择此选项时，特征将从草绘平面开始，按照我们给定的深度，沿着特征创建的方向进行拉伸，如图 4.9 所示。

图 4.9　给定深度

- 成形到一顶点 选项：表示特征将在拉伸方向上拉伸到与指定的点所在的平面（此面与草绘平面平行并且与所选点重合）重合，如图 4.10 所示。
- 成形到一面 选项：表示特征将拉伸到用户所指定的面（模型平面表面、基准面或者模型曲面表面均可）上，如图 4.11 所示。
- 到离指定面指定的距离 选项：表示特征将拉伸到与所选定面（模型平面表面、基准面或者模型曲面表面均可）有一定间距的面上，如图 4.12 所示。

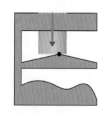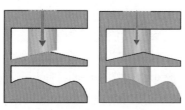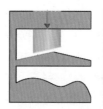

图 4.10　成形到一点　　　　图 4.11　成形到一面　　　　图 4.12　到离指定面指定距离

- **成形到实体** 选项：表示特征将拉伸到用户所选定的实体上，如图 4.13 所示。
- **两侧对称** 选项：表示特征将沿草绘平面正垂直方向与负垂直方向同时伸展，并且伸展距离是相同的，如图 4.14 所示。
- **完全贯穿** 选项：表示将特征从草绘平面开始拉伸到所沿方向上的最后一个面上，此选项通常可以帮助我们做一些通孔，如图 4.15 所示。

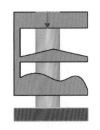
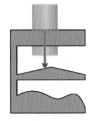
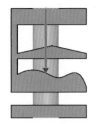

图 4.13　成形到实体　　　图 4.14　两侧对称　　　图 4.15　完全贯穿

9min

4.1.6　拉伸方向的自定义

下面以创建如图 4.16 所示的模型为例，介绍拉伸方向自定义的一般操作过程。

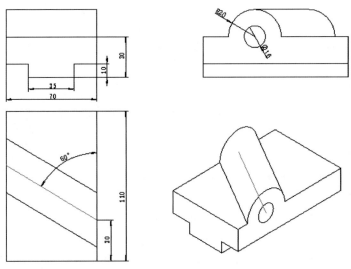

图 4.16　拉伸方向的自定义

○步骤1 打开文件 D:\sw21\work\ch04.01\ 拉伸方向 -ex.SLDPRT。

○步骤2 定义拉伸方向草图。单击 **草图** 功能选项卡中的草图绘制 □ 草图绘制 按钮，选取如图 4.17 所示的模型表面作为草绘平面，绘制如图 4.18 所示的草图。

○步骤3 选择拉伸命令。单击 **特征** 功能选项卡中的拉伸凸台基体 按钮。

○步骤4 定义截面轮廓。在系统提示下选取如图 4.19 所示的模型表面作为草绘平面，绘制如图 4.20 所示的草图，绘制完成后单击图形区右上角的 按钮退出草图环境。

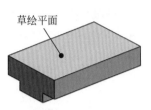

图 4.17　草绘平面

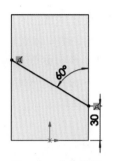

图 4.18　方向草图

○步骤 5　定义拉伸方向。在"凸台 - 拉伸"对话框中单击激活 方向1(1) 区域的 ⬈ 文本框，选取步骤 2 所绘制的直线作为拉伸的方向。

○步骤 6　定义拉伸深度。在"凸台 - 拉伸"对话框 方向1(1) 区域的下拉列表中选择 成形到一面 选项，然后选取如图 4.21 所示的面为特征终止面。

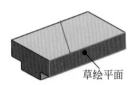

图 4.19　草绘平面

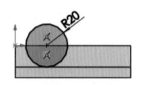

图 4.20　截面轮廓

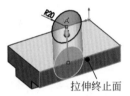

图 4.21　定义拉伸深度

○步骤 7　完成拉伸凸台。单击"凸台 - 拉伸"对话框中的 ✓ 按钮，完成拉伸特征的创建，如图 4.22 所示。

○步骤 8　创建拉伸切除。单击 特征 功能选项卡中的拉伸切除 ▣ 按钮，选取如图 4.19 所示的模型表面作为草绘平面，绘制如图 4.23 所示的草图，绘制完成后单击图形区右上角的 ↳ 按钮退出草图环境，在"切除 - 拉伸"对话框中单击激活 方向1(1) 区域的 ⬈ 文本框，选取步骤 2 所绘制的直线作为拉伸的方向，在"切除 - 拉伸"对话框 方向1(1) 区域的下拉列表中选择 成形到一面 选项，然后选取如图 4.21 所示的面为特征终止面，单击"切除 - 拉伸"对话框中的 ✓ 按钮，完成切除特征的创建，如图 4.24 所示。

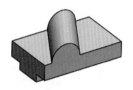

图 4.22　完成拉伸凸台

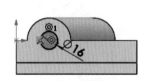

图 4.23　截面轮廓

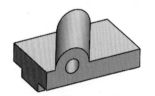

图 4.24　拉伸切除

4.1.7　拉伸中的薄壁选项

"凸台 - 拉伸"对话框薄壁特征区域薄壁类型下拉列表各选项的说明如下。

- 单向 选项：表示将草图沿单个方向（读者可以通过单击 ↗ 调整方向）偏置加厚，从而得到壁厚均匀的实体效果。如果草图是封闭草图，则将得到如图 4.25 所示的中间是空的实体效果。如果草图是开放草图，则将得到如图 4.26 所示的有一定厚度的实体（注意：对于封闭截面薄壁可以添加也可以不添加，对于开放截面要想创建实体效果必须添加薄壁选项）。

图 4.25　封闭截面单向薄壁　　　　　　　　图 4.26　开放截面单向薄壁

- 两侧对称 选项：表示将草图沿正反两个方向同时偏置加厚，并且正反方向的厚度一致，从而得到壁厚均匀的实体效果。如果草图是封闭草图，则将得到如图 4.27 所示的中间是空的实体效果。如果草图是开放草图，则将得到如图 4.28 所示的有一定厚度的实体。

图 4.27　封闭截面对称薄壁　　　　　　　　图 4.28　开放截面对称薄壁

- 双向 选项：表示将草图沿正反两个方向同时偏置加厚，并且正反方向的厚度可以不一致，从而得到壁厚均匀的实体效果。如果草图是封闭草图，则将得到如图 4.29 所示的中间是空的实体效果。如果草图是开放草图，则将得到如图 4.30 所示的有一定厚度的实体。
- ↕ 选项：用于设置薄壁的厚度值。
- □顶端加盖(C) 选项：表示将薄壁开放但两端封闭。相当于用一个盖子将两端开口盖上，在具体创建时需要在 ↕ 文本框输入盖子的厚度值，此选项只针对封闭截面有效，如图 4.31 所示。

图 4.29　封闭截面双向薄壁　　　图 4.30　开放截面双向薄壁　　　图 4.31　顶端加盖

4.2　旋转特征

4.2.1　基本概述

旋转特征是指将一个截面轮廓绕着我们给定的中心轴旋转一定的角度而得到的实体效果。通过对概念的学习，我们应该可以总结得到，旋转特征的创建需要两大要素：一是截面轮廓，二是中心轴，这两个要素缺一不可。

4.2.2　旋转凸台特征的一般操作过程

▶10min

一般情况下在使用旋转凸台特征创建特征结构时会经过以下几步：①执行命令；②选择合适的草绘平面；③定义截面轮廓；④设置旋转中心轴；⑤设置旋转的截面轮廓；⑥设置旋转的方向及旋转角度；⑦完成操作。接下来我们就以创建如图 4.32 所示的模型为例，介绍旋转凸台特征的一般操作过程。

（○步骤 1）新建文件。选择"快速访问工具栏"中的 □· 命令，系统弹出"新建 SolidWorks文件"对话框。在"新建 SolidWorks 文件"对话框中选择"零件" 🖐，然后单击"确定"按钮进入零件建模环境。

（○步骤 2）执行命令。单击 特征 功能选项卡中的旋转凸台基体 ⅏ 按钮（或者选择下拉菜单"插入"→"凸台/基体"→"旋转"命令）。

（○步骤 3）绘制截面轮廓。在系统提示"选择一基准面来绘制特征横截面"下，选取"前视基准面"作为草图平面，进入草图环境，绘制如图 4.33 所示的草图，绘制完成后单击图形区右上角的 ↳ 按钮退出草图环境。

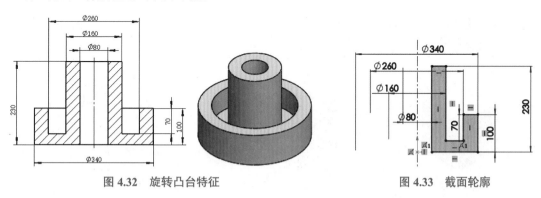

图 4.32　旋转凸台特征　　　　　　　　图 4.33　截面轮廓

注意

旋转特征的截面轮廓要求与拉伸特征的截面轮廓要求基本一致：截面需要尽可能封闭；不允许有多余及重复的图元；当有多个封闭截面时，环与环之间不可相切，环与环之间也不能有直线或者圆弧相连。

步骤4 定义旋转轴。在"旋转"对话框的 旋转轴(A) 区域中系统自动选取如图 4.33 所示的竖直中心线作为旋转轴。

注意

- 当截面轮廓中只有一根中心线时系统会自动选取此中心线作为旋转轴来使用。如果截面轮廓中含有多条中心线，则此时将需要用户自己手动选择旋转轴。如果截面轮廓中没有中心线，则此时也需要用户手动选择旋转轴。手动选取旋转轴时，可以选取中心线也可以选取普通轮廓线。
- 旋转轴的一般要求：要让截面轮廓位于旋转轴的一侧。

步骤5 定义旋转方向与角度。采用系统默认的旋转方向，在"旋转"对话框的 方向1(1) 区域的下拉列表中选择 给定深度 ，在 文本框输入旋转角度 360。

步骤6 完成旋转凸台。单击"旋转"对话框中的 ✓ 按钮，完成特征创建。

4min

4.2.3　旋转切除特征的一般操作过程

旋转切除与旋转凸台的操作基本一致，下面以创建如图 4.34 所示的模型为例，介绍旋转切除特征的一般操作过程。

步骤1 打开文件 D:\sw21\work\ch04.02\ 旋转切除 -ex.SLDPRT。

步骤2 选择命令。单击 特征 功能选项卡中的旋转切除 按钮（或者选择下拉菜单"插入"→"切除"→"旋转"命令）。

步骤3 定义草绘平面。在系统提示下，选取"前视基准面"作为草图平面，进入草图环境。

步骤4 绘制截面轮廓。绘制如图 4.35 所示的草图，绘制完成后单击图形区右上角的 按钮退出草图环境。

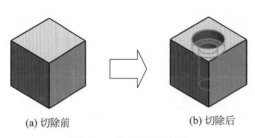

(a) 切除前　　　　　(b) 切除后

图 4.34　旋转切除特征

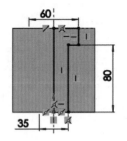

图 4.35　截面轮廓

步骤5 定义旋转轴。在"切除旋转"对话框的 旋转轴(A) 区域中系统自动选取如图 4.35 所示的竖直中心线作为旋转轴。

步骤6 定义旋转方向与角度。采用系统默认的旋转方向，在"切除旋转"对话框的方向 1(1) 区域的下拉列表中选择 给定深度 ，在 ⌂↕ 文本框输入旋转角度 360。

◯步骤 7 完成旋转切除。单击"切除旋转"对话框中的 ✔ 按钮，完成特征创建。

4.3　SolidWorks 的设计树

4.3.1　基本概述

SolidWorks 的设计树一般出现在对话框的左侧，它的功能是以树的形式显示当前活动模型中的所有特征和零件。在不同的环境下所显示的内容也稍有不同，在零件设计环境中，设计树的顶部显示当前零件模型的名称，下方显示当前模型所包含的所有特征的名称，在装配设计环境中，设计树的顶部显示当前装配的名称，下方显示当前装配所包含的所有零件（零件下显示零件所包含的所有特征的名称）或者子装配（子装配下显示当前子装配所包含的所有零件或者下一级别子装配的名称）的名称。如果程序打开了多个 SolidWorks 文件，则设计树只显示当前活动文件的相关信息。

4.3.2　设计树的作用与一般规则

1. 设计树的作用

1）选取对象

用户可以在设计树中选取要编辑的特征或者零件对象，当选取的对象在绘图区域不容易选取或者所选对象在图形区被隐藏时，使用设计树选取就非常方便了。软件中的某些功能在选取对象时必须在设计树中选取。

> **注意**
>
> SolidWorks 设计树中列出了特征所需的截面轮廓，在选取截面轮廓的相关对象时，必须在草图设计环境中进行操作。

2）更改特征的名称

更改特征名称可以帮助用户更快地在设计树中选取所需对象。在设计树中缓慢单击特征两次，然后输入新的名称即可，如图 4.36 所示，也可以在设计树中右击要修改的特征，选择 📄 特征属性...(O) 命令，系统弹出如图 4.37 所示的"特征属性"对话框，在 名称(N): 文本框输入要修改的名称即可。

3）创建自定义文件夹

在设计树中创建文件夹可以将多个特征放置在此文件夹中，这样可以统一管理某一类有特定含义的特征，也可以减少设计树的长度。

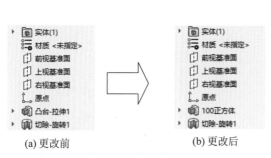

(a) 更改前   (b) 更改后

图 4.36   更改名称

图 4.37   "特征属性"对话框

在设计树中右击某一个特征，在系统弹出的快捷菜单中选择 添加到新文件夹 (L) 命令，此时就会在右击特征位置添加一个新的文件夹，默认名称为文件夹 1，用户可以单击两下此文件夹以便重新输入新的名称，默认情况下此文件夹下只有一个右击的特征，如果想添加其他特征，则可以直接按住左键拖动到文件夹中即可，如图 4.38 所示。

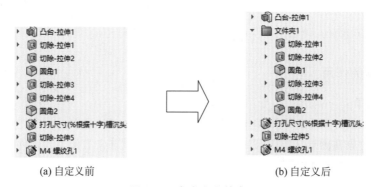

(a) 自定义前   (b) 自定义后

图 4.38   自定义文件夹

将特征从文件夹中移除的方法：在设计树中左键按住文件夹拖动到文件夹外，释放鼠标即可，如图 4.39 所示。

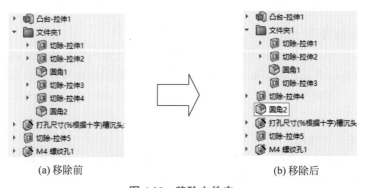

(a) 移除前   (b) 移除后

图 4.39   移除文件夹

注意

拖动特征时，可以将任何连续的特征或者零部件放置到单独的文件夹中，但是不能按住 Ctrl 键将多个不连续的特征进行拖动。

4）插入特征

设计树中有一个蓝色的拖回控制棒，其作用是创建特征时控制特征的插入位置。默认情况下，它的位置是在设计树中所有特征的最后。可以在设计树中将其上下拖动，将特征插入模型中其他特征之间，此时如果添加新的特征，新特征将会保存在控制棒所在的位置。将控制棒移动到新的位置后，控制棒后面的特征将被隐藏，特征将不会在图形区显示。

5）调整特征顺序

默认情况下，设计树将会以特征创建的先后顺序进行排序，如果在创建时顺序安排得不合理，则可以通过设计树进行顺序的重排。按住需要重排的特征拖动，然后放置到合适的位置即可，如图 4.40 所示。

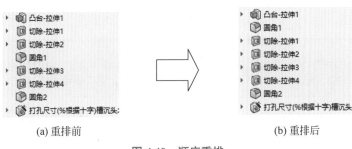

(a) 重排前　　　　　　　　　　　　　　(b) 重排后

图 4.40　顺序重排

注意

特征顺序的重排与特征的父子关系有很大关系，没有父子关系的特征可以重排，存在父子关系的特征不允许重排，父子关系的具体内容将会在 4.3.4 节中具体介绍。

6）其他作用

- 使用传感器可以检测零件和装配体的所选属性，并在当数值超过指定值时发出警告。
- 在设计树中右击注解可以控制是否显示尺寸和注解等参数。
- 在设计树右击材质，可以添加或者修改当前零件的材料。
- 在设计树"实体"节点下可以单独保存多实体零件中的某个独立零件。

2. 设计树的一般规则

（1）设计树特征前如果有"+"号，则代表该特征包含关联项，单击"+"号可以展开修改项目，并且显示关联内容。

（2）查看草图的约束状态，我们都知道草图分为过定义、欠定义、完全定义及无法求解，在设计树中将分别用"（＋）""（－）"" ""（？）"表示。

（3）查看装配约束状态，装配体中的零部件包含过定义、欠定义、无法求解及固定，在设计树中将分别用"（＋）""（－）""（？）"" "表示。

（4）如果在特征、零件或者装配前有重建模型的符号 ⑧，则代表模型修改后还没有更新，此时需要单击"快速访问工具栏"中的 ⑧ 按钮进行更新。

（5）在设计树中如果模型或者装配前有锁形的符号，则代表模型或者装配不能进行编辑，通常是指 ToolBox 或者其他标准零部件。

4.3.3 编辑特征

▶7min

1. 显示特征尺寸并修改

〇步骤1 打开文件 D:\sw21\work\ch04.03\ 编辑特征 -ex.SLDPRT。

〇步骤2 显示特征尺寸，在如图 4.41 所示的设计树中，双击要修改的特征，例如凸台 - 拉伸1，此时该特征的所有尺寸都会显示出来，如图 4.42 所示。

> **注意**
>
> 直接在图形区双击要编辑的特征也可以显示特征尺寸。
>
> 如果按下 [特征] 功能选项卡下的 ⬚ ，则只需单击就可以显示所有尺寸。

〇步骤3 修改特征尺寸，在模型中双击需要修改的尺寸，系统会弹出如图 4.43 所示的"修改"对话框，在"修改"对话框的文本框中输入新的尺寸，单击"修改"对话框中的 ✓ 按钮。

图 4.41 设计树

图 4.42 显示尺寸

图 4.43 "修改"对话框

〇步骤4 重建模型。单击快速访问工具栏中的 ⑧ 按钮，即可重建模型。

重建模型还有两种方法：第 1 种方法，选择下拉菜单"编辑"→"重建模型" ⑧ 重建模型(R) 命令重建模型；第 2 种方法，使用 Ctrl +B 快捷键重建模型。

2. 编辑特征的步骤

编辑特征用于修改特征的一些参数信息，例如深度类型、深度信息等。

步骤1 选择命令。在设计树中选中要编辑的"凸台 - 拉伸 1"并右击，选择 🔲 命令。

步骤2 修改参数。在系统弹出的"凸台 - 拉伸"对话框中可以调整拉伸的开始参数，以及深度参数等。

3. 编辑草图的步骤

编辑草图用于修改草图中的一些参数信息。

步骤1 选择命令。在设计树中选中要编辑的"凸台 - 拉伸 1"并右击，选择 🔲 命令。

选择命令的其他方法：在设计树中右击凸台 - 拉伸节点下的草图，选择 🔲 命令。

步骤2 修改参数。在草图设计环境中可以编辑并调整草图的一些相关参数。

4.3.4　父子关系

父子关系是指在创建当前特征时，有可能会借用之前特征的一些对象，被借用的特征我们称之为父特征，当前特征就是子特征。父子特征在我们进行编辑特征时非常重要，假如我们修改了父特征，则子特征有可能会受到影响，并且有可能会导致子特征无法正确生成而产生报错，所以为了避免错误的产生就需要大概清楚某个特征的父特征与子特征包含哪些，在修改特征时尽量不要修改父子关系相关联的内容。

查看特征的父子关系的方法如下。

步骤1 选择命令。在设计树中右击要查看父子关系的特征，例如切除 - 拉伸 3，在系统弹出的快捷菜单中选择 父子关系... (F) 命令。

步骤2 查看父子关系。在系统弹出的"父子关系"对话框中可以查看当前特征的父特征与子特征，如图 4.44 所示。

图 4.44　"父子关系"对话框

> **说明**
>
> 在切除 - 拉伸 3 特征的父特征项包含草图 4、凸台 - 拉伸 1 及圆角 1。切除 - 拉伸 3 特征的子特征项包含草图 5、切除 - 拉伸 4、大小 mm 暗销孔 1、M2.5 螺纹孔 1 及 M3 螺纹孔 1。

4.3.5　删除特征

对于模型中不再需要的特征可以进行删除。删除的一般操作步骤如下。

步骤1 选择命令。在设计树中右击要删除的特征，例如切除 - 拉伸 3，在弹出的快捷菜单中选择 ✕ 删除... (U) 命令。

> **说明**
>
> 选中要删除的特征后，直接按键盘上的 Delete 键也可以进行删除。

◯步骤2 定义是否删除内含特征。在如图 4.45 所示的"确认删除"对话框中选中 ☑删除内含特征(F) 复选框。

图 4.45 所示的"确认删除"对话框中各选项的说明如下。

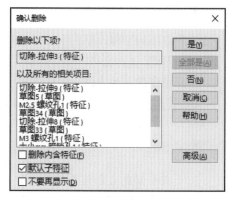

图 4.45 "确认删除"对话框

- ☑删除内含特征(F) 复选框：用于设置是否删除基于草图特征中所使用的草图。例如切除 - 拉伸 3 的内含特征就是指切除 - 拉伸 3 的草图 4。如果选中 ☑删除内含特征(F)，则将在删除切除 - 拉伸 3 时将草图 4 一并删除，如果取消选中 ☐删除内含特征(F)，则将在删除切除 - 拉伸 3 时，只删除特征，而不删除草图 4。
- ☑默认子特征 复选框：用于设置是否删除当前特征的子特征。
- ☐不要再显示(D) 复选框：用于设置是否默认弹出"确认删除"对话框。

◯步骤3 单击"确认删除"对话框中的"是"按钮，完成特征的删除。

4.3.6 隐藏特征

▶4min

在 SolidWorks 中，隐藏基准特征与隐藏实体特征的方法是不同的。下面以如图 4.46 所示的图形为例，介绍隐藏特征的一般操作过程。

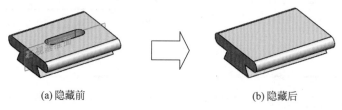

(a) 隐藏前   (b) 隐藏后

图 4.46 隐藏特征

◯步骤1 打开文件 D:\sw21\work\ch04.03\ 隐藏特征 -ex.SLDPRT。

◯步骤2 隐藏基准特征。在设计树中右击"右视基准面"，在弹出的快捷菜单中选择 ◉ 命令，即可隐藏右视基准面。

基准特征包括：基准面、基准轴、基准点及基准坐标系等。

◯步骤3 隐藏实体特征。在设计树中右击"切除 - 拉伸 1"，在弹出的快捷菜单中选择 ◨ 命令，即可隐藏切除 - 拉伸 1，如图 4.46（b）所示。

> **说明**
>
> 　　实体特征包括拉伸、旋转、抽壳、扫描、放样等。如果实体特征依然用 ◢ 命令，则系统默认会将所在实体特征全部隐藏。

4.4　SolidWorks 模型的定向与显示

4.4.1　模型的定向

在设计模型的过程中，我们需要经常改变模型的视图方向，利用模型的定向工具就可以将模型精确定向到某个特定方位上。定向工具在如图 4.47 所示的视图前导栏中的视图定向节点上，视图定向节点下各选项的说明如下。

4min

图 4.47　"视图定向"节点

▣（前视）：沿着前视基准面正法向的平面视图，如图 4.48 所示。

▣（后视）：沿着前视基准面负法向的平面视图，如图 4.49 所示。

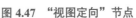

图 4.48　前视图　　　　　　　　　　图 4.49　后视图

▣（左视）：沿着右视基准面正法向的平面视图，如图 4.50 所示。

▣（右视）：沿着右视基准面负法向的平面视图，如图 4.51 所示。

图 4.50　左视图　　　　　　　　　　图 4.51　右视图

▣（上视）：沿着上视基准面正法向的平面视图，如图 4.52 所示。

▣（下视）：沿着上视基准面负法向的平面视图，如图 4.53 所示。

◆ 等轴测　（等轴测）：将视图调整到等轴测方位，如图 4.54 所示。

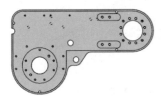
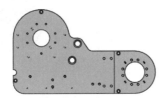

图 4.52　上视图　　　　　图 4.53　下视图　　　　　图 4.54　等轴测方位

◆ 左右二等角轴测　（左右二等角轴测）：将视图调整到左右二等角轴测，如图 4.55 所示。

◆ 上下二等角轴测　（上下二等角轴测）：将视图调整到上下二等角轴测，如图 4.56 所示。

图 4.55　左右二等角轴测

图 4.56　上下二等角轴测

☑（新视图）：用于保存自定义的新视图方位。保存自定义视图方位的方法如下。

⭕步骤1 通过鼠标的操纵将模型调整到一个合适的方位。

⭕步骤2 单击视图方位节点中的 ☑ 按钮，系统弹出如图 4.57 所示的"命名视图"对话框，在对话框 视图名称(V): 区域的文本框中输入视图方位名称，例如 v1，然后单击"确定"按钮。

⭕步骤3 单击视图前导栏中的视图方位节点，在对话框中双击如图 4.58 所示的 v1，就可以快速调整到定向的方位。

▣（视图选择器）：用于设置是否在单击视图节点时在绘图区显示辅助正方体，如图 4.59 所示。

图 4.57　"命名视图"对话框

图 4.58　视图定向节点

图 4.59　视图选择器

4.4.2　模型的显示

SolidWorks 向用户提供了五种不同的显示方法，通过不同的显示方式可以方便用户查看模型内部的细节结构，也可以帮助用户更好地选取一个对象。用户可以在视图前导栏中单击"视图类型"节点，选择不同的模型显示方式，如图 4.60 所示，视图定向节点下各选项的说明如下。

▣（带边线上色）：模型以实体方式显示，并且可见边加粗显示，如图 4.61 所示。

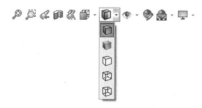
图 4.60　模型显示节点

图 4.61　带边线上色

▣（上色）：模型以实体方式显示，所有边线不加粗显示，如图 4.62 所示。

▣（消除隐藏线）：模型以线框方式显示，可见边为加粗显示，不可见线不显示，如图 4.63 所示。

图 4.62　上色

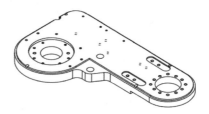

图 4.63　消除隐藏线

　　▣（隐藏线可见）：模型以线框方式显示，可见边为加粗显示，不可见线以虚线方式显示，如图 4.64 所示。

　　▣（线框）：模型以线框方式显示，所有边线为加粗显示，如图 4.65 所示。

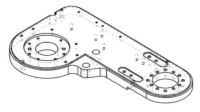

图 4.64　隐藏线可见

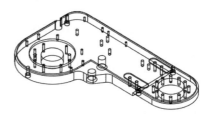

图 4.65　线框

说明

　　视图前导栏还有几个与视图设定相关的控制选项，如图 4.66 所示，视图设定节点下部分选项的说明如下。

图 4.66　视图设定节点

　　▣ 上色模式中的阴影 选项：在上色模式中，显示光源照射后产生的阴影，如图 4.67 所示。

　　▣ 透视图 选项：即眼睛实际看到的视图，近大远小，如图 4.68 所示。

　　▣ 卡通 选项：对模型边线和模型应用卡通效果，如图 4.69 所示。

图 4.67　上色模式中的阴影

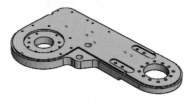

图 4.68　透视图

图 4.69　卡通

4.5　设置零件模型的属性

4.5.1　材料的设置

7min

设置模型材料主要有以下几个作用：第一，模型外观更加真实；第二，材料给定后可以确定模型的密度，进而确定模型的质量属性。

1. 添加现有材料

下面以一个如图 4.70 所示的模型为例，说明设置零件模型材料属性的一般操作过程。

○步骤 1　打开文件 D:\sw21\work\ch04.05\ 属性设置 -ex.SLDPRT。

○步骤 2　选择命令。在设计树中右击 ⬚材质 <未指定> 选择 ⬚ 编辑材料 (A) 命令，系统弹出如图 4.71 所示的"材料"对话框。

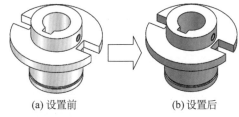

(a) 设置前　　　　(b) 设置后

图 4.70　设置材料

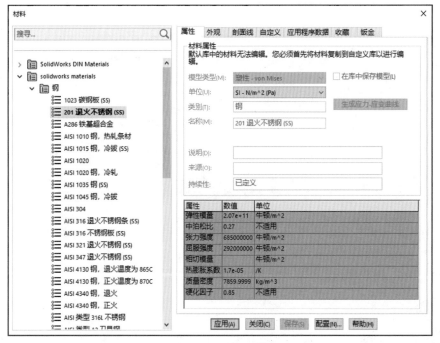

图 4.71　"材料"对话框

说明

选择下拉菜单"编辑"→"外观"→"材质" ⬚ 材质(M)... 命令，也可以执行命令。

◎步骤 3　选择材料。在"材料"对话框的列表中选择 📇 solidworks materials ⟶ 📇 钢 ⟶ ⋮⋮ 201 退火不锈钢 (SS) ，此时在"材料"对话框右侧将显示所选材料的属性信息。

◎步骤 4　应用材料。在"材料"对话框中单击 应用(A) 按钮，将材料应用到模型，如图 4.70（b）所示，单击 关闭(C) 按钮，关闭"材料"对话框。

2. 添加新材料

◎步骤 1　打开文件 D:\sw21\work\ch04.05\ 属性设置 -ex.SLDPRT。

◎步骤 2　选择命令。在设计树中右击 📇材质 <未指定> 选择 📇 编辑材料 (A) 命令，系统弹出"材料"对话框。

◎步骤 3　新建材料级别。在"材料"对话框中右击 📇自定义材料 节点，选择 新类别(N) 命令，然后输入类别的名称，例如合成材料，如图 4.72 所示。

◎步骤 4　新建材料。在"材料"对话框中右击 📇 合成材料 节点，选择 新材料(M) 命令，然后输入类别的名称，例如 AcuZinc 5，如图 4.72 所示。

图 4.72　新建材料

◎步骤 5　设置材料属性。在"材料"对话框中 属性 节点下输入材料相关属性（根据材料手册信息真实输入），在 外观 节点下设置材料的外观属性。

◎步骤 6　保存材料。在"材料"对话框中单击 保存(S) 按钮即可保存材料。

◎步骤 7　应用材料。在"材料"对话框中单击 应用(A) 按钮，将材料应用到模型，单击 关闭(C) 按钮，关闭"材料"对话框。

4.5.2　单位的设置

▶7min

在 SolidWorks 中，每个模型都有一个基本的单位系统，从而保证模型大小的准确性，SolidWorks 系统向用户提供了一些预定义的单位系统，其中一个是默认的单位系统，用户可以自己选择合适的单位系统，也可以自定义一个新的单位系统。需要注意，在进行某个产品的设计之前，需要保证产品中所有的零部件的单位系统是统一的。

修改或者自定义单位系统的方法如下。

◎步骤 1　打开文件 D:\sw21\work\ch04.05\ 属性设置 -ex.SLDPRT。

◎步骤 2　单击"快速访问工具栏"中的 ⚙· 按钮，系统弹出"系统选项 - 普通"对话框。

◎步骤 3　在"系统选项 - 普通"对话框中单击 文档属性(D) 节点，然后在左侧的列表中选中 单位 选项，此时在右侧出现默认的单位系统，如图 4.73 所示。

说明

系统默认的单位系统是 ⦿MMGS (毫米、克、秒)(G) ，表示长度单位为 mm，质量单位为 g，时间单位为 s。单位系统的前 4 个选项是系统提供的单位系统。

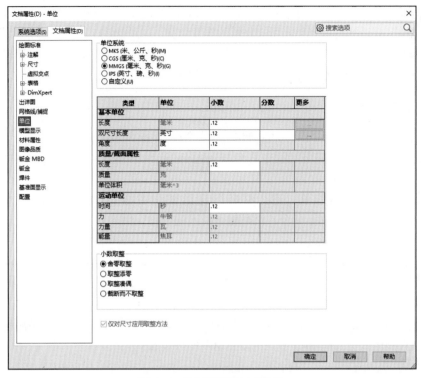

图 4.73 "文档属性"对话框

○步骤 4 如果需要应用其他的单位系统，则只需要在对话框的 单位系统 选项组中选择要使用的单选按钮，系统默认提供的单位系统只可以修改 双尺寸长度 和 角度 区域中的选项。如果需要自定义单位系统，则需要在 单位系统 区域选中 ◉自定义(U) 单选按钮，此时所有选项均将变亮，用户可以根据自身实际需求定制单位系统。

○步骤 5 完成修改后，单击对话框中的"确定"按钮。

4.6 倒角特征

4.6.1 基本概述

倒角特征是指在我们选定的边线处通过裁掉或者添加一块平直剖面材料，从而在共有该边线的两个原始曲面之间创建出一个斜角曲面。

倒角特征的作用：①提高模型的安全等级；②提高模型的美观程度；③方便装配。

4.6.2 倒角特征的一般操作过程

▶14min

下面以如图 4.74 所示的简单模型为例，介绍创建倒角特征的一般过程。

○步骤 1 打开文件 D:\sw21\work\ch04.06\ 倒角 -ex.SLDPRT。

○步骤 2 选择命令。单击 特征 功能选项卡 下的 按钮，选择 倒角 命令，系统弹出如图 4.75 所示的“倒角”对话框。

○步骤 3 定义倒角类型。在“倒角”对话框中选择“角度距离” 单选项。

○步骤 4 定义倒角对象。在系统提示下选取如图 4.74（a）所示的边线作为倒角对象。

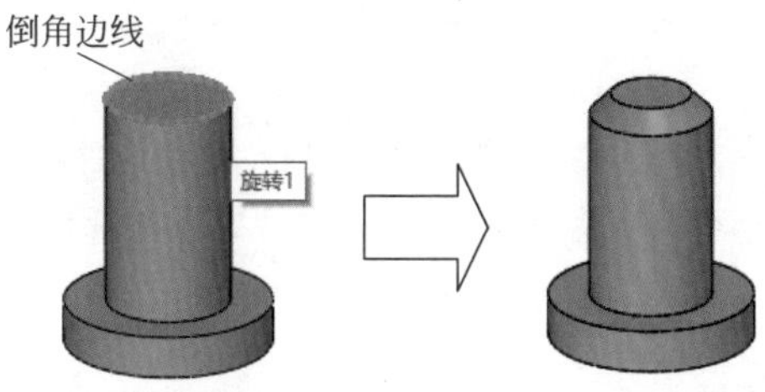

(a) 倒角前　　(b) 倒角后

图 4.74　倒角特征

○步骤 5 定义倒角参数。在“倒角”对话框的 倒角参数 区域中的 文本框中输入倒角距离值 5，在 文本框输入倒角角度值 45。

○步骤 6 完成操作。在“倒角”对话框中单击 按钮，完成倒角定义，如图 4.74（b）所示。

图 4.75 所示的“倒角”对话框中各选项的说明如下。

- （角度距离）单选项：用于通过距离与角度控制倒角的大小。
- （距离距离）单选项：用于通过距离与距离控制倒角的大小。
- （顶点）：用于在所选顶点（三条边线的交点）处输入 3 个距离值创建倒角，如图 4.76 所示。
- （等距面）单选项：通过偏移选定边线旁边的面来求解等距面倒角。软件将计算等距面的交叉点，然后计算从该点到每个面的法向以创建倒角。
- （面面）单选项：用于通过选取两个面去创建倒角，选取的两个面可以相交也可以不相交，如图 4.77 所示。

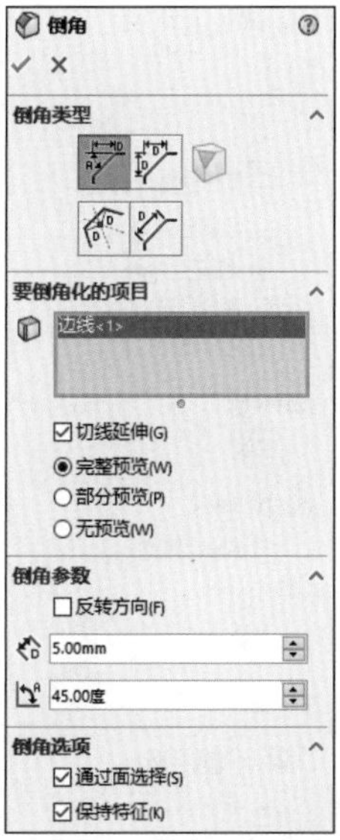

图 4.75　“倒角”对话框

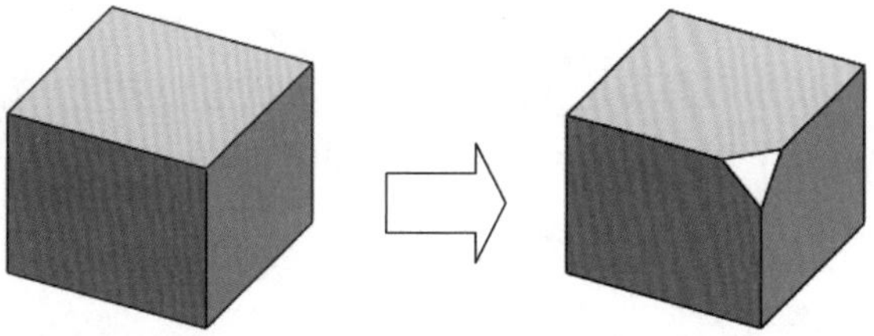
(a) 倒角前　　(b) 倒角后

图 4.76　顶点倒角

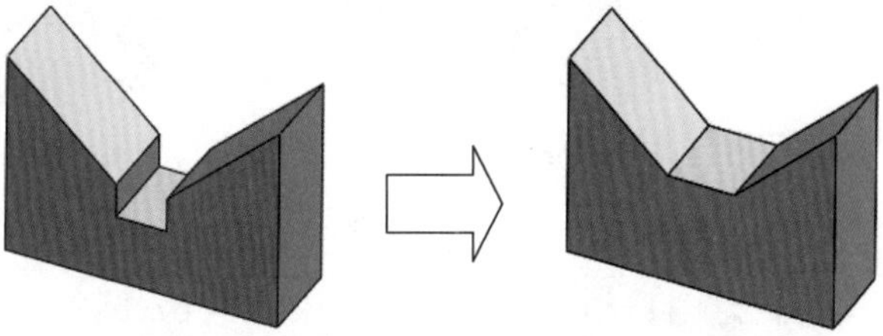
(a) 倒角前　　(b) 倒角后

图 4.77　面面倒角

- ☑切线延伸(G) 复选框：选中该选项将自动选取与所选边线相切的所有边线进行倒角，如图 4.78 所示。
- ☑通过面选择(S) 复选框：选中此选项，表示可以直接选中被现有实体面挡住的一些边线对象。
- ☑保持特征(K) 复选框：选中此选项，表示可以保留倒角处的实体特征，如图 4.79 所示。

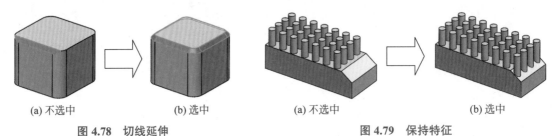

(a) 不选中　　(b) 选中　　　　　　　(a) 不选中　　　　　(b) 选中

图 4.78　切线延伸　　　　　　　图 4.79　保持特征

4.7　圆角特征

4.7.1　基本概述

圆角特征是指在我们选定的边线处通过裁掉或者添加一块圆弧剖面材料，从而在共有该边线的两个原始曲面之间创建出一个圆弧曲面。

圆角特征的作用：①提高模型的安全等级；②提高模型的美观程度；③方便装配；④消除应力集中。

4.7.2　恒定半径圆角

恒定半径圆角是指在所选边线的任意位置其半径值都是恒定相等的。下面以如图 4.80 所示的模型为例，介绍创建恒定半径圆角特征的一般过程。

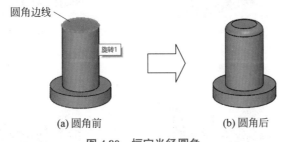

(a) 圆角前　　　　(b) 圆角后

图 4.80　恒定半径圆角

○步骤1　打开文件 D:\sw21\work\ch04.07\ 圆角 -ex.SLDPRT。

○步骤2　选择命令。单击 特征 功能选项卡 下的 按钮，选择 圆角 命令，系统弹出如图 4.81 所示的"圆角"对话框。

图 4.81　"圆角"对话框

步骤3　定义圆角类型。在"圆角"对话框中选择"恒定大小圆角" 单选项。

步骤4　定义圆角对象。在系统提示下选取如图 4.80（a）所示的边线作为圆角对象。

步骤5　定义圆角参数。在"圆角"对话框的 圆角参数 区域中的 文本框中输入圆角半径值 5。

步骤6　完成操作。在"圆角"对话框中单击 按钮，完成圆角定义，如图 4.80（b）所示。

4.7.3　变半径圆角

4min

变半径圆角是指在所选边线的不同位置具有不同的圆角半径值。下面以如图 4.82 所示的模型为例，介绍创建变半径圆角特征的一般过程。

步骤1　打开文件 D:\sw21\work\ch04.07\ 变半径 -ex.SLDPRT。

步骤2　选择命令。单击 特征 功能选项卡 下的 · 按钮，选择 圆角 命令，系统弹出"圆角"对话框。

步骤3　定义圆角类型。在"圆角"对话框中选择"变量大小圆角" 单选项。

步骤4　定义圆角对象。在系统提示下选取如图 4.82（a）所示的边线作为圆角对象。

步骤5　定义圆角参数。在"圆角"对话框的 变半径参数(P) 区域的 文本框输入 1。在 列表中选中"v1"，v1 是指边线起点位置，然后在 文本框中输入半径值 5。在 列表中选中"v2"，v2 是指边线终点位置，然后在 文本框中输入半径值 5。在图形区选取如图 4.83 所示的点 1，此时点 1 将被自动添加到 列表，在 列表中选中"P1"，在 文本框中输入半径值 10。

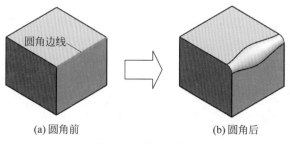

(a) 圆角前　　　　　　　(b) 圆角后

图 4.82　变半径圆角

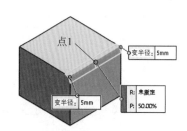

点1

变半径：5mm

R：未指定
P：50.00%

变半径：5mm

图 4.83　变半径参数

步骤6　完成操作。在"圆角"对话框中单击 按钮，完成圆角定义，如图 4.82（b）所示。

说明

文本框的数值决定了所选边线上所设置半径值的点的数目，此数目不包含起点和端点，如图 4.84 所示。

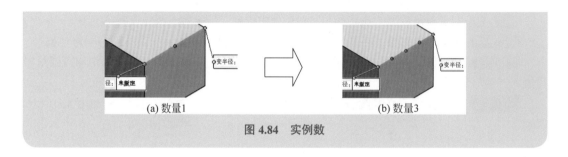

图 4.84 实例数

7min

4.7.4 面圆角

面圆角是指在面与面之间进行倒圆角。下面以如图 4.85 所示的模型为例，介绍创建面圆角特征的一般过程。

○步骤1 打开文件 D:\sw21\work\ch04.07\面圆角 -ex.SLDPRT。

○步骤2 选择命令。单击 特征 功能选项卡 下的 ▾ 按钮，选择 圆角 命令，系统弹出"圆角"对话框。

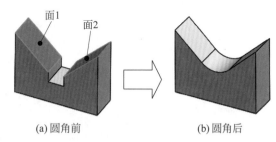

(a) 圆角前   (b) 圆角后

图 4.85 面圆角

○步骤3 定义圆角类型。在"圆角"对话框中选择"面圆角" 单选项。

○步骤4 定义圆角对象。在"圆角"对话框中激活"面组 1"区域，选取如图 4.85（a）所示的面 1，然后激活"面组 2"区域，选取如图 4.85（a）所示的面 2。

○步骤5 定义圆角参数。在 圆角参数 区域中的 ⼈ 文本框中输入圆角半径值 20。

○步骤6 完成操作。在"圆角"对话框中单击 ✔ 按钮，完成圆角定义，如图 4.85（b）所示。

说明

对于两个不相交的曲面来讲，在给定圆角半径值时，一般会有一个合理范围，只有给定的值在合理范围内才可以正确创建，范围值的确定方法可参考图 4.86。

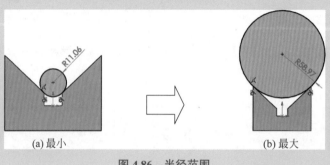

(a) 最小   (b) 最大

图 4.86 半径范围

4.7.5　完全圆角

▶4min

完全圆角是指在 3 个相邻的面之间进行倒圆角。下面以如图 4.87 所示的模型为例，介绍创建完全圆角特征的一般过程。

◎步骤1　打开文件 D:\sw21\work\ch04.07\ 完全圆角 -ex.SLDPRT。

◎步骤2　选择命令。单击 特征 功能选项卡 🔳 下的 ▾ 按钮，选择 🔳 圆角 命令，系统弹出"圆角"对话框。

◎步骤3　定义圆角类型。在"圆角"对话框中选择"完整圆角" 🔳 单选项。

◎步骤4　定义圆角对象。在"圆角"对话框中激活"边侧面组1"区域，选取如图 4.88 所示的边侧面组 1。激活"中央面组"区域，选取如图 4.88 所示的中央面组。激活"边侧面组 2"区域，选取如图 4.88 所示的边侧面组 2。

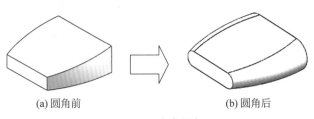

(a) 圆角前　　　　　　(b) 圆角后

图 4.87　完全圆角

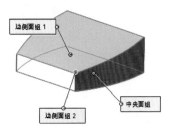

图 4.88　定义圆角对象

说明

边侧面组 2 与边侧面组 1 是两个相对的面。

◎步骤5　参考步骤 4 再次创建另外一侧的完全圆角。

◎步骤6　完成操作。在"圆角"对话框中单击 ✓ 按钮，完成圆角定义，如图 4.87（b）所示。

4.7.6　倒圆的顺序要求

在创建圆角时，一般需要遵循以下几点规则和顺序：

- 先创建竖直方向的圆角，再创建水平方向的圆角。
- 如果要生成具有多个圆角边线及拔模面的铸模模型，则在大多数情况下，应先创建拔模特征，再进行圆角的创建。
- 一般我们将模型的主体结构创建完成后再尝试创建修饰作用的圆角，因为创建圆角越早，在重建模型时所花费的时间就越长。
- 当有多个圆角汇聚于一点时，先生成较大半径的圆角，再生成较小半径的圆角。
- 为加快零件建模的速度，可以使用单一圆角操作来处理相同半径圆角的多条边线。

4.8 基准特征

4.8.1 基本概述

基准特征在建模的过程中主要起到定位参考的作用，需要注意基准特征并不能帮助我们得到某个具体的实体结构，虽然基准特征并不能帮助我们得到某个具体的实体结构，但是在创建模型中的很多实体结构时，如果没有合适的基准，则很难或者不能完成结构的具体创建，例如创建如图 4.89 所示的模型，该模型有一个倾斜结构，要想得到这个倾斜结构，就需要创建一个倾斜的基准平面。

基准特征在 SolidWorks 中主要包括基准面、基准轴、基准点及基准坐标系。这些几何元素可以作为创建其他几何体的参照进行使用，在创建零件中的一般特征、曲面及装配时起到了非常重要的作用。

图 4.89　基准特征

▶19min

4.8.2 基准面

基准面也称为基准平面，在创建一般特征时，如果没有合适的平面，我们就可以自己创建一个基准平面，此基准平面可以作为特征截面的草图平面来使用，也可以作为参考平面来使用，基准平面是一个无限大的平面，在 SolidWorks 中为了查看方便，基准平面的显示大小可以自己调整。在 SolidWorks 中，软件向我们提供了很多种创建基准平面的方法，接下来我们就把一些常用的创建方法具体介绍一下。

1. 通过平行且有一定间距的面创建基准面

通过平行且有一定间距的面创建基准面需要提供一个平面参考，新创建的基准面与所选参考面平行，并且有一定的间距值。下面以创建如图 4.90 所示的基准面为例介绍通过平行且有一定间距的面创建基准面的一般创建方法。

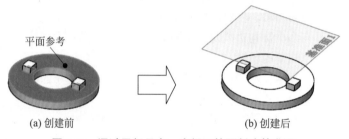

(a) 创建前　　　　　　　　(b) 创建后

图 4.90　通过平行且有一定间距的面创建基准面

步骤 1　打开文件 D:\sw21\work\ch04.08\ 基准面 01-ex.SLDPRT。

步骤 2　选择命令。单击 特征 功能选项卡 ▮ 下的 · 按钮，选择 ▮ 基准面 命令，系统弹出如图 4.91 所示的"基准面 1"对话框。

步骤 3　选取平面参考。选取如图 4.90（a）所示的面作为参考平面。

步骤 4　定义间距值。在"基准面 1"对话框 ⬚ 文本框输入间距值 20。

步骤 5　完成操作。在"基准面 1"对话框中单击 ✓ 按钮，完成基准面定义，如图 4.90（b）所示。

图 4.91　"基准面 1"对话框

2. 通过轴与面成一定角度创建基准面

通过轴与面有一定角度创建基准面需要提供一个平面参考与一个轴的参考，新创建的基准面通过所选的轴，并且与所选面成一定的夹角。下面以创建如图 4.92 所示的基准面为例介绍通过轴与面有一定角度创建基准面的一般方法。

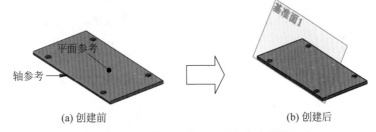

（a）创建前　　　　　　　　（b）创建后

图 4.92　通过轴与面成一定夹角创建基准面

步骤 1　打开文件 D:\sw21\work\ch04.08\ 基准面 02-ex.SLDPRT。

步骤 2　选择命令。单击 特征 功能选项卡 ▮ 下的 · 按钮，选择 ▮ 基准面 命令，系统弹出"基准面 1"对话框。

步骤 3　选取轴参考。选取如图 4.92（a）所示的轴的参考，采用系统默认的"重合" ⬚ 类型。

步骤 4　选取平面参考。选取如图 4.92（a）所示的面作为参考平面。

步骤 5　定义角度值。在"基准面 1"对话框 第二参考 区域中单击 ⬚，输入角度值 60。

步骤 6　完成操作。在"基准面 1"对话框中单击 ✓ 按钮，完成基准面定义，如图 4.92（b）所示。

3. 通过垂直于曲线创建基准面

通过垂直于曲线创建基准面需要提供曲线参考与一个点的参考，一般情况下点是曲线端点或者曲线上的点，新创建的基准面通过所选的点，并且与所选曲线垂直。下面以创建如图 4.93 所示的基准面为例介绍通过垂直于曲线创建基准面的一般创建方法。

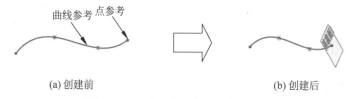

(a) 创建前   (b) 创建后

图 4.93　通过垂直于曲线创建基准面

⚙步骤1　打开文件 D:\sw21\work\ch04.08\ 基准面 03-ex.SLDPRT。

⚙步骤2　选择命令。单击 特征 功能选项卡 🚪 下的 ▾ 按钮，选择 ▮▮ 基准面 命令，系统弹出"基准面 1"对话框。

⚙步骤3　选取点参考。选取如图 4.93（a）所示的点的参考，采用系统默认的"重合" 🛇 类型。

⚙步骤4　选取曲线参考。选取如图 4.93（a）所示的曲线作为曲线平面，采用系统默认的"垂直" ⊥ 类型。

说明

> 曲线参考可以是草图中的直线、样条曲线、圆弧等开放对象，也可以是现有实体中的一些边线。

⚙步骤5　完成操作。在"基准面 1"对话框中单击 ✔ 按钮，完成基准面定义，如图 4.93（b）所示。

4. 其他常用的创建基准面的方法

通过三点创建基准平面，所创建的基准面通过选取的 3 个点，如图 4.94 所示。

通过直线和点创建基准平面，所创建的基准面通过选取的直线和点，如图 4.95 所示。

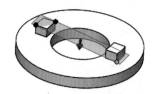

图 4.94　通过三点创建基准面

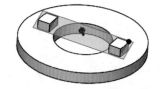

图 4.95　通过直线和点创建基准面

通过与某个平面平行并且通过点创建基准平面，所创建的基准面通过选取的点，并且与参考平面平行，如图 4.96 所示。

通过两个平行平面创建基准平面，所创建的基准面在所选两个平行基准平面的中间位置，如图 4.97 所示。

图 4.96　通过平行平面和点创建基准面

图 4.97　通过两平行面创建基准面

通过两个相交平面创建基准平面，所创建的基准面在所选两个相交基准平面的角平分位置，如图 4.98 所示。

通过与曲面相切创建基准平面，所创建的基准面与所选曲面相切，并且还需要其他参考，例如与某个平面平行或者垂直，或者通过某个对象，如图 4.99 所示。

图 4.98　通过相交平面创建基准面

图 4.99　通过与曲面相切创建基准面

4.8.3　基准轴

基准轴与基准面一样，可以作为特征创建时的参考，也可以为创建基准面、同轴放置项目及圆周阵列等提供参考。在 SolidWorks 中，软件向我们提供了很多种创建基准轴的方法，接下来我们就把一些常用的创建方法具体介绍一下。

1. 通过直线 / 边 / 轴创建基准轴

通过直线 / 边 / 轴创建基准轴需要提供一个草图直线、边或者轴的参考。下面以创建如图 4.100 所示的基准轴为例介绍通过直线 / 边 / 轴创建基准轴的一般方法。

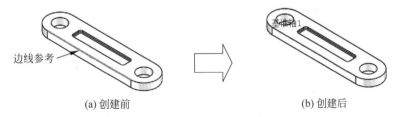

边线参考

(a) 创建前　　　　　　　　　　(b) 创建后

图 4.100　通过直线 / 边 / 轴创建基准轴

◎步骤 1　打开文件 D:\sw21\work\ch04.08\ 基准轴 -ex.SLDPRT。

◎步骤 2　选择命令。单击 特征 功能选项卡 ▾ 下的 ▾ 按钮，选择 ✎ 基准轴 命令，系统弹出如图 4.101 所示的"基准轴"对话框。

(步骤3) 选取类型。在"基准轴"对话框选择 🗹 一直线/边线/轴(O) 单选项。

(步骤4) 选取参考。选取如图 4.100（a）所示的边线参考。

(步骤5) 完成操作。在"基准轴"对话框中单击 ✔ 按钮，完成基准轴定义，如图 4.100（b）所示。

图 4.101 "基准轴"对话框

2. 通过两平面创建基准轴

通过两平面创建基准轴需要提供两个平面的参考。下面以创建如图 4.102 所示的基准轴为例介绍通过两平面创建基准轴的一般方法。

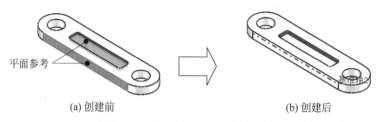

平面参考

(a) 创建前   (b) 创建后

图 4.102 通过两平面创建基准轴

(步骤1) 打开文件 D:\sw21\work\ch04.08\ 基准轴 -ex.SLDPRT。

(步骤2) 选择命令。单击 特征 功能选项卡 ⚲ 下的 ⌄ 按钮，选择 🗹 基准轴 命令，系统弹出"基准轴"对话框。

(步骤3) 选取类型。在"基准轴"对话框选择 🗹 两平面(T) 单选项。

(步骤4) 选取参考。选取如图 4.102（a）所示的两个平面参考。

(步骤5) 完成操作。在"基准轴"对话框中单击 ✔ 按钮，完成基准轴定义，如图 4.102（b）所示。

3. 通过两点 / 顶点创建基准轴

通过两点 / 顶点创建基准轴需要提供两个点的参考。下面以创建如图 4.103 所示的基准轴为例介绍通过两点 / 顶点创建基准轴的一般方法。

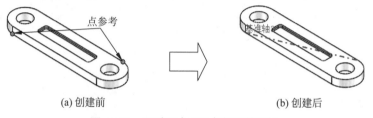

点参考

(a) 创建前   (b) 创建后

图 4.103 通过两点 / 顶点创建基准轴

步骤1　打开文件 D:\sw21\work\ch04.08\ 基准轴 -ex.SLDPRT。

步骤2　选择命令。单击 特征 功能选项卡 下的 ● 按钮，选择 ✏ 基准轴 命令，系统弹出"基准轴"对话框。

步骤3　选取类型。在"基准轴"对话框选择 两点/顶点(W) 单选项。

步骤4　选取参考。选取如图 4.103（a）所示的两个点参考。

步骤5　完成操作。在"基准轴"对话框中单击 ✔ 按钮，完成基准轴定义，如图 4.103（b）所示。

4. 通过圆柱 / 圆锥面创建基准轴

通过圆柱 / 圆锥面创建基准轴需要提供一个圆柱或者圆锥面的参考，系统会自动提取这个圆柱或者圆锥面的中心轴。下面以创建如图 4.104 所示的基准轴为例介绍通过圆柱 / 圆锥面创建基准轴的一般方法。

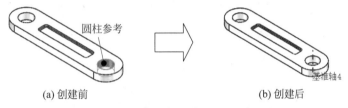

(a) 创建前　　　　　　　　(b) 创建后

图 4.104　通过圆柱 / 圆锥面创建基准轴

步骤1　打开文件 D:\sw21\work\ch04.08\ 基准轴 -ex.SLDPRT。

步骤2　选择命令。单击 特征 功能选项卡 下的 ● 按钮，选择 ✏ 基准轴 命令，系统弹出"基准轴"对话框。

步骤3　选取类型。在"基准轴"对话框选择 圆柱/圆锥面(C) 单选项。

步骤4　选取参考。选取如图 4.104（a）所示的圆柱面参考。

步骤5　完成操作。在"基准轴"对话框中单击 ✔ 按钮，完成基准轴定义，如图 4.104（b）所示。

5. 通过点和面 / 基准面创建基准轴

通过点和面 / 基准面创建基准轴需要提供一个点参考和一个面参考，点确定轴的位置，面确定轴的方向。下面以创建如图 4.105 所示的基准轴为例介绍通过点和面 / 基准面创建基准轴的一般方法。

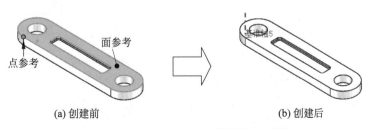

(a) 创建前　　　　　　　　(b) 创建后

图 4.105　通过点和面 / 基准面创建基准轴

◎步骤 1 打开文件 D:\sw21\work\ch04.08\ 基准轴 -ex.SLDPRT。

◎步骤 2 选择命令。单击 特征 功能选项卡 ゛ 下的 ⌄ 按钮，选择 ╱ 基准轴 命令，系统弹出"基准轴"对话框。

◎步骤 3 选取类型。在"基准轴"对话框选择 ⚓ 点和面/基准面(P) 单选项。

◎步骤 4 选取参考。选取如图 4.105（a）所示的点参考及面参考。

◎步骤 5 完成操作。在"基准轴"对话框中单击 ✓ 按钮，完成基准轴定义，如图 4.105（b）所示。

12min

4.8.4 基准点

点是最小的几何单元，由点可以得到线，由点也可以得到面，所以在创建基准轴或者基准面时，如果没有合适的点了，就可以通过基准点命令进行创建，另外，基准点也可以作为其他实体特征创建的参考元素。在 SolidWorks 中，软件向我们提供了很多种创建基准点的方法，接下来我们就把一些常用的创建方法具体介绍一下。

1. 通过圆弧中心创建基准点

通过圆弧中心创建基准点需要提供一个圆弧或者圆的参考。下面以创建如图 4.106 所示的基准点为例介绍通过圆弧中心创建基准点的一般方法。

◎步骤 1 打开文件 D:\sw21\work\ch04.08\ 基准点 -ex.SLDPRT。

◎步骤 2 选择命令。单击 特征 功能选项卡 ゛ 下的 ⌄ 按钮，选择 ⊙ 点 命令，系统弹出如图 4.107 所示的"点"对话框。

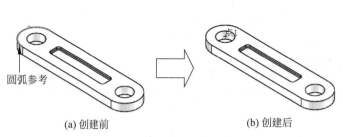

圆弧参考

(a) 创建前　　　　　　(b) 创建后

图 4.106　通过圆弧中心创建基准点

图 4.107　"点"对话框

◎步骤 3 选取类型。在"点"对话框选择 ⊙ 圆弧中心 单选按钮。

◎步骤 4 选取参考。选取如图 4.106（a）所示的圆弧参考。

◎步骤 5 完成操作。在"点"对话框中单击 ✓ 按钮，完成基准点的定义，如图 4.106（b）所示。

2. 通过面中心创建基准点

通过面中心创建基准点需要提供一个面（平面、圆弧面、曲面）的参考。下面以创建如图 4.108 所示的基准点为例介绍通过面中心创建基准点的一般方法。

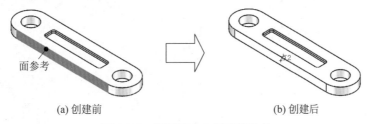

(a) 创建前　　　　　　　　　　　　　(b) 创建后

图 4.108　通过面中心创建基准点

🔘步骤1　打开文件 D:\sw21\work\ch04.08\ 基准点 -ex.SLDPRT。

🔘步骤2　选择命令。单击 **特征** 功能选项卡 🖤 下的 ⌄ 按钮，选择 • 点 命令，系统弹出"点"对话框。

🔘步骤3　选取类型。在"点"对话框选择 📷 面中心(Q) 单选项。

🔘步骤4　选取参考。选取如图 4.108（a）所示的面参考。

🔘步骤5　完成操作。在"点"对话框中单击 ✓ 按钮，完成基准点的定义，如图 4.108（b）所示。

3. 其他创建基准点的方式

（1）通过交叉点创建基准点，这种方式创建基准点需要提供两个相交的曲线对象，如图 4.109 所示。

（2）通过投影创建基准点，这种方式创建基准点需要提供一个要投影的点（曲线端点、草图点或者模型端点），以及要投影到的面（基准面、模型表面或者曲面）。

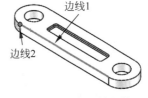

图 4.109　交叉基准点

（3）通过在点上创建基准点，这种方式创建基准点需要提供一些点（必须是草图点）。

（4）通过沿曲线创建基准点，可以快速生成沿选定曲线的点，曲线可以是模型边线或者草图线段。

4.8.5　基准坐标系

基准坐标系可以定义零件或者装配的坐标系，添加基准坐标系有以下几点作用：①在使用测量分析工具时使用；②在将 SolidWorks 文件导出到其他中间格式时使用；③在装配配合时使用。

4min

下面以创建如图 4.110 所示的基准坐标系为例介绍创建基准坐标系的一般方法。

🔘步骤1　打开文件 D:\sw21\work\ch04.08\ 基准坐标系 -ex.SLDPRT。

步骤 2 选择命令。单击 特征 功能选项卡 🍴 下的 · 按钮，选择 ⊥ 坐标系 命令，系统弹出如图 4.111 所示的"坐标系"对话框。

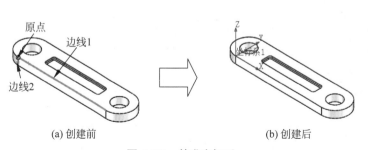

(a) 创建前   (b) 创建后

图 4.110   基准坐标系

图 4.111   "坐标系"对话框

步骤 3 定义坐标系原点。选取如图 4.110（a）所示的原点。

步骤 4 定义坐标系 X 轴。选取如图 4.110（a）所示的边线 1 为 X 轴方向。

步骤 5 定义坐标系 Z 轴。激活 Z 轴的选择文本框，选取如图 4.110（a）所示的边线 2 为 Z 轴方向，单击 ↗ 按钮调整到如图 4.110（b）所示的方向。

步骤 6 完成操作。在"坐标系"对话框中单击 ✓ 按钮，完成基准坐标系的定义，如图 4.110（b）所示。

4.9   抽壳特征

4.9.1   基本概述

抽壳特征是指移除一个或者多个面，然后将其余所有的模型外表面向内或者向外偏移一个相等或者不等的距离而实现的一种效果。通过对概念的学习可以总结得到抽壳的主要作用是帮助我们快速得到箱体或者壳体效果。

▶ 7min

4.9.2   等壁厚抽壳

下面以如图 4.112 所示的效果为例，介绍创建等壁厚抽壳的一般过程。

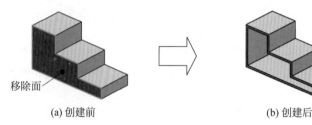

移除面

(a) 创建前   (b) 创建后

图 4.112   等壁厚抽壳

◎步骤① 打开文件 D:\sw21\work\ch04.09\ 抽壳 -ex.SLDPRT。

◎步骤② 选择命令。单击 特征 功能选项卡中的 抽壳 按钮，系统弹出如图 4.113 所示的"抽壳 1"对话框。

◎步骤③ 定义移除面。选取如图 4.112（a）所示的移除面。

◎步骤④ 定义抽壳厚度。在"抽壳 1"对话框的 参数(P) 区域的"厚度" 文本框中输入 3。

◎步骤⑤ 完成操作。在"抽壳 1"对话框中单击 ✓ 按钮，完成抽壳的创建，如图 4.112（b）所示。

4.9.3　不等壁厚抽壳

不等壁厚抽壳是指抽壳后不同面的厚度是不同的，下面以如图 4.114 所示的效果为例，介绍创建不等壁厚抽壳的一般过程。

图 4.113　"抽壳 1"对话框 3min

◎步骤① 打开文件 D:\sw21\work\ch04.09\ 抽壳 02-ex.SLDPRT。

◎步骤② 选择命令。单击 特征 功能选项卡中的 抽壳 按钮，系统弹出"抽壳 1"对话框。

◎步骤③ 定义移除面。选取如图 4.114（a）所示的移除面。

◎步骤④ 定义抽壳厚度。在"抽壳"对话框的 参数(P) 区域的"厚度" 文本框中输入 5。单击激活 多厚度设定(M) 区域 后的文本框，然后选取如图 4.115 所示的面，然后在 多厚度设定(M) 区域中的 文本框中输入 10，代表此面的厚度为 10，然后选取长方体的底面，然后在 多厚度设定(M) 区域中的 文本框中输入 15，代表底面的厚度为 15。

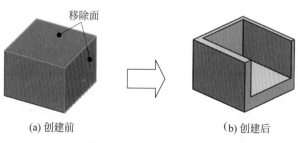

移除面

(a) 创建前　　　　（b）创建后

图 4.114　不等壁厚抽壳

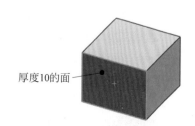

厚度10的面

图 4.115　不等壁厚面

◎步骤⑤ 完成操作。在"抽壳 1"对话框中单击 ✓ 按钮，完成抽壳的创建，如图 4.114（b）所示。

4.9.4　抽壳方向的控制

前面创建的抽壳方向都是向内抽壳，从而保证模型整体尺寸的不变，其实抽壳的方向也可以向外，只是需要注意，当抽壳方向向外时，模型的整体尺寸会发生变化。例如图 4.116 所示的长方体原始尺寸为 $80 \times 80 \times 60$。如果是正常的向内抽壳，假如抽壳厚度为 5，则抽壳后的效果如图 4.117 所示，此模型的整体尺寸依然是 $80 \times 80 \times 60$，中间腔槽的尺寸为 $70 \times 70 \times 55$；

如果是向外抽壳，我们只需要在"抽壳 1"对话框中选中 ☑壳厚朝外(S)，假如抽壳厚度为 5，则抽壳后的效果如图 4.118 所示，此模型的整体尺寸为 90×90×65，中间腔槽的尺寸为 80×80×60。

图 4.116 原始模型

图 4.117 向内抽壳

图 4.118 向外抽壳

9min

4.9.5 抽壳的高级应用（抽壳的顺序）

抽壳特征是一个对顺序要求比较严格的功能，同样的特征以不同的顺序进行抽壳，对最终的结果还是有非常大的影响。接下来以创建圆角和抽壳为例，介绍不同顺序对最终效果的影响。

方法一：先圆角再抽壳

○步骤1 打开文件 D:\sw21\work\ch04.09\ 抽壳 03-ex.SLDPRT。

○步骤2 创建如图 4.119 所示的倒圆角 1。单击 特征 功能选项卡 ⊕ 下的 · 按钮，选择 圆角 命令，系统弹出"圆角"对话框，在"圆角"对话框中选择"恒定大小圆角" ⊟ 单选项，在系统提示下选取四根竖直边线作为圆角对象，在"圆角"对话框的 圆角参数 区域中的 ⅂ 文本框中输入圆角半径值 15，单击 ✔ 按钮完成倒圆角 1 的创建。

○步骤3 创建如图 4.120 所示的倒圆角 2。单击 特征 功能选项卡 ⊕ 下的 · 按钮，选择 圆角 命令，系统弹出"圆角"对话框，在"圆角"对话框中选择"恒定大小圆角" ⊟ 单选项，在系统提示下选取下侧水平边线作为圆角对象，在"圆角"对话框的 圆角参数 区域中的 ⅂ 文本框中输入圆角半径值 8，单击 ✔ 按钮完成倒圆角 2 的创建。

○步骤4 创建如图 4.121 所示的抽壳。单击 特征 功能选项卡中的 🔲抽壳 按钮，系统弹出"抽壳 1"对话框，选取如图 4.121（a）所示的移除面，在"抽壳 1"对话框的 参数(P) 区域的"厚度" 🔾 文本框中输入 5，在"抽壳"对话框中单击 ✔ 按钮，完成抽壳的创建，如图 4.121（b）所示。

图 4.119 倒圆角 1

图 4.120 倒圆角 2

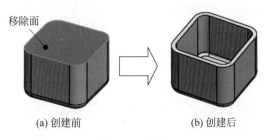
移除面
(a) 创建前   (b) 创建后
图 4.121 抽壳

方法二：先抽壳再圆角

○步骤1　打开文件 D:\sw21\work\ch04.09\ 抽壳 03-ex.SLDPRT。

○步骤2　创建如图 4.122 所示的抽壳。单击 特征 功能选项卡中的 抽壳 按钮，系统弹出 "抽壳 1" 对话框，选取如图 4.122（a）所示的移除面，在 "抽壳 1" 对话框的 参数(P) 区域的 "厚度" 文本框中输入 5，在 "抽壳 1" 对话框中单击 ✓ 按钮，完成抽壳的创建，如图 4.122（b）所示。

○步骤3　创建如图 4.123 所示的倒圆角 1。单击 特征 功能选项卡 下的 按钮，选择 圆角 命令，系统弹出 "圆角" 对话框，在 "圆角" 对话框中选择 "恒定大小圆角" 单选项，在系统提示下选取四根竖直边线作为圆角对象，在 "圆角" 对话框的 圆角参数 区域中的 文本框中输入圆角半径值 15，单击 ✓ 按钮完成倒圆角 1 的创建。

○步骤4　创建如图 4.124 所示的倒圆角 2。单击 特征 功能选项卡 下的 按钮，选择 圆角 命令，系统弹出 "圆角" 对话框，在 "圆角" 对话框中选择 "恒定大小圆角" 单选项，在系统提示下选取下侧水平边线作为圆角对象，在 "圆角" 对话框的 圆角参数 区域中的 文本框中输入圆角半径值 8，单击 ✓ 按钮完成倒圆角 2 的创建。

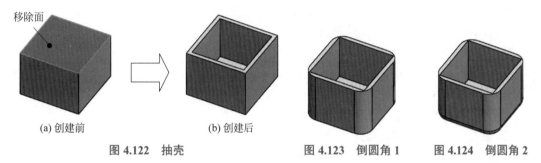

移除面

(a) 创建前　　　　　(b) 创建后

图 4.122　抽壳　　　　　图 4.123　倒圆角 1　　　图 4.124　倒圆角 2

总结：我们发现相同的参数，不同的操作步骤所得到的效果是截然不同的。那么出现不同结果的原因是什么呢？这是由于抽壳时保留面的数目不同而导致的，在方法一中，先做的圆角，当我们移除一个面进行抽壳时，剩下了 17 个面（5 个平面和 12 个圆角面）参与抽壳偏移，从而可以得到如图 4.121 所示的效果。在方法二中，虽然说也是移除了一个面，由于圆角是抽壳后做的，因此剩下的面只有 5 个，这 5 个面参与抽壳，进而得到图 4.122 所示的效果，后面再单独圆角得到如图 4.124 所示的效果。那么在实际使用抽壳时我们该如何合理安排抽壳的顺序呢？一般情况下我们需要把要参与抽壳的特征放在抽壳特征前面做，不需要参与抽壳的特征放到抽壳特征后面做。

4.10　孔特征

4.10.1　基本概述

孔在我们的设计过程中起着非常重要的作用，主要用于定位配合和固定设计产品，既然有这么重要的作用，当然软件也向我们提供了很多种孔的创建方法。例如：一般简单的通孔（用于上螺钉的）、一般产品底座上的沉头孔（也是用于上螺钉的）、两个产品配合的锥形孔（通过销来定位和固定的孔），还有最常见的螺纹孔等，我们都可以通过使用软件向我们提供的孔命令进行具体实现。在 SolidWorks 中，软件向我们提供了两种创建孔的工具，一种用于创建简单直孔，另一种用于创建异型孔。

4.10.2 异型孔向导

8min

使用异型孔向导功能创建孔特征，一般需要经过以下几个步骤：

（1）选择命令。

（2）定义打孔平面。

（3）初步定义孔的位置。

（4）定义打孔的类型。

（5）定义孔的对应参数。

（6）精确定义孔的位置。

下面以如图 4.125 所示的效果为例，具体介绍创建异型孔向导的一般过程。

○步骤1 打开文件 D:\sw21\work\ch04.10\孔 01-ex.SLDPRT。

○步骤2 选择命令。单击 特征 功能选项卡 🔘 下的 ⎤ 按钮，选择 🔘 异型孔向导 命令，系统弹出如图 4.126 所示的"孔规格"对话框。

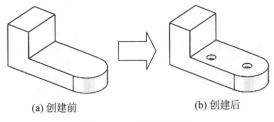

(a) 创建前 (b) 创建后

图 4.125 异形孔向导

○步骤3 定义打孔平面。在"孔规格"对话框中单击 ⬚位置 选项卡，选取如图 4.127 所示的模型表面为打孔平面。

○步骤4 初步定义孔的位置。在打孔面上任意位置单击，以确定打孔的初步位置，如图 4.128 所示。

○步骤5 定义孔的类型。在"孔位置"对话框中单击 🔲类型 选项卡，在 孔类型(T) 区域中选中"柱形沉头孔" 🔳，在 标准 下拉列表中选择 GB，在 类型 下拉列表中选择"内六角花形圆柱头螺钉"类型。

○步骤6 定义孔参数。在"孔规格"对话框中 孔规格 区域的 大小 下拉列表中选择 M6，在 配合 下拉列表中选择"正常"，在 终止条件(C) 区域的下拉列表中选择"完全贯穿"，单击 ✓ 按钮完成孔的初步创建。

○步骤7 精确定义孔位置。在设计树中右击 🔩打孔尺寸(%根据)内六角花形圆柱头螺钉1 下的定位草图（草图 3），选择 ☑ 命令，系统进入草图环境，添加约束至如图 4.129 所示的效果，单击 ⤵ 按钮完成定位。

图 4.126　"孔规格"对话框

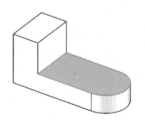

图 4.127　定义打孔平面

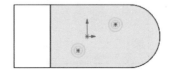

图 4.128　初步定义孔的位置

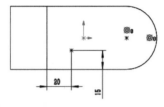

图 4.129　精确定义孔位置

4.10.3　简单直孔

下面以如图 4.130 所示的效果为例，具体介绍创建简单直孔的一般过程。

▶4min

打孔平面

(a) 创建前　　　　　　　　　　　　　　(b) 创建后

图 4.130　简单直孔

◎步骤1　打开文件 D:\sw21\work\ch04.10\ 孔 02-ex.SLDPRT。

◎步骤2　选择命令。选择下拉菜单"插入"→"特征"→"简单直孔"命令。

◎步骤3　定义打孔平面。在系统 为孔中心选择平面上的一位置. 提示下，选取如图 4.130（a）所示的模型表面为孔的放置面，系统弹出如图 4.131 所示的"孔"对话框。

◎步骤4　定义孔参数。在"孔"对话框的 方向1(1) 区域的深度控制下拉列表中选择 完全贯穿选项，在直径 ⊘ 文本框输入数值 20。

◎步骤5　完成初步创建。单击"孔"对话框中的 ✓ 按钮，完成简单直孔的初步创建。

○步骤 6　精确定义孔位置。在设计树中右击 🔘孔1，选择 ⊠ 命令，系统进入草图环境，添加约束至如图 4.132 所示的效果，单击 └┘ 按钮完成定位。

图 4.131　"孔"对话框

图 4.132　精确定义孔位置

4.10.4　螺纹线

螺纹线主要是在选定的轴或者圆形边线上创建拉伸或者剪切形式的真实螺纹效果。下面以如图 4.133 所示的效果为例，具体介绍创建螺纹线的一般过程。

○步骤 1　打开文件 D:\sw21\work\ch04.10\ 孔 03-ex.SLDPRT。

○步骤 2　选择命令。单击 特征 功能选项卡 🔘 下的 ▾ 按钮，选择 🔘 螺纹线 命令，系统弹出如图 4.134 所示的 SolidWorks 对话框，单击对话框中的"确定"按钮，系统弹出如图 4.135 所示的"螺纹线"对话框。

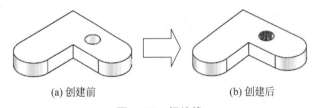

(a) 创建前　　　　　　(b) 创建后

图 4.133　螺纹线

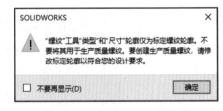

图 4.134　SolidWorks 对话框

○步骤 3　定义螺旋线位置边线。在系统 为创建螺纹线选择圆柱面的边线。 提示下，选取如图 4.136 所示的边线。

○步骤 4　定义螺旋线结束条件。在"螺纹线"对话框的 结束条件(E) 区域的下拉列表中选择"依选择而定"，然后选取如图 4.137 所示的面。

○步骤 5　定义螺旋线规格。在"螺纹线"对话框 规格 区域的 类型: 下拉列表中选择 Metric Tap ，在 尺寸 下拉列表中选择 M18x2.0 ，在 螺纹线方法: 区域中选中 ◉剪切螺纹线(U) 单选按钮。

○步骤 6　定义轮廓定位点。在"螺纹线"对话框 规格 区域中单击 找出轮廓(L) 按钮，然后在绘图区选取如图 4.138 所示的点，此时定位效果如图 4.139 所示。

○步骤 7　完成创建。单击"螺纹线"对话框中的 ✓ 按钮，完成螺纹线的创建。

图 4.135　"螺纹线"对话框

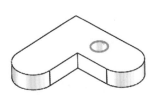

图 4.136　位置边线

图 4.137　结束面

图 4.138　轮廓定位点

图 4.139　定位后

4.11　拔模特征

4.11.1　基本概述

拔模特征是指将竖直的平面或者曲面倾斜一定的角，从而得到一个斜面或者说有锥度的曲面。注塑件和铸造件往往需要一个拔模斜度才可以顺利脱模，拔模特征就是专门用来创建拔模斜面的。在 SolidWorks 中拔模特征主要有 3 种类型：中性面拔模、分型线拔模、阶梯拔模。

拔模中需要提前理解的关键术语如下。

拔模面：要有倾斜角度的面。

中性面：保持固定不变的面。

拔模角度：拔模方向与拔模面之间的倾斜角度。

4.11.2　中性面拔模

下面以如图 4.140 所示的效果为例，介绍创建中性面拔模的一般过程。

○步骤1　打开文件 D:\sw21\work\ch04.11\拔模 01-ex.SLDPRT。

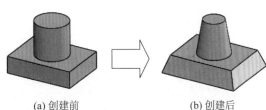

(a) 创建前　　　　(b) 创建后

图 4.140　中性面拔模

 7min

○步骤2 选择命令。单击 特征 功能选项卡中的 📄拔模 按钮，系统弹出如图 4.141 所示的"拔模 1"对话框。

○步骤3 定义拔模类型。在"拔模 1"对话框的 拔模类型(T) 区域中选中 ⊙中性面(E) 单选按钮。

○步骤4 定义中性面。在系统 设定要拔模的中性面和面。 的提示下选取如图 4.142 所示的面作为中性面。

○步骤5 定义拔模面。在系统 设定要拔模的中性面和面。 的提示下选取如图 4.143 所示的面作为拔模面。

○步骤6 定义拔模角度。在"拔模"对话框 拔模角度(G) 区域的 📐 文本框中输入 10。

○步骤7 完成创建。单击"拔模 1"对话框中的 ✓ 按钮，完成拔模的创建，如图 4.144 所示。

○步骤8 选择命令。单击 特征 功能选项卡中的 📄拔模 按钮，系统弹出"拔模 2"对话框。

○步骤9 定义拔模类型。在"拔模 2"对话框的 拔模类型(T) 区域中选中 ⊙中性面(E) 单选项。

图 4.141 "拔模 1"对话框

○步骤10 定义中性面。在系统 设定要拔模的中性面和面。 的提示下选取如图 4.142 所示的面作为中性面。

○步骤11 定义拔模面。在系统 设定要拔模的中性面和面。 的提示下在 拔模面(F) 区域的 拔模沿面延伸(A): 下拉列表中选择 外部的面，系统会自动选取底部长方体的 4 个侧面。

○步骤12 定义拔模角度。在"拔模 2"对话框 拔模角度(G) 区域的 📐 文本框中输入 20。

○步骤13 完成创建。单击"拔模 2"对话框中的 ✓ 按钮，完成拔模的创建，如图 4.145 所示。

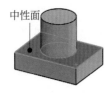

图 4.142 中性面

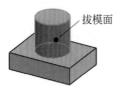

图 4.143 拔模面

图 4.144 拔模特征 1

图 4.145 拔模特征 2

4.11.3 分型线拔模

▶ 6min

下面以如图 4.146 所示的效果为例，介绍创建分型线拔模的一般过程。

○步骤1 打开文件 D:\sw21\work\ch04.11\ 拔模 02-ex.SLDPRT。

○步骤2 创建分型草图。单击 草图 功能选项卡中的草图绘制 ⌐ 草图绘制 按钮，选取如图 4.147 所示的模型表面为草图平面，绘制如图 4.148 所示的草图。

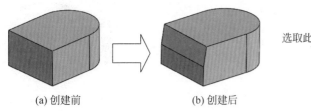

(a) 创建前　　　　　　(b) 创建后

图 4.146　分型线拔模

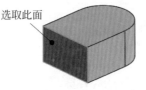

图 4.147　草图平面

图 4.148　截面草图

○步骤 3　创建分型线。单击 特征 功能选项卡 ↺ 下的 ▾ 按钮，选择 分割线 命令，系统弹出如图 4.149 所示的"分割线"对话框，在 分割类型(T) 区域中选中 ⦿投影(P) 单选按钮，在系统 更改类型或选择要投影的草图、方向和分割的面。 的提示下，依次选取如图 4.148 所示的草图为投影对象，选取如图 4.147 所示的面为要分割的面，单击 ✔ 按钮，完成分型线的创建，如图 4.150 所示。

○步骤 4　选择命令。单击 特征 功能选项卡中的 拔模 按钮，系统弹出"拔模 1"对话框。

○步骤 5　定义拔模类型。在"拔模 1"对话框的 拔模类型(T) 区域中选中 分型线(I) 单选按钮。

○步骤 6　定义拔模方向。在系统 选择拔模方向和分型线。 的提示下选取如图 4.151 所示的面作为拔模方向参考面。

图 4.149　"分割线"对话框

图 4.150　分型线

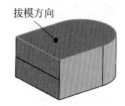

拔模方向

图 4.151　拔模方向

○步骤 7　定义分型线。在系统 选择拔模方向和分型线。 的提示下选取如图 4.150 所示的分型线，黄色箭头所指的方向就是拔模侧。

说明

用户可以通过单击 其他面 按钮，调整拔模侧。

○步骤 8　定义拔模角度。在"拔模 1"对话框 拔模角度(G) 区域的 🔼 文本框中输入 10。

〇步骤 9 完成创建。单击"拔模 1"对话框中的 ✓ 按钮，完成拔模的创建，如图 4.152 所示。

4.11.4 阶梯拔模

6min

下面以如图 4.153 所示的效果为例，介绍创建阶梯拔模的一般过程。

图 4.152　分型线拔模

 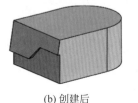

(a) 创建前　　　　　　　　　　(b) 创建后

图 4.153　阶梯拔模

〇步骤 1 打开文件 D:\sw21\work\ch04.11\ 拔模 03-ex.SLDPRT。

〇步骤 2 创建分型草图。单击 草图 功能选项卡中的草图绘制 [草图绘制] 按钮，选取如图 4.154 所示的模型表面为草图平面，绘制如图 4.155 所示的草图。

〇步骤 3 创建分型线。单击 特征 功能选项卡 ∪ 下的 · 按钮，选择 分割线 命令，系统弹出"分割线"对话框，在 分割类型(T) 区域中选中 ◉投影(P) 单选按钮，在系统 更改类型或选择要投影的草图、方向和分割的面。 的提示下，依次选取如图 4.155 所示的草图直线为投影对象，选取如图 4.154 所示的面为要分割的面，单击 ✓ 按钮，完成分型线的创建，如图 4.156 所示。

图 4.154　草图平面

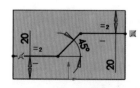
图 4.155　截面草图

图 4.156　分型线

〇步骤 4 选择命令。单击 特征 功能选项卡中的 拔模 按钮，系统弹出"拔模 1"对话框。

〇步骤 5 定义拔模类型。在"拔模 1"对话框的 拔模类型(T) 区域中选中 ◉阶梯拔模(D) 单选按钮，选中 ◉锥形阶梯(R) 单选项。

注意

当选择 ◉垂直阶梯(C) 时，效果如图 4.157（b）所示。

(a) 锥形阶梯　　　　　　　　　　(b) 垂直阶梯

图 4.157　阶梯拔模

步骤 6　定义拔模方向。在系统 选择拔模方向和分型线。 的提示下选取如图 4.158 所示的面作为拔模方向参考面。

步骤 7　定义分型线。在系统 选择拔模方向和分型线。 的提示下在绘图区依次选取如图 4.156 所示的三段分型线，黄色箭头所指的方向就是拔模侧，如图 4.159 所示。

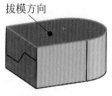

图 4.158　拔模方向

图 4.159　分型线

> **注意**
>
> 　　三段分型线的拔模方向一定要朝向一侧，否则将无法进行阶梯拔模的创建。用户可以通过选中每一段分型线，然后单击 其它面 按钮，调整拔模侧。

步骤 8　定义拔模角度。在"拔模 1"对话框 拔模角度(G) 区域的 文本框中输入 10。

步骤 9　完成创建。单击"拔模 1"对话框中的 ✓ 按钮，完成拔模的创建，如图 4.153（b）所示。

> **注意**
>
> 　　阶梯拔模与分型线拔模的区别为分型线拔模时分型线位置保持固定不变，而阶梯拔模时方向面位置保持不变。

4.12　加强筋特征

4.12.1　基本概述

加强筋顾名思义是用来加固零件的，当想要提升一个模型的承重或者抗压能力时，就可以在当前模型之上一些特殊的位置加上一些加强筋的结构。加强筋的创建过程与拉伸特征比较类似，不同点在于拉伸需要一个封闭的截面，加强筋只需开放截面就可以了。

4.12.2　加强筋特征的一般操作过程

下面以如图 4.160 所示的效果为例，介绍创建加强筋特征的一般过程。

10min

步骤 1　打开文件 D:\sw21\work\ch04.12\ 加强筋 -ex.SLDPRT。

步骤 2　选择命令。单击 特征 功能选项卡中的 筋 按钮。

○步骤3 定义加强筋截面轮廓。在系统提示下选取"前视基准面"作为草图平面，绘制如图 4.161 所示的截面草图，单击 └┙ 按钮退出草图环境，系统弹出如图 4.162 所示的"筋 1"对话框。

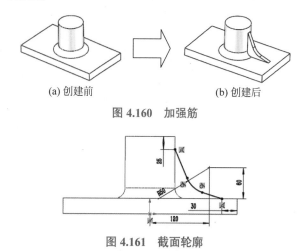

图 4.160　加强筋

图 4.161　截面轮廓

图 4.162　"筋 1"对话框

○步骤4 定义加强筋参数。在"筋 1"对话框 参数(P) 区域中选中"两侧" ▤，在 ⬙ 文本框中输入厚度值 15，在 拉伸方向: 下选中 ◈ 单选项，其他参数采用默认。

○步骤5 完成创建。单击"筋 1"对话框中的 ✓ 按钮，完成加强筋的创建，如图 4.160（b）所示。

图 4.162 所示的"筋 1"对话框中部分选项的说明如下。

- ▤（第一边）单选项：用于沿方向一添加材料，如图 4.163（a）所示。
- ▤（两侧）单选项：用于沿两侧同时添加材料，如图 4.163（b）所示。
- ▤（第二边）单选项：用于沿方向二添加材料，如图 4.163（c）所示。
- ◈ 复选框：用于沿平行于草图的方向添加材料而生成加强筋，如图 4.164（a）所示。
- ◈ 复选框：用于沿垂直于草图的方向添加材料而生成加强筋，如图 4.164（b）所示。

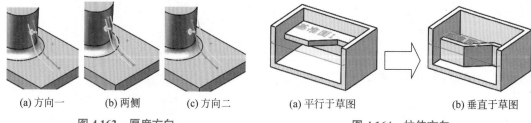

(a) 方向一　　(b) 两侧　　(c) 方向二

图 4.163　厚度方向

(a) 平行于草图　　　　(b) 垂直于草图

图 4.164　拉伸方向

- □反转材料方向(F) 复选框：用于设置沿正向或者反向生成加强筋，用户也可以单击绘图区域中如图 4.165 所示的方向箭头调整方向。
- ▣ 复选框：用于在加强筋上添加拔模锥度，如图 4.166 所示。

图 4.165　反转材料方向

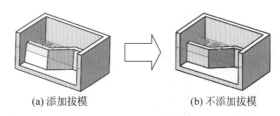

(a) 添加拔模　　　　　　(b) 不添加拔模

图 4.166　拔模

- ⊙线性(L) 单选框：用于生成一个与草图方向垂直而延伸草图轮廓（直到它们与边界汇合）的筋，如图 4.167（a）所示，该选项只在选中 ⊠ 时有效。
- ⊙自然(N) 单选框：用于生成一个延伸草图轮廓的筋，以相同轮廓方程式延续，直到筋与边界汇合，如图 4.167（b）所示，该选项只在选中 ⊠ 时有效。

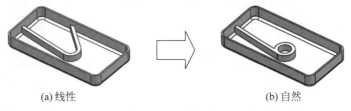

(a) 线性　　　　　　　　　(b) 自然

图 4.167　类型

4.13　扫描特征

4.13.1　基本概述

扫描特征是指将一个截面轮廓沿着我们给定的曲线路径掠过而得到的一个实体效果。通过对概念的学习可以总结得到，要想创建一个扫描特征就需要有以下两大要素作为支持：一是截面轮廓，二是曲线路径。

4.13.2　扫描特征的一般操作过程

▶ 9min

下面以如图 4.168 所示的效果为例，介绍创建扫描特征的一般过程。

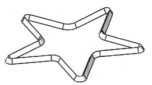

图 4.168　扫描特征

步骤 1　新建模型文件，选择"快速访问工具栏"中的 🗋· 命令，在系统弹出"新建 SolidWorks 文件"对话框中选择"零件" 🧊，单击"确定"按钮进入零件建模环境。

步骤 2　绘制扫描路径。单击 草图 功能选项卡中的草图绘制 ⌐草图绘制 按钮，在系统提示下，选取"前视基准面"作为草图平面，绘制如图 4.169 所示的草图。

步骤 3　绘制截面轮廓。单击 草图 功能选项卡中的草图绘制 ⌐草图绘制 按钮，在系统提示下，选取"右视基准面"作为草图平面，绘制如图 4.170 所示的草图。

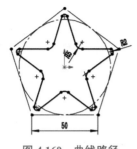

图 4.169 曲线路径

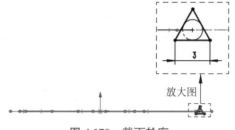

图 4.170 截面轮廓

图 4.171 "扫描"对话框

> **注意**
>
>   截面轮廓的中心与曲线路径需要添加穿透的几何约束，按 Ctrl 键选取圆心与曲线路径（注意选择的位置），选择 <img 穿透> 即可。

◎步骤4 选择命令。单击 特征 功能选项卡中的 扫描 按钮，系统弹出如图 4.171 所示的"扫描"对话框。

◎步骤5 定义扫描截面。在"扫描"对话框的 轮廓和路径(P) 区域选中 草图轮廓 单选按钮，然后选取如图 4.170 所示的三角形作为扫描截面。

◎步骤6 定义扫描路径。在绘图区域中选取如图 4.169 所示的曲线路径。

◎步骤7 完成创建。单击"扫描"对话框中的 ✔ 按钮，完成扫描的创建，如图 4.168 所示。

> **注意**
>
> 创建扫描特征时，必须遵循以下规则。
> - 对于扫描凸台，截面需要封闭。
> - 路径可以是开环也可以是闭环。
> - 路径可以是一个草图或者模型边线。
> - 路径不能自相交。
> - 路径的起点必须位于轮廓所在的平面上。
> - 相对于轮廓截面的大小，路径的弧或样条半径不能太小，否则扫描特征在经过该弧时会由于自身相交而出现特征生成失败。

▶4min

4.13.3 圆形截面的扫描

下面以如图 4.172 所示的效果为例，介绍创建圆形截面扫描的一般过程。

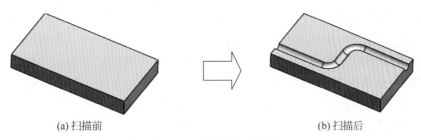

(a) 扫描前　　　　　　　　　　　　　(b) 扫描后

图 4.172　圆形截面扫描

◎步骤1　打开文件 D:\sw21\work\ch04.13\ 扫描 02-ex.SLDPRT。

◎步骤2　绘制扫描路径。单击 草图 功能选项卡中的草图绘制 ⌐草图绘制 按钮，在系统提示下，选取如图 4.173 所示的模型表面作为草图平面，绘制如图 4.174 所示的草图。

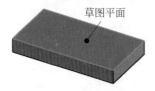

图 4.173　草图平面

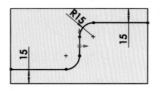

图 4.174　扫描路径

◎步骤3　选择命令。单击 特征 功能选项卡中的 扫描切除 按钮，系统弹出"切除扫描"对话框。

◎步骤4　定义扫描截面。在"切除扫描"对话框的 轮廓和路径(P) 区域选中 ◉圆形轮廓(C) 单选按钮，然后在 ⊘ 文本框输入直径 10。

◎步骤5　定义扫描路径。在绘图区域中选取如图 4.174 所示的曲线路径。

◎步骤6　完成创建。单击"切除扫描"对话框中的 ✓ 按钮，完成扫描的创建，如图 4.172（b）所示。

4.13.4　带引导线的扫描

▶ 8min

引导线的主要作用是控制模型整体的外形轮廓。在 SolidWorks 中添加的引导线必须满足与截面轮廓相交。

下面以如图 4.175 所示的效果为例，介绍创建带引导线扫描的一般过程。

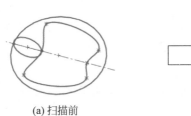

(a) 扫描前　　　　　　　　　　　　　(b) 扫描后

图 4.175　带引导线扫描

◎步骤1 新建模型文件，选择"快速访问工具栏"中的 □· 命令，在系统弹出"新建 SolidWorks 文件"对话框中选择"零件" ⬚ ，单击"确定"按钮进入零件建模环境。

◎步骤2 绘制扫描路径。单击 草图 功能选项卡中的草图绘制 [草图绘制] 按钮，在系统提示下，选取"上视基准面"作为草图平面，绘制如图4.176所示的草图。

◎步骤3 绘制扫描引导线。单击 草图 功能选项卡中的草图绘制 [草图绘制] 按钮，在系统提示下，选取"上视基准面"作为草图平面，绘制如图4.177所示的草图。

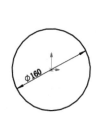

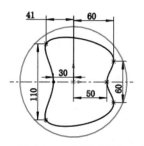

图 4.176　扫描路径　　　　　图 4.177　扫描引导线

◎步骤4 绘制扫描截面。单击 草图 功能选项卡中的草图绘制 [草图绘制] 按钮，在系统提示下，选取"前视基准面"作为草图平面，绘制如图4.178示的草图。

(a) 二维显示　　　　　　　　　　　　(b) 三维显示

图 4.178　扫描截面

注意

截面轮廓的左侧与路径圆重合，截面轮廓的右侧与引导线重合。

◎步骤5 选择命令。单击 特征 功能选项卡中的 ⬚ 扫描 按钮，系统弹出"扫描"对话框。

◎步骤6 定义扫描截面。在"扫描"对话框的 轮廓和路径(P) 区域选中 ⦿草图轮廓 单选按钮，然后选取如图4.178所示的圆作为扫描截面。

◎步骤7 定义扫描路径。在绘图区域中选取如图4.176所示的圆作为扫描路径。

◎步骤8 定义扫描引导线。在绘图区域中激活 引导线(C) 区域的文本框，选取如图4.177所示的曲线作为扫描引导线。

◎步骤9 完成创建。单击"扫描"对话框中的 ✓ 按钮，完成扫描的创建，如图4.175（b）所示。

4.13.5　扭转扫描

8min

扭转扫描主要是在将截面沿曲线路径扫描的过程中进行规律性扭转。

下面以如图 4.179 所示的效果为例，介绍创建扭转扫描的一般过程。

步骤 1　新建模型文件，选择"快速访问工具栏"中的 □· 命令，在系统弹出"新建 SolidWorks 文件"对话框中选择"零件" 🧊，单击"确定"按钮进入零件建模环境。

步骤 2　绘制扫描路径。单击 草图 功能选项卡中的草图绘制 [草图绘制] 按钮，在系统提示下，选取"上视基准面"作为草图平面，绘制如图 4.180 所示的草图。

图 4.179　扭转扫描

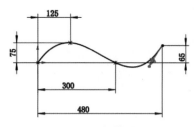

图 4.180　扫描路径

步骤 3　创建如图 4.181 所示的基准平面。

单击 特征 功能选项卡 ⬗ 下的 · 按钮，选择 [基准面] 命令，选取如图 4.182 所示的点的参考，采用系统默认的"重合" ⬗ 类型，选取如图 4.182 所示的曲线作为曲线平面，采用系统默认的"垂直" ⬜ 类型，单击 ✓ 按钮完成创建。

步骤 4　绘制扫描截面。单击 草图 功能选项卡中的草图绘制 [草图绘制] 按钮，在系统提示下，选取"基准面 1"作为草图平面，绘制如图 4.183 所示的草图。

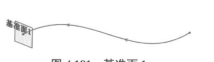

图 4.181　基准面 1

图 4.182　基准参考

图 4.183　截面轮廓

注意

截面轮廓的中心与路径重合。

步骤 5　选择命令。单击 特征 功能选项卡中的 [扫描] 按钮，系统弹出"扫描"对话框。

步骤 6　定义扫描截面。在"扫描"对话框的 [轮廓和路径(P)] 区域选中 ⊙草图轮廓 单选按钮，然后选取图 4.183 所示的图形作为扫描截面。

步骤 7　定义扫描路径。在绘图区域中选取如图 4.182 所示的曲线作为扫描路径。

步骤 8　定义扫描扭转。在"扫描"对话框的 [选项(O)] 区域的 [轮廓扭转] 下拉列表中选择 [指定扭转值]，在 [扭转控制:] 下拉列表中选择 [圈数]，在 [方向 1:] 文本框中输入扭转圈数 2。

◯步骤9 完成创建。单击"扫描"对话框中的 ✓ 按钮,完成扫描的创建,如图 4.179 所示。

4.14 放样特征

4.14.1 基本概述

放样特征是指将一组不同的截面,将其沿着其边线,用一个过渡曲面的形式连接形成一个连续的特征。通过对概念的学习可以总结得到,要想创建放样特征我们只需提供一组不同的截面。

> **注意**
>
> 一组不同截面的要求:数量至少为两个,不同的截面需要绘制在不同的草绘平面上。

4.14.2 放样特征的一般操作过程

下面以如图 4.184 所示的效果为例,介绍创建放样特征的一般过程。

◯步骤1 新建模型文件,选择"快速访问工具栏"中的 □· 命令,在系统弹出"新建 SolidWorks 文件"对话框中选择"零件" ⬡,单击"确定"按钮进入零件建模环境。

◯步骤2 绘制放样截面 1。单击 草图 功能选项卡中的草图绘制 ☐ 草图绘制 按钮,在系统提示下,选取"右视基准面"作为草图平面,绘制如图 4.185 所示的草图。

◯步骤3 创建基准面 1。单击 特征 功能选项卡 📐 下的 · 按钮,选择 📐 基准面 命令,选取右视基准面作为参考平面,在"基准面 1"对话框 🔲 文本框输入间距值 100。单击 ✓ 按钮,完成基准面的定义,如图 4.186 所示。

图 4.184 放样特征

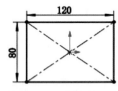
图 4.185 放样截面 1

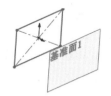
图 4.186 基准面 1

◯步骤4 绘制放样截面 2。单击 草图 功能选项卡中的草图绘制 ☐ 草图绘制 按钮,在系统提示下,选取"基准面 1"作为草图平面,绘制如图 4.187 所示的草图。

◯步骤5 创建基准面 2。单击 特征 功能选项卡 📐 下的 · 按钮,选择 📐 基准面 命令,选取"基准面 1"作为参考平面,在"基准面 2"对话框 🔲 文本框输入间距值 100。单击 ✓ 按钮,完成基准面的定义,如图 4.188 所示。

◯步骤6 绘制放样截面 3。单击 草图 功能选项卡中的草图绘制 ☐ 草图绘制 按钮,在系统提示下,选取"基准面 2"作为草图平面,绘制如图 4.189 所示的草图。

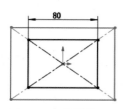

图 4.187　放样截面 2

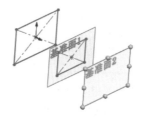

图 4.188　基准面 2

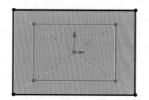

图 4.189　放样截面 3

（步骤 7）创建基准面 3。单击 特征 功能选项卡 下的 按钮，选择 基准面 命令，选取"基准面 2"作为参考平面，在"基准面 3"对话框 文本框输入间距值 100。单击 ✓ 按钮，完成基准面的定义，如图 4.190 所示。

（步骤 8）绘制放样截面 4。单击 草图 功能选项卡中的草图绘制 草图绘制 按钮，在系统提示下，选取"基准面 3"作为草图平面，绘制如图 4.191 所示的草图。

（步骤 9）选择命令。单击 特征 功能选项卡中的 放样凸台/基体 按钮，系统弹出如图 4.192 所示的"放样"对话框。

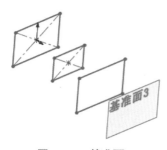

图 4.190　基准面 3

图 4.192　"放样"对话框

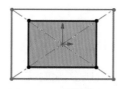

图 4.191　放样截面 4

◎步骤 10 选择放样截面。在绘图区域依次选取放样截面 1、放样截面 2、放样截面 3 及放样截面 4。

注意

在选取截面轮廓时要靠近统一的位置进行选取，保证起始点的统一，如图 4.193 所示，如果起始点不统一就会出现如图 4.194 所示的扭曲情况。

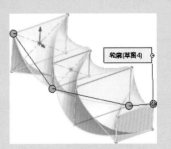

图 4.193　起始点统一　　　　　　　　图 4.194　起始点不统一

◎步骤 11 完成创建。单击"放样"对话框中的 ✓ 按钮，完成放样的创建，如图 4.184 所示。

4.14.3　截面不类似的放样

下面以如图 4.195 所示的效果为例，介绍创建截面不类似放样特征的一般过程。

◎步骤 1 新建模型文件，选择"快速访问工具栏"中的 🗋· 命令，在系统弹出"新建 SolidWorks 文件"对话框中选择"零件" 📑，单击"确定"按钮进入零件建模环境。

◎步骤 2 绘制放样截面 1。单击 草图 功能选项卡中的草图绘制 ⌐ 草图绘制 按钮，在系统提示下，选取"上视基准面"作为草图平面，绘制如图 4.196 所示的草图。

◎步骤 3 创建基准面 1。单击 特征 功能选项卡 🏛 下的 · 按钮，选择 📰 基准面 命令，选取上视基准面作为参考平面，在"基准面 1"对话框 🔂 文本框输入间距值 100。单击 ✓ 按钮，完成基准面的定义，如图 4.197 所示。

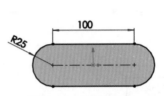

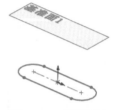

图 4.195　截面不类似放样特征　　　图 4.196　放样截面 1　　　图 4.197　基准面 1

◎步骤 4 绘制放样截面 2。单击 草图 功能选项卡中的草图绘制 ⌐ 草图绘制 按钮，在系统提示下，选取"基准面 1"作为草图平面，绘制如图 4.198 所示的草图。

步骤5 选择命令。单击 特征 功能选项卡中的 🔧 放样凸台/基体 按钮，系统弹出"放样"对话框。

步骤6 选择放样截面。在绘图区域依次选取放样截面 1 与放样截面 2，效果如图 4.199 所示。

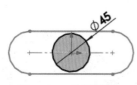

图 4.198　放样截面 2

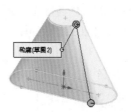

图 4.199　放样截面

注意

在选取截面轮廓时要靠近统一的位置进行选取，尽量保证起始点的统一。

步骤7 定义开始与结束约束。在"放样"对话框 起始/结束约束(C) 区域的 开始约束(S): 下拉列表中选择 垂直于轮廓，在 🔄 文本框中输入 0，在 ↗ 文本框中输入 1。在 结束约束(E): 下拉列表中选择 垂直于轮廓，在 🔄 文本框中输入 0，在 ↗ 文本框中输入 1。

步骤8 完成创建。单击"放样"对话框中的 ✔ 按钮，完成放样的创建，如图 4.195 所示。

4.14.4　带有引导线的放样

引导线的主要作用是控制模型整体的外形轮廓。在 SolidWorks 中添加的引导线应尽量与截面轮廓相交。

下面以如图 4.200 所示的效果为例，介绍创建带有引导线放样特征的一般过程。

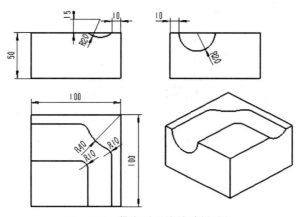

图 4.200　带有引导线的放样特征

步骤1 新建模型文件，选择"快速访问工具栏"中的 🗋 命令，在系统弹出的"新建 SolidWorks 文件"对话框中选择"零件" 🔩，单击"确定"按钮进入零件建模环境。

◎步骤 2 创建如图 4.201 所示的凸台 - 拉伸 1。单击 特征 功能选项卡中的 ▣ 按钮，在系统提示下选取 "上视基准面" 作为草图平面，绘制如图 4.202 所示的草图。在 "凸台 - 拉伸" 对话框 方向1(1) 区域的下拉列表中选择 给定深度，输入深度值 50。单击 ✓ 按钮，完成凸台 - 拉伸 1 的创建。

◎步骤 3 绘制放样截面 1。单击 草图 功能选项卡中的草图绘制 ⌐ 草图绘制 按钮，在系统提示下，选取如图 4.203 所示的模型表面作为草图平面，绘制如图 4.204 所示的草图。

图 4.201 凸台 - 拉伸 1

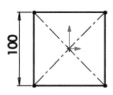
图 4.202 截面草图

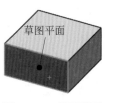
图 4.203 草图平面

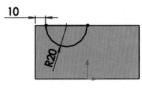
图 4.204 截面草图

◎步骤 4 绘制放样截面 2。单击 草图 功能选项卡中的草图绘制 ⌐ 草图绘制 按钮，在系统提示下，选取如图 4.205 所示的模型表面作为草图平面，绘制如图 4.206 所示的草图。

◎步骤 5 绘制放样引导线 1。单击 草图 功能选项卡中的草图绘制 ⌐ 草图绘制 按钮，在系统提示下，选取如图 4.207 所示的模型表面作为草图平面，绘制如图 4.208 所示的草图。

图 4.205 草图平面

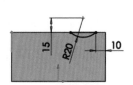
图 4.206 截面草图

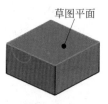
图 4.207 草图平面

图 4.208 引导线 1

注意

放样引导线 1 与放样截面在如图 4.209 所示的位置需要添加重合约束。

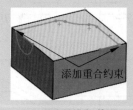
图 4.209 引导线与截面位置

◎步骤 6 绘制放样引导线 1。单击 草图 功能选项卡中的草图绘制 ⌐ 草图绘制 按钮，在系统提示下，选取如图 4.207 所示的模型表面作为草图平面，绘制如图 4.210 所示的草图。

注意

放样引导线 2 与放样截面在如图 4.211 所示的位置需要添加重合约束。

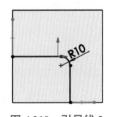
图 4.210 引导线 2

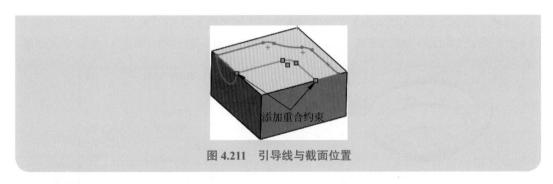

图 4.211　引导线与截面位置

◎步骤 7　选择命令。单击 特征 功能选项卡中的 放样切割 按钮，系统弹出"切除放样"对话框。

◎步骤 8　选择放样截面。在绘图区域依次选取放样截面 1 与放样截面 2，效果如图 4.212 所示（注意起始位置的控制）。

◎步骤 9　定义放样引导线。在"切除放样"对话框中激活 引导线(G) 区域的文本框，然后在绘图区域中依次选取引导线 1 与引导线 2，效果如图 4.213 所示。

图 4.212　放样截面

图 4.213　放样引导线

◎步骤 10　完成创建。单击"切除放样"对话框中的 ✓ 按钮，完成切除放样的创建，效果如图 4.200 所示。

4.14.5　带有中心线的放样

▶ 7min

下面以如图 4.214 所示的效果为例，介绍创建带有中心线放样特征的一般过程。

◎步骤 1　新建模型文件，选择"快速访问工具栏"中的 □· 命令，在系统弹出"新建 SolidWorks 文件"对话框中选择"零件" 🗝，单击"确定"按钮进入零件建模环境。

◎步骤 2　创建如图 4.215 所示的螺旋线。单击 特征 功能选项卡 ℧ 下的 · 按钮，选择 ⌇ 螺旋线/涡状线 命令，在系统 选择一基准面来绘制一个圆以定义螺旋线横断面。 的提示下，选取"上视基准面"作为草图平面，绘制如图 4.216 所示的圆，单击 ↳ 按钮，退出草图环境，系统弹出如图 4.217 所示的"螺旋线/涡状线"对话框，在 定义方式(D): 区域的下拉列表中选择 螺距和圈数 ，在 参数(P) 区域中选中 ◉ 恒定螺距(C) 单选按钮，在 螺距(I): 文本框中输入 20，在 圈数(R): 文本框中输入 2.5，在 起始角度(S): 文本框中输入 0，选中 ☑ 锥形螺纹线(T) 单选项，在 🖾 文本框中输入 40，选中 ☑ 锥度外张(O) 复选项，单击 ✓ 按钮，完成螺旋线的创建。

◎步骤 3　创建如图 4.218 所示的基准平面。单击 特征 功能选项卡 ▥ 下的 · 按钮，选

择 [基准面] 命令。选取如图 4.219 所示的参考点，采用系统默认的"重合" 类型，选取如图 4.219 所示的曲线作为曲线平面，采用系统默认的"垂直" 类型，单击 ✓ 按钮完成创建。

图 4.214　带有中心线的放样特征

图 4.215　螺旋线

图 4.216　圆

图 4.217　"螺旋线 / 涡状线"对话框

○步骤 4　绘制放样截面 1。单击 草图 功能选项卡中的草图绘制 [草图绘制] 按钮，在系统提示下，选取"基准面 1"作为草图平面，绘制如图 4.220 所示的草图。

图 4.218　基准面 1

图 4.219　基准参考

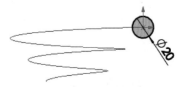

图 4.220　放样截面

注意

圆心与螺旋线需要添加穿透的几何约束。

○步骤 5　绘制放样截面 2。单击 特征 功能选项卡 下的 按钮，选择 点 命令，在"基准点"对话框选择 单选项，靠近下侧选取螺旋线，选中 百分比(G) 单选按钮，在 文本框中输入 0，在 文本框中输入 1，单击 ✓ 按钮，完成基准点的定义。

○步骤 6　选择命令。单击 特征 功能选项卡中的 放样凸台/基体 按钮，系统弹出"放样"对话框。

○步骤 7　选择放样截面。在绘图区域依次选取放样截面 1 与放样截面 2，效果如图 4.221 所示。

○步骤 8　定义放样中心线。在"放样"对话框中激活 中心线参数(i) 区域的文本框，然后在绘图区域中选取如图 4.215 所示的螺旋线，效果如图 4.222 所示。

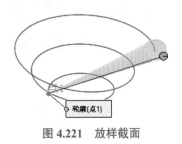

图 4.221　放样截面　　　　　　　　　　　　图 4.222　放样中心线

○步骤 9　完成创建。单击"放样"对话框中的 ✓ 按钮，完成放样的创建，如图 4.214 所示。

4.15　边界特征

4.15.1　基本概述

边界特征是指通过选择两个不同方向的曲线，分别沿着每个方向的边线，用一个过渡曲面的形式连接形成一个连续的特征。通过对概念的学习可以总结得到，要想创建边界特征我们只需提供两个不同方向的曲线。

> **说明**
>
> 通过边界工具可以得到高质量、准确的特征，这在创建复杂形状时非常有用，特别是在消费类产品设计、医疗、航空航天、模具等领域。

4.15.2　边界特征的一般操作过程

12min

下面以如图 4.223 所示的效果为例，介绍创建边界特征的一般过程。

○步骤 1　新建模型文件，选择"快速访问工具栏"中的 ▣· 命令，在系统弹出"新建 SolidWorks 文件"对话框中选择"零件" 🗔，单击"确定"按钮进入零件建模环境。

○步骤 2　绘制方向 1 的截面 1。单击 草图 功能选项卡中的草图绘制

图 4.223　边界特征

⌐ 草图绘制 按钮，在系统提示下，选取"上视基准面"作为草图平面，绘制如图 4.224 所示的草图。

○步骤 3　创建基准面 1。单击 特征 功能选项卡 ▮· 下的 ▾ 按钮，选择 ▯ 基准面 命令，选取上视基准面作为参考平面，在"基准面 1"对话框 🔲 文本框输入间距值 100。单击 ✓ 按钮，完成基准面的定义，如图 4.225 所示。

○步骤 4　绘制方向 1 的截面 2。单击 草图 功能选项卡中的草图绘制 ⌐ 草图绘制 按钮，在系统提示下，选取"基准面 1"作为草图平面，绘制如图 4.226 所示的草图。

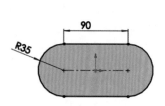

图 4.224 方向 1 的截面 1

图 4.225 基准面 1

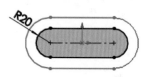

图 4.226 方向 1 的截面 2

◎步骤 5 创建基准面 2。单击 特征 功能选项卡 📐 下的 ▾ 按钮，选择 📐 基准面 命令。选取如图 4.227 所示的参考点，采用系统默认的"重合" 📐 类型，选取如图 4.227 所示的曲线作为曲线平面，采用系统默认的"垂直" ⊥ 类型。单击 ✓ 按钮完成创建，如图 4.228 所示。

◎步骤 6 绘制方向 2 的截面 1。单击 草图 功能选项卡中的草图绘制 ☐ 草图绘制 按钮，在系统提示下，选取"基准面 2"作为草图平面，绘制如图 4.229 所示的草图。

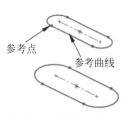

图 4.227 基准面参考

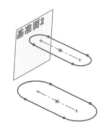

图 4.228 基准面 2

图 4.229 方向 2 的截面 1

◎步骤 7 绘制方向 2 的截面 2。单击 草图 功能选项卡中的草图绘制 ☐ 草图绘制 按钮，在系统提示下，选取"基准面 2"作为草图平面，绘制如图 4.230 所示的草图。

注意

方向 2 的截面的起点与端点需要与方向 1 的截面重合。

◎步骤 8 创建基准面 3。单击 特征 功能选项卡 📐 下的 ▾ 按钮，选择 📐 基准面 命令。选取如图 4.231 所示的参考点，采用系统默认的"重合" 📐 类型，选取如图 4.231 所示的曲线作为参考曲线，采用系统默认的"垂直" ⊥ 类型。单击 ✓ 按钮完成创建，如图 4.232 所示。

图 4.230 方向 2 的截面 2

图 4.231 基准面参考

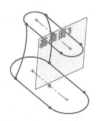

图 4.232 基准面 3

步骤 9　绘制方向 2 的截面 3。单击 草图 功能选项卡中的草图绘制 [草图绘制] 按钮，在系统提示下，选取"基准面 3"作为草图平面，绘制如图 4.233 所示的草图。

步骤 10　绘制方向 2 的截面 4。单击 草图 功能选项卡中的草图绘制 [草图绘制] 按钮，在系统提示下，选取"基准面 3"作为草图平面，绘制如图 4.234 所示的草图。

图 4.233　方向 2 的截面 3

图 4.234　方向 2 的截面 4

步骤 11　选择命令。单击 特征 功能选项卡中的 [边界凸台/基体] 按钮，系统弹出如图 4.235 所示的"边界 2"对话框。

步骤 12　定义方向 1 的截面。在绘图区域依次选取方向 1 的截面 1 与方向 1 的截面 2，效果如图 4.236 所示。

注意

在选取截面轮廓时要靠近统一的位置进行选取，尽量保证起始点的统一。

步骤 13　定义方向 2 的截面。在"边界 2"对话框中单击激活 [方向2(2)] 区域的文本框，然后在绘图区域依次选取方向 2 的截面 1、方向 2 的截面 2、方向 2 的截面 3 与方向 2 的截面 4，效果如图 4.237 所示。

图 4.235　"边界 2"对话框

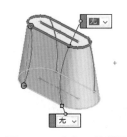

图 4.236　方向 1 的截面

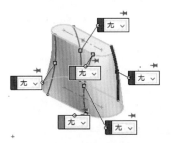

图 4.237　方向 2 的截面

◎步骤 14 完成创建。单击"边界 2"对话框中的 ✓ 按钮，完成边界的创建，如图 4.223 所示。

4.15.3 边界与放样的对比总结

边界特征创建时可以查看所做产品外表面的曲率情况，而放样不可以。

边界特征创建的面的质量一般比放样的质量高。

放样可以添加中心线控制，而边界特征无法添加。

4.16 镜像特征

4.16.1 基本概述

镜像特征是指将用户所选的源对象将其相对于某个镜像中心平面进行对称复制，从而得到源对象的一个副本。通过对概念的学习可以总结得到，要想创建镜像特征就需要有以下两大要素作为支持：一是源对象，二是镜像中心平面。

> **说明**
>
> 镜像特征的源对象可以是单个特征、多个特征或者体。镜像特征的镜像中心平面可以是系统默认的 3 个基准平面、现有模型的平面表面或者自己创建的基准平面。

▶ 6min

4.16.2 镜像特征的一般操作过程

下面以如图 4.238 所示的效果为例，具体创建镜像特征的一般过程。

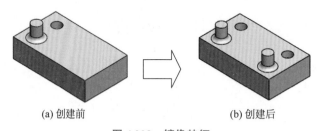

(a) 创建前　　　　　　(b) 创建后

图 4.238　镜像特征

◎步骤 1 打开文件 D:\sw21\work\ch04.16\ 镜像 01-ex.SLDPRT。

◎步骤 2 选择命令。单击 特征 功能选项卡中的 镜像 按钮，系统弹出如图 4.239 所示的"镜像"对话框。

图 4.239 所示的"镜像"对话框中部分选项的说明如下。

- 镜像面/基准面(M) 区域：用于定义镜像中心平面。
- 要镜像的特征(F) 区域：用于定义要镜像的特征对象。

图 4.239　"镜像"对话框

- 要镜像的面(C) 区域：用于定义要镜像的面对象。
- 要镜像的实体(B) 区域：用于定义要镜像的体对象。
- ☑几何体阵列(G) 单选项：用于仅镜像特征的几何体（面和边线），而非求解整个特征。几何体阵列选项会加速特征的生成和重建，但是，如某些特征的面与零件的其余部分合并在一起，就不能为这些特征生成几何体阵列。
- ☑延伸视图属性(P) 单选项：用于设置是否将特征的外观属性进行一并复制，如图 4.240 所示。

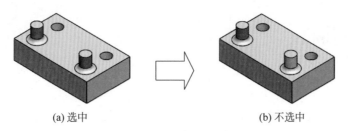

(a) 选中   (b) 不选中

图 4.240　延伸视图属性

◎步骤 3　选择镜像中心平面。在设计树中选取"右视基准面"作为镜像中心平面。

◎步骤 4　选择要镜像的特征。在设计树或者绘图区选取"凸台 - 拉伸 2""圆角 1"及"切除 - 拉伸 1"作为要镜像的特征。

◎步骤 5　完成创建。单击"镜像"对话框中的 ✓ 按钮，完成镜像特征的创建，如图 4.238 所示。

说明

镜像后的源对象的副本与源对象之间是有关联的，也就是说当源对象发生变化时，镜像后的副本也会发生相应变化。

4.16.3　镜像体的一般操作过程

下面以如图 4.241 所示的效果为例，介绍创建镜像体的一般过程。

4min

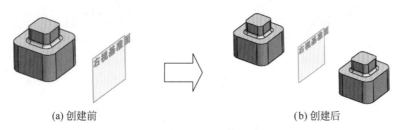

(a) 创建前   (b) 创建后

图 4.241　镜像体

◎步骤 1　打开文件 D:\sw21\work\ch04.16\ 镜像 02-ex.SLDPRT。

◎步骤 2　选择命令。单击 特征 功能选项卡中的 🔲镜像 按钮，系统弹出"镜像"对话框。

◎步骤③ 选择镜像中心平面。选取"右视基准面"作为镜像中心平面。

◎步骤④ 选择要镜像的体。在"镜像"对话框中激活 要镜像的实体(B) 区域，然后在绘图区域选取整个实体作为要镜像的对象。

◎步骤⑤ 定义镜像选项。在"镜像"对话框中的 选项(O) 区域中取消选中 □合并实体(R) 单选项。

◎步骤⑥ 完成创建。单击"镜像"对话框中的 ✔ 按钮，完成镜像特征的创建，如图 4.241 所示。

4.17 阵列特征

4.17.1 基本概述

阵列特征主要用来快速得到源对象的多个副本。接下来通过对比阵列与镜像两个特征之间的相同与不同之处理解一下阵列特征的基本概念，首先总结相同之处：第一点是它们的作用，这两个特征都是用来得到源对象的副本的，因此在作用上是相同的，第二点是所需要的源对象，我们都知道镜像特征的源对象可以是单个特征、多个特征或者体，同样，阵列特征的源对象也是如此。接下来总结不同之处：第一点，我们都知道镜像是由一个源对象镜像复制得到一个副本，这是镜像的特点，而阵列是由一个源对象快速得到多个副本，第二点是由镜像所得到的源对象的副本与源对象之间是关于镜像中心面对称的，而阵列所得到的多个副本，则由软件根据不同的排列规律向用户提供了多种不同的阵列方法，这其中就包括：线性阵列、圆周阵列、曲线驱动阵列、草图驱动阵列、填充阵列及表格阵列等。

4.17.2 线性阵列

下面以如图 4.242 所示的效果为例，介绍创建线性阵列的一般过程。

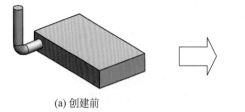
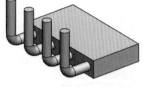

(a) 创建前   (b) 创建后

图 4.242 线性阵列

◎步骤① 打开文件 D:\sw21\work\ch04.17\ 线性阵列 -ex.SLDPRT。

◎步骤② 选择命令。单击 特征 功能选项卡 ⊞ 下的 ▾ 按钮，选择 ⊞ 线性阵列 命令，系统弹出如图 4.243 所示的"线性阵列"对话框。

◎步骤③ 选取阵列源对象。在"线性阵列"对话框中 ☑特征和面(F) 单击激活 ⓑ 后的文本框，选取如图 4.244 所示的扫描特征作为阵列的源对象。

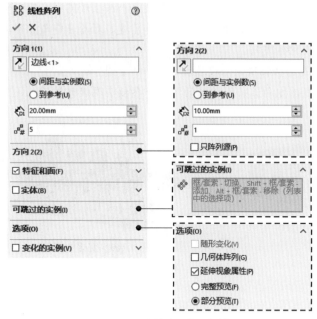

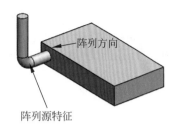

图 4.243　"线性阵列"对话框　　　　　　　　图 4.244　阵列参数

○步骤 4　选取阵列参数。在"线性阵列"对话框中激活 方向1(1) 区域中 ↗ 后的文本框，选取如图 4.244 所示的边线（靠近左侧位置选取），在 ⬠ 文本框中输入间距 20，在 ⬚# 文本框中输入数量 5。

○步骤 5　完成创建。单击"线性阵列"对话框中的 ✓ 按钮，完成线性阵列的创建，如图 4.242 所示。

图 4.243 所示的"线性阵列"对话框中部分选项的说明如下。

- ⬠ 文本框：用于设置方向 1 的阵列实例的间距。
- ⬚# 文本框：用于设置阵列实例的数目。
- 方向2(2) 区域：用于设置线性阵列第二方向的参数，如图 4.245 所示。
- ☑阵列源(P) 复选框：用于只复制方向 1 上的源对象，效果如图 4.246 所示。
- 可跳过的实例(I) 区域：用于从阵列的实例中剔除不想要的一些实例，如图 4.247 所示。

图 4.245　两个方向的线性阵列　　　图 4.246　只阵列源　　　图 4.247　可跳过实例

- ☑随形变化(M) 复选项：用于设置阵列后的特征副本与源对象之间有一种规律性的变化，如图 4.248 所示。

- ☑几何体阵列(G) 单选项：用于通过只使用特征的几何体（面和边线）来生成阵列，而不阵列和求解特征的每个实例。几何体阵列可加速阵列的生成和重建。对于具有与零件其他部分合并的特征，不能生成几何体阵列。
- ☑延伸视象属性(P) 单选项：用于设置是否将特征的外观属性进行一并复制。
- ☑变化的实例(V) 区域：用于设置在线性方向上将源特征的某一个参数实现规律性变化，如图 4.249 所示。

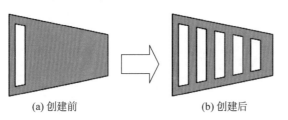

(a) 创建前　　(b) 创建后

图 4.248　随形变化

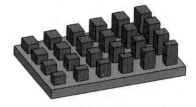

图 4.249　变化的实例

4.17.3　圆周阵列

5min

下面以如图 4.250 所示的效果为例，介绍创建圆周阵列的一般过程。

○步骤1　打开文件 D:\sw21\work\ch04.17\ 圆周阵列 -ex.SLDPRT。

○步骤2　选择命令。单击 特征 功能选项卡 ▓▓ 下的 ▾ 按钮，选择 ▓▓ 圆周阵列 命令，系统弹出"阵列圆周"对话框。

○步骤3　选取阵列源对象。在"阵列圆周"对话框中 ☑特征和面(F) 单击激活 ⊛ 后的文本框，选取如图 4.251 所示加强筋特征作为阵列的源对象。

○步骤4　定义阵列参数。在"阵列圆周"对话框中激活 方向1(1) 区域中 ↻ 后的文本框，选取如图 4.251 所示的圆柱面（系统自动选取圆柱面的中心轴为圆周阵列的中心轴），选中 ⊙等间距 复选项，在 ⬚ 文本框中输入间距 360，在 ※ 文本框中输入数量 5。

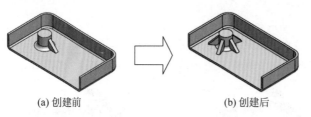

(a) 创建前　　(b) 创建后

图 4.250　圆周阵列

选取此圆柱面　源特征

图 4.251　阵列参数

○步骤5　完成创建。单击"阵列圆周"对话框中的 ✓ 按钮，完成圆周阵列的创建，如图 4.250 所示。

4.17.4　曲线驱动阵列

6min

下面以如图 4.252 所示的效果为例，介绍创建曲线驱动阵列的一般过程。

◎步骤① 打开文件 D:\sw21\work\ch04.17\ 曲线阵列 -ex.SLDPRT。

◎步骤② 选择命令。单击 特征 功能选项卡 🔡 下的 · 按钮，选择 💠曲线驱动的阵列 命令，系统弹出"曲线驱动的阵列"对话框。

◎步骤③ 选取阵列源对象。在"曲线驱动的阵列"对话框中 ☑特征和面(F) 单击激活 🔘 后的文本框，选取如图 4.253 所示长方体作为阵列的源对象。

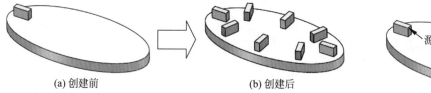

(a) 创建前　　　　　　　　　(b) 创建后

图 4.252　曲线驱动阵列

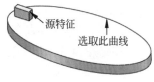

图 4.253　阵列参数

◎步骤④ 定义阵列参数。在"曲线驱动的阵列"对话框中激活 方向1(1) 区域中 ↗ 后的文本框，选取如图 4.253 所示的边界曲线，在 ⌗ 文本框中输入实例数 8，选中 ☑等间距(E) 复选项，在 曲线方法: 中选中 ◉等距曲线(O) ，在 对齐方法: 选中 ◉与曲线相切(T) 。

◎步骤⑤ 完成创建。单击"曲线驱动的阵列"对话框中的 ✔ 按钮，完成曲线驱动阵列的创建，如图 4.252 所示。

4.17.5　草图驱动阵列

5min

下面以如图 4.254 所示的效果为例，介绍创建草图驱动阵列的一般过程。

◎步骤① 打开文件 D:\sw21\work\ch04.17\ 草图阵列 -ex.SLDPRT。

◎步骤② 选择命令。单击 特征 功能选项卡 🔡 下的 · 按钮，选择 ☷草图驱动的阵列 命令，系统弹出"由草图驱动的阵列"对话框。

◎步骤③ 选取阵列源对象。在"由草图驱动的阵列"对话框中 ☑特征和面(F) 单击激活 🔘 后的文本框，在设计树中选取"切除 - 拉伸 1""圆角 1"及"圆角 2"作为阵列的源对象。

◎步骤④ 定义阵列参数。在"由草图驱动的阵列"对话框中激活 选择(S) 区域中 ◨ 后的文本框，选取如图 4.255 所示的草图，在 参考点: 下选取 ◉重心(C) 。

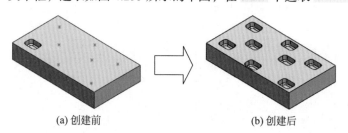

(a) 创建前　　　　　　　　　(b) 创建后

图 4.254　草图驱动阵列

图 4.255　阵列参数

◎步骤⑤ 完成创建。单击"由草图驱动的阵列"对话框中的 ✔ 按钮，完成草图驱动阵列的创建，如图 4.254 所示。

▶ 8min

4.17.6 填充阵列

下面以如图 4.256 所示的效果为例，介绍创建填充阵列的一般过程。

○步骤 1 打开文件 D:\sw21\work\ch04.17\ 填充阵列 -ex.SLDPRT。

○步骤 2 选择命令。单击 特征 功能选项卡 🔡 下的 ┆▾ 按钮，选择 🔡 填充阵列 命令，系统弹出"填充阵列"对话框。

○步骤 3 选取阵列源对象。在"填充阵列"对话框中 ☑特征和面(F) 区域选中 ⦿生成源切(C) 单选按钮，将源切类型设置为"圆" ◯，在 ⊘ 文本框输入圆的直径 6。

○步骤 4 定义阵列边界。在"填充阵列"对话框中单击激活 填充边界(L) 区域 ◯ 后的文本框，选取如图 4.257 所示的封闭草图。

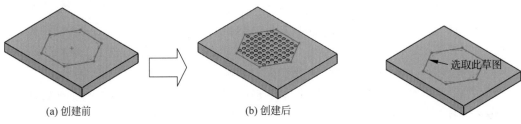

(a) 创建前　　　　　　(b) 创建后　　　　　　　　　　　← 选取此草图

图 4.256　填充阵列　　　　　　　　　　　　　　　图 4.257　阵列边界

○步骤 5 定义阵列参数。在"填充阵列"对话框 阵列布局(O) 区域中选中"穿孔" 🔡，在 🗓 文本框将实例间距设置为 10，在 🔡 文本框将角度设置为 0，在 🖼 文本框将边距设置为 0，其他参数均采用默认。

○步骤 6 完成创建。单击"填充阵列"对话框中的 ✓ 按钮，完成填充阵列的创建，如图 4.256 所示。

阵列布局各类型的说明如下。

穿孔 🔡 类型：专门针对穿孔样式的形式，类似于线性方式排布，如图 4.256 所示。

圆周 🔡 类型：以圆周方式排布，类似于圆周阵列，如图 4.258 所示。

方形 🔡 类型：以矩形或者方形方式排布，如图 4.259 所示。

多边形 🔡 类型：以多边形方式排布，如图 4.260 所示。

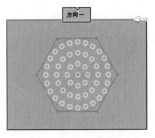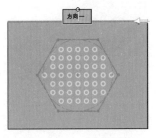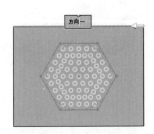

图 4.258　圆周类型　　　　　　图 4.259　方形类型　　　　　　图 4.260　多边形类型

4.18　包覆特征

4.18.1　基本概述

包覆特征是指将闭合的草图沿着草绘平面的垂直方向投影到模型表面，然后根据投影后的曲线在模型表面生成凹陷或者凸起的形状效果。

4.18.2　包覆特征的一般操作过程

下面以如图 4.261 所示的效果为例，介绍创建包覆特征的一般过程。

◎步骤1　打开文件 D:\sw21\work\ch04.18\ 包覆 -ex.SLDPRT。

◎步骤2　绘制包覆草图。单击 草图 功能选项卡中的草图绘制 ⌷ 草图绘制 按钮，选取"前视基准面"作为草图平面，绘制如图 4.262 所示的草图。

图 4.261　包覆特征

图 4.262　包覆草图

文字草图参数： 在草图文字对话框中，取消选中 ☐ 使用文档字体(U)，然后单击 字体(F)... 按钮，在系统弹出的"选择字体"对话框中设置如图 4.263 所示的参数。

◎步骤3　选择命令。单击 特征 功能选项卡中的 🔟 包覆 按钮。

◎步骤4　选取包覆草图。在系统提示下在设计树中选取如图 4.262 所示的文字草图作为包覆草图，系统弹出如图 4.264 所示的"包覆 1"对话框。

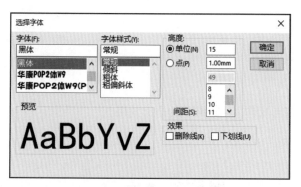

图 4.263　"选择字体"对话框

图 4.264　"包覆 1"对话框

○步骤5 定义包覆参数。在"包覆 1"对话框的 包覆类型(T) 区域中选择"浮雕" ☺，在 包覆方法(M) 区域中选择"分析" ☺，激活 包覆参数(W) 区域的 ▥ 文本框，选取圆柱面作为要包覆的面，在 ☺ 文本框输入凸起高度 2。

○步骤6 完成创建。单击"包覆 1"对话框中的 ✓ 按钮，完成包覆的创建，如图 4.261 所示。

图 4.264 所示的"包覆 1"对话框中部分选项的说明如下。

- 浮雕 ☺：用于在面上生成一个凸起的特征，如图 4.261 所示。
- 蚀雕 ☺：用于在面上生成一个凹陷的特征，如图 4.265 所示。

图 4.265　蚀雕类型

- 刻画 ☺：用于在面上生成一个凸起的特征，如图 4.266 所示。
- 分析 ☺：用于包覆到平面、圆柱面或者圆锥面上。
- 样条曲面 ☺ 区域：用于包覆到任何类型的面上，如图 4.267 所示的球面包覆。

图 4.266　刻画类型　　　　　　　　　　图 4.267　样条曲面

4.19　圆顶特征

4.19.1　基本概述

圆顶特征是指对模型的一个面进行变形操作，生成圆顶的凸起效果。

4.19.2　圆顶特征的一般操作过程

▶ 6min

下面以如图 4.268 所示的效果为例，介绍创建圆顶特征的一般过程。

○步骤 1　打开文件 D:\sw21\work\ch04.19\ 圆顶 -ex.SLDPRT。

○步骤 2　选择命令。单击 特征 功能选项卡中的 圆顶 按钮，系统弹出如图 4.269 所示的"圆顶"对话框。

说明

选择下拉菜单"插入"→"特征"→"圆顶"也可以执行命令。

○步骤 3　选取圆顶面。在系统 为圆顶选择面 的提示下选取如图 4.270 所示的面作为圆顶面。

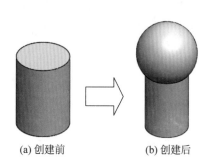
(a) 创建前　　　(b) 创建后

图 4.268　圆顶特征

图 4.269　"圆顶"对话框

圆顶面

图 4.270　选取圆顶面

○步骤 4　定义圆顶参数。在"圆顶"对话框的 ↗ 文本框输入圆顶距离 60，取消选中 □椭圆圆顶(E) ，其他参数采用默认。

○步骤 5　完成创建。单击"圆顶"对话框中的 ✓ 按钮，完成圆顶的创建，如图 4.268 所示。

图 4.269 所示的"圆顶"对话框中部分选项的说明如下。

- "距离" ↗ 文本框：用于设置圆顶的突起高度，如图 4.271 所示。
- 约束点或者草图 ☑：通过选择一个包含点的草图来约束草图的形状以控制圆顶。当使用一个包含点的草图为约束时，距离被禁用，如图 4.272 所示。

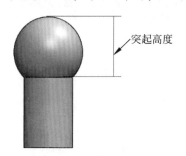
突起高度

图 4.271　圆顶距离

面<1>

图 4.272　约束点或草图

- ☑椭圆圆顶(E) 复选项：用于针对当圆顶面为圆形或者椭圆形时，生成一个椭圆的突起，如图 4.273 所示。
- ☑连续圆顶(C) 复选项：用于针对当圆顶面为多边形时，生成连续的圆顶，如图 4.274 所示。

图 4.273　椭圆圆顶

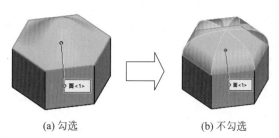

(a) 勾选　　　　　　　　　　(b) 不勾选

图 4.274　连续圆顶

4.20　系列零件设计专题

4.20.1　基本概述

系列零件是指结构形状类似而尺寸不同的一类零件。对于这类零件，如果还是采用传统方式单个重复建模，则非常影响设计的效率，因此软件向用户提供了一种设计系列零件的方法，我们可以结合配置功能快速设计系列零件。

11min

4.20.2　系列零件设计的一般操作过程

下面以如图 4.275 所示的效果为例，介绍创建系列零件（轴承压盖）的一般过程。

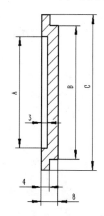

	A	B	C
1	50	60	70
2	40	50	55
3	20	30	35
4	10	20	30

图 4.275　系列零件设计

○步骤1　新建模型文件，选择"快速访问工具栏"中的 命令，在系统弹出"新建 SolidWorks 文件"对话框中选择"零件" ，单击"确定"按钮进入零件建模环境。

○步骤2　创建旋转特征。单击 特征 功能选项卡中的旋转凸台基体 按钮，在系统提示"选择一基准面来绘制特征横截面"下，选取"前视基准面"作为草图平面，进入草图环境，绘制如图 4.276 所示的草图，选中"50"的尺寸，在"尺寸"对话框 主要值(V) 区域的名称文本框中输入 A，如图 4.277 所示，采用相同的方法，将"60"与"70"的尺寸名称设置为 B 与 C，在"旋转"对

话框 方向1(1) 区域的 📐 文本框中输入 360，单击 ✓ 按钮，完成旋转特征的创建，如图 4.278 所示。

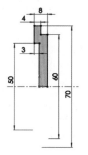

图 4.276　截面轮廓

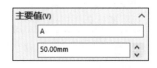

图 4.277　主要指区域

图 4.278　旋转特征

🔘步骤 3　修改默认配置。在设计树中单击 🔳 节点，系统弹出配置窗口，在配置窗口中右击"默认"配置，选择属性命令，系统弹出"配置属性"对话框，在 配置名称(N): 文本框中输入"规格 1"，在 说明(D): 文本框输入"A50 B60 C70"，单击 ✓ 按钮，完成默认配置的修改。

🔘步骤 4　添加新配置。在配置窗口中右击如图 4.279 所示的"零件 5 配置"，在系统弹出的快捷菜单中选择 🐾 添加配置...(A)，系统弹出"添加配置"对话框，在 配置名称(N): 文本框中输入"规格 2"，在 说明(D): 文本框输入"A40 B50 C55"，单击 ✓ 按钮，完成配置的添加。

说明

> 零件 5 配置的名称会随着当前模型名称的不同而不同。

🔘步骤 5　添加其他配置。参考步骤 4 添加"规格 3"与"规格 4"的配置，配置说明分别为"A20 B30 C35"与"A10 B20 C30"添加完成如图 4.280 所示。

图 4.279　添加新配置

图 4.280　添加其他配置

🔘步骤 6　显示所有特征尺寸。在"配置"窗口中单击 🐾 节点，右击设计树节点下的 ▸ 🅰注解，选中 ☑显示特征尺寸 (C) 与 ☑显示注解 (B)，此时图形区将显示模型中的所有尺寸，如图 4.281 所示。

🔘步骤 7　添加到配置尺寸并修改。在图形区右击"Φ50"的尺寸并选择 配置尺寸 (I) 命令，系统弹出"修改配置"对话框，然后在绘图区继续双击"Φ60"与"Φ70"的尺寸，此时系统会自动将"Φ60"与"Φ70"的尺寸添加到配置尺寸中，在配置尺寸对话框中修改尺寸至最终值，如图 4.282 所示，单击"确定"按钮，完成尺寸的修改。

🔘步骤 8　隐藏所有特征尺寸。右击设计树节点下的 ▸ 🅰注解，取消选中 显示注解 (B) 与 显示特征尺寸 (C)，此时图形区将隐藏模型中的所有尺寸。

图 4.281 显示特征尺寸

图 4.282 "修改配置"对话框

○步骤9 验证配置。在设计树中单击 🔲 节点，系统弹出配置窗口，在配置列表中双击即可查看配置，如果不同配置的模型大小尺寸是不同的则代表配置正确，如图 4.283 所示。

图 4.283 验证配置

4.21 零件设计综合应用案例 1——发动机

 19min

案例概述

　　本案例将介绍发动机的创建过程，主要使用了凸台-拉伸、切除-拉伸、基准面、异型孔向导及镜像复制等功能，本案例的创建相对比较简单，希望读者通过该案例的学习掌握创建模型的一般方法，熟练掌握常用的建模功能。该模型及设计树如图 4.284 所示。

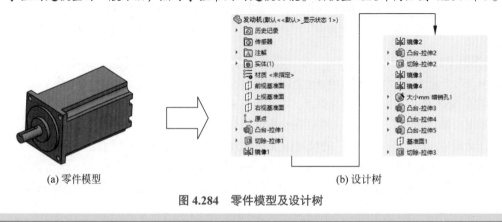

(a) 零件模型　　　　　　　　　　　(b) 设计树

图 4.284 零件模型及设计树

步骤 1　新建模型文件，选择"快速访问工具栏"中的 🗋 命令，在系统弹出"新建 SolidWorks 文件"对话框中选择"零件" 🗒，单击"确定"按钮进入零件建模环境。

步骤 2　创建如图 4.285 所示的凸台 - 拉伸 1。单击 特征 功能选项卡中的 🗐 按钮，在系统提示下选取"上视基准面"作为草图平面，绘制如图 4.286 所示的截面草图；在"凸台 - 拉伸"对话框 方向1(1) 区域的下拉列表中选择 给定深度，输入深度值 96。单击 ✓ 按钮，完成凸台 - 拉伸 1 的创建。

步骤 3　创建如图 4.287 所示的切除 - 拉伸 1。单击 特征 功能选项卡中的 🗐 按钮，在系统提示下选取如图 4.287 所示的面作为草图平面，绘制如图 4.288 所示的截面草图。在"切除 - 拉伸"对话框 方向1(1) 区域的下拉列表中选择 完全贯穿 。单击 ✓ 按钮，完成切除 - 拉伸 1 的创建。

图 4.285　凸台 - 拉伸 1

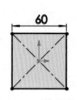

图 4.286　截面草图

图 4.287　切除 - 拉伸 1

步骤 4　创建如图 4.289 所示的镜像 1。选择 特征 功能选项卡中的 镜像 命令，选取"右视基准面"作为镜像中心平面，选取"切除 - 拉伸 1"作为要镜像的特征，单击"镜像"对话框中的 ✓ 按钮，完成镜像特征的创建。

步骤 5　创建如图 4.290 所示的镜像 2。选择 特征 功能选项卡中的 镜像 命令，选取"前视基准面"作为镜像中心平面，选取"切除 - 拉伸 1"与"镜像 1"作为要镜像的特征，单击"镜像"对话框中的 ✓ 按钮，完成镜像特征的创建。

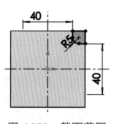

图 4.288　截面草图

图 4.289　镜像 1

图 4.290　镜像 2

步骤 6　创建如图 4.291 所示的凸台 - 拉伸 2。单击 特征 功能选项卡中的 🗐 按钮，在系统提示下选取如图 4.292 所示的模型表面作为草图平面，绘制如图 4.293 所示的截面草图。在"凸台 - 拉伸"对话框 方向1(1) 区域的下拉列表中选择 给定深度，输入深度值 6。单击 ✓ 按钮，完成凸台 - 拉伸 2 的创建。

图 4.291　凸台 - 拉伸 2

图 4.292　截面草图

图 4.293　截面草图

○步骤 7　创建如图 4.294 所示的切除 - 拉伸 2。单击 特征 功能选项卡中的 按钮，在系统提示下选取如图 4.295 作为草图平面，绘制如图 4.296 所示的截面草图。在"凸台 - 拉伸"对话框 方向 1(1) 区域的下拉列表中选择 给定深度，输入深度值 4。单击 ✓ 按钮，完成切除 - 拉伸 2 的创建。

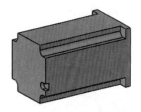

图 4.294　切除 - 拉伸 2

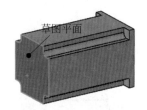

图 4.295　截面草图

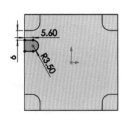

图 4.296　截面草图

○步骤 8　创建如图 4.297 所示的镜像 3。选择 特征 功能选项卡中的 镜像 命令，选取"前视基准面"作为镜像中心平面，选取"切除 - 拉伸 2"作为要镜像的特征，单击"镜像"对话框中的 ✓ 按钮，完成镜像特征的创建。

○步骤 9　创建如图 4.298 所示的镜像 4。选择 特征 功能选项卡中的 镜像 命令，选取"右视基准面"作为镜像中心平面，选取"切除 - 拉伸 2"与"镜像 3"作为要镜像的特征，单击"镜像"对话框中的 ✓ 按钮，完成镜像特征的创建。

○步骤 10　创建如图 4.299 所示的孔 1。单击 特征 功能选项卡 下的 按钮，选择 异型孔向导 命令，在"孔规格"对话框中单击 位置 选项卡，选取如图 4.300 所示的模型表面为打孔平面，在打孔面上任意位置单击，以确定打孔的初步位置，如图 4.301 所示，在"孔位置"对话框中单击 类型 选项卡，在 孔类型(T) 区域中选中"孔" ，在 标准 下拉列表中选择 GB，在 类型 下拉列表中选择"暗销孔"类型，在"孔规格"对话框中 孔规格 区域的 大小 下拉列表中选择"Φ5"，选中 ☑显示自定义大小(Z) 复选框，在 文本框中输入孔的直径 5.5，在 终止条件(C) 区域的

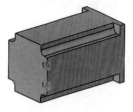

图 4.297　镜像 3

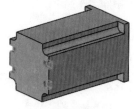

图 4.298　镜像 4

图 4.299　孔 1

下拉列表中选择"完全贯穿"，单击 ✓ 按钮完成孔的初步创建，在设计树中右击 ⚙大小mm 暗销孔1 下的定位草图，选择 ⊿ 命令，系统进入草图环境，添加约束至如图 4.302 所示的效果，单击 ⌐↲ 按钮完成定位。

图 4.300　定义打孔平面

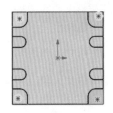

图 4.301　初步定义孔的位置

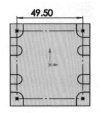

图 4.302　精确定义孔位置

◯步骤 11 创建如图 4.303 所示的凸台 - 拉伸 3。单击 特征 功能选项卡中的 🔲 按钮，在系统提示下选取如图 4.304 所示的模型表面作为草图平面，绘制如图 4.305 所示的截面草图。在"凸台 - 拉伸"对话框 方向1(1) 区域的下拉列表中选择 给定深度，输入深度值 3。单击 ✓ 按钮，完成凸台 - 拉伸 3 的创建。

图 4.303　凸台 - 拉伸 3

图 4.304　截面草图

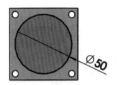

图 4.305　截面草图

◯步骤 12 创建如图 4.306 所示的凸台 - 拉伸 4。单击 特征 功能选项卡中的 🔲 按钮，在系统提示下选取如图 4.307 所示的模型表面作为草图平面，绘制如图 4.308 所示的截面草图。在"凸台 - 拉伸"对话框 方向1(1) 区域的下拉列表中选择 给定深度，输入深度值 4。单击 ✓ 按钮，完成凸台 - 拉伸 4 的创建。

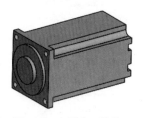

图 4.306　凸台 - 拉伸 4

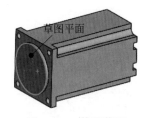

图 4.307　截面草图

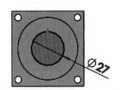

图 4.308　截面草图

◯步骤 13 创建如图 4.309 所示的凸台 - 拉伸 5。单击 特征 功能选项卡中的 🔲 按钮，在系统提示下选取如图 4.310 所示的模型表面作为草图平面，绘制如图 4.311 所示的截面草图。在"凸台 - 拉伸"对话框 方向1(1) 区域的下拉列表中选择 给定深度，输入深度值 27。单击 ✓ 按钮，完成凸台 - 拉伸 5 的创建。

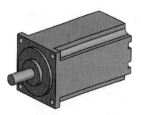

图 4.309 凸台 - 拉伸 5

图 4.310 截面草图

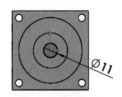

图 4.311 截面草图

⊙步骤 14 创建如图 4.312 所示的基准面 1。单击 特征 功能选项卡 ☰ 下的 ▾ 按钮，选择 📖 基准面 命令。选取"前视基准面"作为第一参考，然后选择"平行" ◩ 类型，选取如图 4.313 所示的圆周面作为第二参考，采用系统默认的"相切" ◔ 类型，单击 ✔ 按钮完成创建。

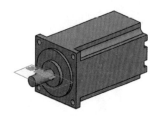

图 4.312 基准面 1

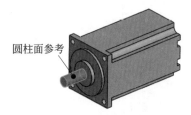

图 4.313 第二参考

⊙步骤 15 创建如图 4.314 所示的切除 - 拉伸 3。单击 特征 功能选项卡中的 ⓘ 按钮，在系统提示下选取"基准面 1"作为草图平面，绘制如图 4.315 所示的截面草图。在"切除 - 拉伸"对话框 方向 1(1) 区域的下拉列表中选择 给定深度，输入深度值 3。单击 ✔ 按钮，完成切除 - 拉伸 3 的创建。

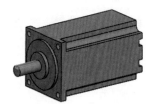

图 4.314 切除 - 拉伸 3

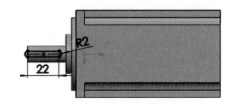

图 4.315 截面草图

⊙步骤 16 保存文件。选择"快速访问工具栏"中的"保存" 🖫 保存(S) 命令，系统弹出"另存为"对话框，在 文件名(N): 文本框输入"发动机"，单击"保存"按钮，完成保存操作。

4.22 零件设计综合应用案例 2——连接臂

▶26min

案例概述

  本案例介绍了连接臂的创建过程，主要使用了凸台 - 拉伸、切除 - 拉伸、异型孔向导、镜像复制、阵列复制及圆角倒角等功能。该模型及设计树如图 4.316 所示。

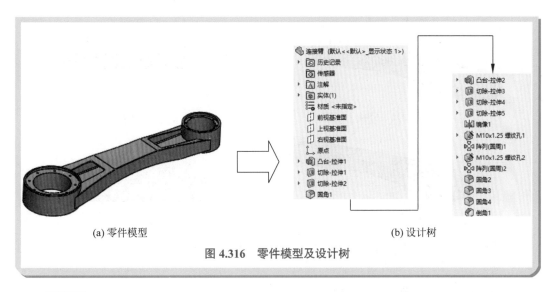

(a) 零件模型　　　　　　　　　　　　(b) 设计树

图 4.316　零件模型及设计树

○步骤 1　新建模型文件，选择"快速访问工具栏"中的 ▫· 命令，在系统弹出"新建 SolidWorks 文件"对话框中选择"零件" ▨，单击"确定"按钮进入零件建模环境。

○步骤 2　创建如图 4.317 所示的凸台 - 拉伸 1。单击 特征 功能选项卡中的 ▨ 按钮，在系统提示下选取"上视基准面"作为草图平面，绘制如图 4.318 所示的截面草图。在"凸台 - 拉伸"对话框 方向 1(1) 区域的下拉列表中选择 两侧对称，输入深度值 100。单击 ✔ 按钮，完成凸台 - 拉伸 1 的创建。

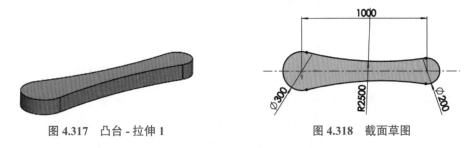

图 4.317　凸台 - 拉伸 1　　　　　　　　　图 4.318　截面草图

注意

在如图 4.318 所示的草图中坐标系的方向需保持一致。

○步骤 3　创建如图 4.319 所示的切除 - 拉伸 1。单击 特征 功能选项卡中的 ▨ 按钮，在系统提示下选取"右视基准面"作为草图平面，绘制如图 4.320 所示的截面草图。在"切除 - 拉伸"对话框 方向 1(1) 区域的下拉列表中选择 完全贯穿 - 两者。单击 ✔ 按钮，完成切除 - 拉伸 1 的创建。

○步骤 4　创建如图 4.321 所示的切除 - 拉伸 2。单击 特征 功能选项卡中的 ▨ 按钮，在系统提示下选取"前视基准面"作为草图平面，绘制如图 4.322 所示的截面草图。在"切除 - 拉伸"对话框 方向 1(1) 区域的下拉列表中选择 完全贯穿 - 两者。单击 ✔ 按钮，完成切除 - 拉伸 2 的创建。

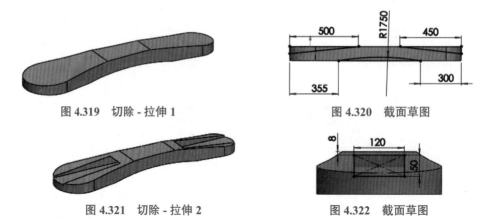

图 4.319　切除 - 拉伸 1　　　　　　　　　图 4.320　截面草图

图 4.321　切除 - 拉伸 2　　　　　　　　　图 4.322　截面草图

⚪步骤 5　创建如图 4.323 所示的圆角 1。单击 特征 功能选项卡 下的 ⌄ 按钮，选择 圆角 命令，在"圆角"对话框中选择"恒定大小圆角" 类型，在系统提示下选取如图 4.324 所示的边线作为圆角对象，在"圆角"对话框的 圆角参数 区域中的 ⌒ 文本框中输入圆角半径值 5，单击 ✔ 按钮，完成圆角的定义。

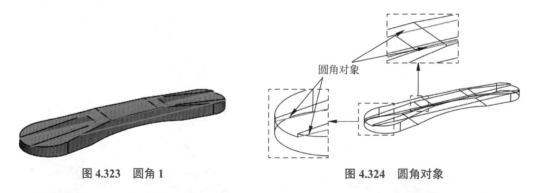

圆角对象

图 4.323　圆角 1　　　　　　　　　　　图 4.324　圆角对象

⚪步骤 6　创建如图 4.325 所示的凸台 - 拉伸 2。单击 特征 功能选项卡中的 按钮，在系统提示下选取"上视基准面"作为草图平面，绘制如图 4.326 所示的截面草图。在"凸台 - 拉伸"对话框 方向1(1) 区域的下拉列表中选择 两侧对称 ，输入深度值 120。单击 ✔ 按钮，完成凸台 - 拉伸 2 的创建。

图 4.325　凸台 - 拉伸 2　　　　　　　　　图 4.326　截面草图

⚪步骤 7　创建如图 4.327 所示的切除 - 拉伸 3。单击 特征 功能选项卡中的 按钮，在系统提示下选取如图 4.328 所示的模型表面作为草图平面，绘制如图 4.329 所示的截面草图。在"切除 - 拉伸"对话框 方向1(1) 区域的下拉列表中选择 完全贯穿 。单击 ✔ 按钮，完成切除 - 拉伸 3 的创建。

图 4.327　切除 - 拉伸 3

图 4.328　草图平面

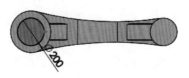
图 4.329　截面草图

◎步骤8　创建如图 4.330 所示的切除 - 拉伸 4。单击 特征 功能选项卡中的 🔲 按钮，在系统提示下选取如图 4.331 所示的模型表面作为草图平面，绘制如图 4.332 所示的截面草图。在"切除 - 拉伸"对话框 方向1(1) 区域的下拉列表中选择 完全贯穿 。单击 ✔ 按钮，完成切除 - 拉伸 4 的创建。

图 4.330　切除 - 拉伸 4

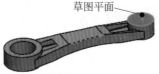
图 4.331　草图平面

图 4.332　截面草图

◎步骤9　创建如图 4.333 所示的切除 - 拉伸 5。单击 特征 功能选项卡中的 🔲 按钮，在系统提示下选取如图 4.331 所示的模型表面作为草图平面，绘制如图 4.334 所示的截面草图。在"切除 - 拉伸"对话框 方向1(1) 区域的下拉列表中选择 给定深度 ，输入深度值 12。单击 ✔ 按钮，完成切除 - 拉伸 5 的创建。

图 4.333　切除 - 拉伸 5

图 4.334　截面草图

◎步骤10　创建如图 4.335 所示的镜像 1。选择 特征 功能选项卡中的 镜像 命令，选取"上视基准面"作为镜像中心平面，选取"切除 - 拉伸 5"作为要镜像的特征，单击"镜像"对话框中的 ✔ 按钮，完成镜像特征的创建。

◎步骤11　创建如图 4.336 所示的孔 1。

图 4.335　镜像 1

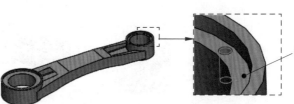
图 4.336　孔 1

单击 特征 功能选项卡 �@ 下的 · 按钮，选择 🖼异型孔向导 命令，在"孔规格"对话框中单击 ☂位置 选项卡，选取如图 4.336 所示的模型表面为打孔平面，在打孔面上任意位置单击，以确定打孔的初步位置，在"孔位置"对话框中单击 🔳类型 选项卡，在 孔类型(T) 区域中选中"直螺纹孔" 🔟，在 标准 下拉列表中选择 GB，在 类型 下拉列表中选择"底部螺纹孔"类型，在"孔规格"对话框中 孔规格 区域的 大小 下拉列表中选择 M10x1.25，在 终止条件(C) 区域的下拉列表中选择"给定深度"，在 🔗 文本框输入孔的深度 23.75，在 螺纹线 下拉列表中选择 给定深度 (2 * DIA)，单击 ✔ 按钮完成孔的初步创建，在设计树中右击 🔗 M10x1.25 螺纹孔1 下的定位草图，选择 🔳 命令，系统进入草图环境，添加约束至如图 4.337 所示的效果，单击 ↳ 按钮完成定位。

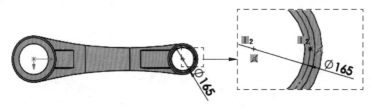

图 4.337 精确定位

◯步骤 12 创建如图 4.338 所示的圆周阵列 1。

单击 特征 功能选项卡 🔡 下的 · 按钮，选择 🔡圆周阵列 命令，在"阵列圆周"对话框中 ☑特征和面(F) 单击激活 🔡 后的文本框，选取步骤 11 所创建的螺纹孔作为阵列的源对象，在"阵列圆周"对话框中激活 方向 1(1) 区域中 🔄 后的文本框，选取如图 4.338 示的圆柱面（系统自动选取圆柱面的中心轴为圆周阵列的中心轴），选中 ⊙等间距 复选项，在 💠 文本框中输入间距 360，在 🔆 文本框中输入数量 8，单击 ✔ 按钮，完成圆周阵列的创建。

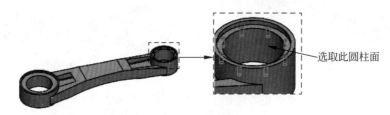

选取此圆柱面

图 4.338 圆周阵列 1

◯步骤 13 创建如图 4.339 所示的孔 2。

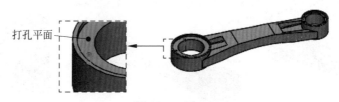

打孔平面

图 4.339 孔 2

　　单击 特征 功能选项卡 ⊕ 下的 ⌄ 按钮，选择 异型孔向导 命令，在"孔规格"对话框中单击 位置 选项卡，选取如图 4.339 所示的模型表面为打孔平面，在打孔面上任意位置单击，以确定打孔的初步位置，在"孔位置"对话框中单击 类型 选项卡，在 孔类型(T) 区域中选中"直螺纹孔" ，在 标准 下拉列表中选择 GB，在 类型 下拉列表中选择"底部螺纹孔"类型，在"孔规格"对话框中 孔规格 区域的 大小 下拉列表中选择 M10x1.25 ，在 终止条件(C) 区域的下拉列表中选择"给定深度"，在 ⬦ 文本框输入孔的深度 23.75，在 螺纹线 下拉列表中选择 给定深度(2 * DIA) ，单击 ✔ 按钮完成孔的初步创建，在设计树中右击 ⊕ M10x1.25 螺纹孔2 下的定位草图，选择 ✎ 命令，系统进入草图环境，添加约束至如图 4.340 所示的效果，单击 ↳ 按钮完成定位。

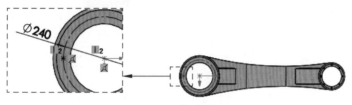

图 4.340　精确定位

⊙步骤 14　创建如图 4.341 所示的圆周阵列 2。

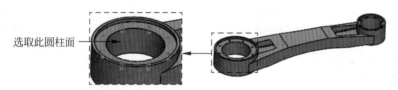

选取此圆柱面 ———

图 4.341　圆周阵列 2

　　单击 特征 功能选项卡 ⊞ 下的 ⌄ 按钮，选择 圆周阵列 命令，在"阵列圆周"对话框中 特征和面(F) 单击激活 ⊕ 后的文本框，选取步骤 13 所创建的螺纹孔作为阵列的源对象，在"阵列圆周"对话框中激活 方向1(1) 区域中 ↻ 后的文本框，选取如图 4.341 所示的圆柱面（系统自动选取圆柱面的中心轴为圆周阵列的中心轴），选中 ⦿等间距 复选项，在 ⬠ 文本框中输入间距 360，在 ✳ 文本框中输入数量 8，单击 ✔ 按钮，完成圆周阵列的创建。

⊙步骤 15　创建如图 4.342 所示的圆角 2。单击 特征 功能选项卡 ⬠ 下的 ⌄ 按钮，选择 圆角 命令，在"圆角"对话框中选择"恒定大小圆角" 类型，在系统提示下选取如图 4.343 所示的边线作为圆角对象，在"圆角"对话框的 圆角参数 区域中的 ⬠ 文本框中输入圆角半径值 10，单击 ✔ 按钮，完成圆角定义。

图 4.342　圆角 2

圆角对象

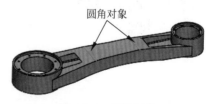

图 4.343　圆角对象

◎步骤 16 创建如图 4.344 所示的圆角 3。单击 特征 功能选项卡 ⑱ 下的 · 按钮，选择 ⑳圆角 命令，在"圆角"对话框中选择"恒定大小圆角"ⓖ 类型，在系统提示下选取如图 4.345 所示的边线作为圆角对象，在"圆角"对话框的 圆角参数 区域中的 ⼌ 文本框中输入圆角半径值 10，单击 ✓ 按钮，完成圆角的定义。

图 4.344　圆角 3

图 4.345　圆角对象

◎步骤 17 创建如图 4.346 所示的圆角 4。单击 特征 功能选项卡 ⑱ 下的 · 按钮，选择 ⑳圆角 命令，在"圆角"对话框中选择"恒定大小圆角"ⓖ 类型，在系统提示下选取如图 4.347 所示的边线作为圆角对象，在"圆角"对话框的 圆角参数 区域中的 ⼌ 文本框中输入圆角半径值 2，单击 ✓ 按钮，完成圆角的定义。

图 4.346　圆角 4

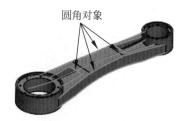

图 4.347　圆角对象

◎步骤 18 创建如图 4.348 所示的倒角 1。单击 特征 功能选项卡 ⑱ 下的 · 按钮，选择 ⑳倒角 命令，在"倒角"对话框中选择"角度距离"⼡ 单选项，在系统提示下选取如图 4.349 所示的边线作为倒角对象，在"倒角"对话框的 倒角参数 区域中的 ⼋ 文本框中输入倒角距离值 3，在 ⼌ 文本框输入倒角角度值 45，在"倒角"对话框中单击 ✓ 按钮，完成倒角的定义。

图 4.348　倒角 1

图 4.349　倒角对象

◎步骤 19 保存文件。选择"快速访问工具栏"中的"保存" 保存(S) 命令，系统弹出"另存为"对话框，在 文件名(N): 文本框输入"连接臂"，单击"保存"按钮，完成保存操作。

4.23 零件设计综合应用案例 3——QQ 企鹅造型

34min

案例概述

　　本案例将介绍 QQ 企鹅造型的创建过程，主要使用了旋转特征、放样特征、圆顶、基准面、凸台 - 拉伸及镜像复制等功能。该模型及设计树如图 4.350 所示。

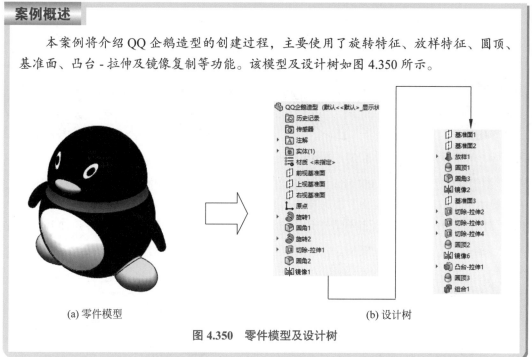

(a) 零件模型　　　　　　　　　　　　　　(b) 设计树

图 4.350　零件模型及设计树

　　步骤 1　新建模型文件，选择"快速访问工具栏"中的 ▢· 命令，在系统弹出"新建 SolidWorks 文件"对话框中选择"零件" 🗋，单击"确定"按钮进入零件建模环境。

　　步骤 2　创建如图 4.351 所示的旋转特征 1。选择 特征 功能选项卡中的旋转凸台基体 🍥 命令，在系统提示"选择一基准面来绘制特征横截面"下，选取"前视基准面"作为草图平面，绘制与如图 4.352 所示的截面轮廓，在"旋转"对话框的 旋转轴(A) 区域中选取如图 4.352 所示的竖直直线作为旋转轴，采用系统默认的旋转方向，在"旋转"对话框的 方向 1(1) 区域的下拉列表中选择 给定深度，在 ↕ 文本框输入旋转角度 360，单击"旋转"对话框中的 ✔ 按钮，完成特征的创建。

　　步骤 3　创建如图 4.353 所示的圆角 1。单击 特征 功能选项卡 🔵 下的 ▾ 按钮，选择 🔵圆角 命令，在"圆角"对话框中选择"恒定大小圆角" 🔵 类型，在系统提示下选取如图 4.354 所示的边线作为圆角对象，在"圆角"对话框的 圆角参数 区域中的 ⼺ 文本框中输入圆角半径值 25，单击 ✔ 按钮，完成圆角的定义。

　　步骤 4　创建如图 4.355 所示的旋转特征 2。选择 特征 功能选项卡中的旋转凸台基体 🍥 命令，在系统提示"选择一基准面来绘制特征横截面"下，选取"前视基准面"作为草图平面，绘制与如图 4.356 所示的截面轮廓，在"旋转"对话框的 旋转轴(A) 区域中选取如图 4.356

所示的水平直线作为旋转轴，采用系统默认的旋转方向，在"旋转"对话框的 _{方向1(1)} 区域的下拉列表中选择 给定深度 ，在 ↥ 文本框输入旋转角度 360，单击"旋转"对话框中的 ✓ 按钮，完成特征的创建。

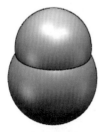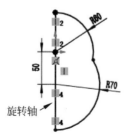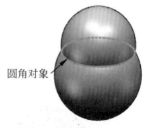

图 4.351　旋转特征 1　　　图 4.352　截面轮廓　　　图 4.353　圆角 1　　　图 4.354　圆角对象

●步骤 5 创建如图 4.357 所示的切除 - 拉伸 1。单击 特征 功能选项卡中的 ⬚ 按钮，在系统提示下选取"前视基准面"作为草图平面，绘制如图 4.358 所示的截面草图。在"切除 - 拉伸"对话框 方向1(1) 区域的下拉列表中选择 完全贯穿·两者 。单击 ✓ 按钮，完成切除 - 拉伸 1 的创建。

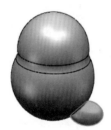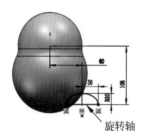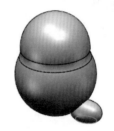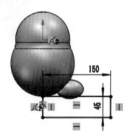

图 4.355　旋转特征 2　　　图 4.356　截面轮廓　　　图 4.357　切除 - 拉伸 1　　　图 4.358　截面轮廓

●步骤 6 创建如图 4.359 所示的圆角 2。单击 特征 功能选项卡 ⬚ 下的 · 按钮，选择 圆角 命令，在"圆角"对话框中选择"恒定大小圆角" 类型，在系统提示下选取如图 4.360 所示的边线作为圆角对象，在"圆角"对话框的 圆角参数 区域中的 ⬚ 文本框中输入圆角半径值 2，单击 ✓ 按钮，完成圆角的定义。

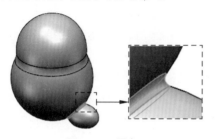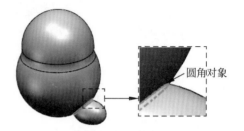

图 4.359　圆角 2　　　　　　　　　　　图 4.360　圆角对象

●步骤 7 创建如图 4.361 所示的镜像 1。选择 特征 功能选项卡中的 镜像 命令，选取"右视基准面"作为镜像中心平面，选取 "旋转特征 2""切除 - 拉伸 1"与"圆角 2"作为要镜像的特征，单击"镜像"对话框中的 ✓ 按钮，完成镜像特征的创建。

步骤 8　绘制如图 4.362 所示的草图 4。单击 草图 功能选项卡中的草图绘制 草图绘制 按钮，在系统提示下，选取"前视基准面"作为草图平面，绘制如图 4.363 所示的草图。

图 4.361　镜像 1

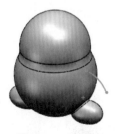
图 4.362　草图 4

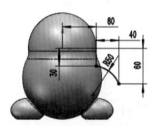
图 4.363　平面草图

步骤 9　创建如图 4.364 所示的基准面 1。单击 特征 功能选项卡 下的 按钮，选择 基准面 命令。选取如图 4.365 所示的参考点，采用系统默认的"重合" 类型，选取如图 4.365 所示的曲线作为曲线平面，采用系统默认的"垂直" 类型，单击 ✔ 按钮完成创建。

步骤 10　创建如图 4.366 所示的基准面 2。单击 特征 功能选项卡 下的 按钮，选择 基准面 命令。选取如图 4.367 所示的参考点，采用系统默认的"重合" 类型，选取如图 4.367 所示的曲线作为曲线平面，采用系统默认的"垂直" 类型，单击 ✔ 按钮完成创建。

图 4.364　基准面 1

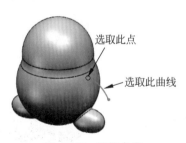
图 4.365　平面参考

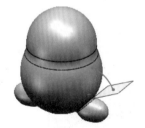
图 4.366　基准面 2

步骤 11　绘制如图 4.368 所示的草图 5。单击 草图 功能选项卡中的草图绘制 草图绘制 按钮，在系统提示下，选取"基准面 1"作为草图平面，绘制如图 4.369 所示的草图。

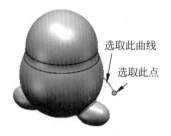
图 4.367　平面参考

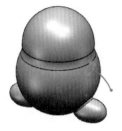
图 4.368　草图 5

图 4.369　平面草图

步骤 12　绘制如图 4.370 所示的草图 6。单击 草图 功能选项卡中的草图绘制 草图绘制 按钮，在系统提示下，选取"基准面 2"作为草图平面，绘制如图 4.371 所示的草图。

○步骤 13 创建如图4.372所示的放样特征1。选择 特征 功能选项卡中的 放样凸台/基体 命令，在绘图区域依次选取草图5与草图6作为放样截面，效果如图4.373所示，在"放样"对话框中激活 中心线参数(I) 区域的文本框，然后在绘图区域中选取步骤8所创建的圆弧，效果如图4.372所示，单击"放样"对话框中的 ✓ 按钮，完成放样的创建。

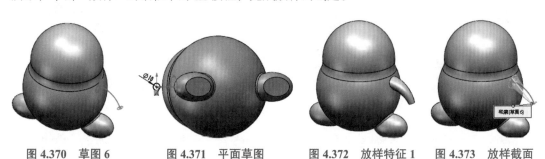

图 4.370　草图 6　　　　　　图 4.371　平面草图　　　　　　图 4.372　放样特征 1　　　　图 4.373　放样截面

○步骤 14 创建如图4.374所示的圆顶特征1。选择 特征 功能选项卡中的 圆顶 命令，在系统 为圆顶选择面 的提示下选取如图4.375所示的面作为圆顶面，在"圆顶"对话框的 📐 文本框输入圆顶距离0，取消选中 □椭圆圆顶(E) 复选框，其他参数采用默认，单击"圆顶"对话框中的 ✓ 按钮，完成圆顶的创建。

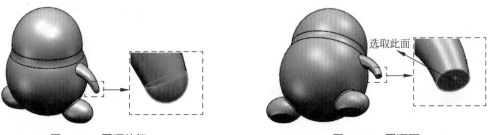

图 4.374　圆顶特征 1　　　　　　　　　　　　　　　图 4.375　圆顶面

○步骤 15 创建如图4.376所示的圆角3。单击 特征 功能选项卡 🗍 下的 ▾ 按钮，选择 圆角 命令，在"圆角"对话框中选择"恒定大小圆角" 🗍 类型，在系统提示下选取如图4.377所示的边线作为圆角对象，在"圆角"对话框的 圆角参数 区域中的 📐 文本框中输入圆角半径值5，单击 ✓ 按钮，完成圆角的定义。

○步骤 16 创建如图4.378所示的镜像2。选择 特征 功能选项卡中的 镜像 命令，选取"右视基准面"作为镜像中心平面，选取"放样特征1""圆顶特征1"与"圆角3"作为要镜像的特征，选中"镜像"对话框选项区域中的 ☑几何体阵列(G)，单击"镜像"对话框中的 ✓ 按钮，完成镜像特征的创建。

○步骤 17 创建如图4.379所示的基准面3。单击 特征 功能选项卡 🗍 下的 ▾ 按钮，选择 基准面 命令，选取前视基准面作为参考平面，在"基准面3"对话框 🗗 文本框输入间距值100。单击 ✓ 按钮，完成基准面的定义。

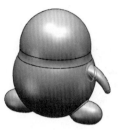

图 4.376　圆角 3

图 4.377　圆角对象

图 4.378　镜像 2

图 4.379　基准面 3

○步骤 18 创建如图 4.380 所示的切除 - 拉伸 2。单击 特征 功能选项卡中的 圙 按钮，在系统提示下选取 "基准面 3" 作为草图平面，绘制如图 4.381 所示的截面草图。在 "切除 - 拉伸" 对话框 方向1(1) 区域的下拉列表中选择 到离指定面指定的距离，选取如图 4.382 所示的面为参考面，输入深度值 1，选中 ☑反向等距(M) 复选项。单击 ✔ 按钮，完成切除 - 拉伸 2 的创建。

图 4.380　切除 - 拉伸 2

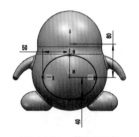

图 4.381　截面轮廓

图 4.382　参考面

○步骤 19 创建如图 4.383 所示的切除 - 拉伸 3。单击 特征 功能选项卡中的 圙 按钮，在系统提示下选取 "基准面 3" 作为草图平面，绘制如图 4.384 所示的截面草图。在 "切除 - 拉伸" 对话框 方向1(1) 区域的下拉列表中选择 到离指定面指定的距离，选取如图 4385 所示的面为参考面，输入深度值 0.2，选中 ☑反向等距(M) 复选项。单击 ✔ 按钮，完成切除 - 拉伸 3 的创建。

图 4.383　切除 - 拉伸 3

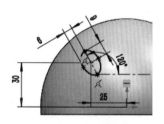

图 4.384　截面轮廓

图 4.385　参考面

○步骤 20 创建如图 4.386 所示的切除 - 拉伸 4。单击 特征 功能选项卡中的 圙 按钮，在系统提示下选取 "基准面 3" 作为草图平面，绘制如图 4.387 所示的截面草图。在 "切除 - 拉伸" 对话框 方向1(1) 区域的下拉列表中选择 到离指定面指定的距离，选取如图 4.388 所示的面为参考面，输入深度值 0.2，选中 ☑反向等距(M) 复选项。单击 ✔ 按钮，完成切除 - 拉伸 4 的创建。

图 4.386 切除 - 拉伸 4

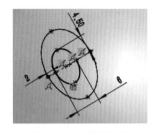

图 4.387 截面轮廓

图 4.388 参考面

○步骤 21 创建如图 4.389 所示的圆顶特征 2。选择 特征 功能选项卡中的 圆顶 命令，在系统 为圆顶选择面 的提示下选取如图 4.390 所示的面作为圆顶面，在"圆顶"对话框的 文本框输入圆顶距离 2，其他参数采用默认，单击"圆顶"对话框中的 ✓ 按钮，完成圆顶的创建。

○步骤 22 创建如图 4.391 所示的镜像 3。选择 特征 功能选项卡中的 镜像 命令，选取"右视基准面"作为镜像中心平面，选取"切除 - 拉伸 3""切除 - 拉伸 4"与"圆顶 2"作为要镜像的特征，选中"镜像"对话框选项区域中的 几何体阵列(G)，单击"镜像"对话框中的 ✓ 按钮，完成镜像特征的创建。

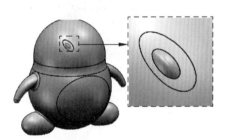

图 4.389 圆顶特征 2

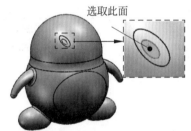

图 4.390 圆顶面

图 4.391 镜像 3

○步骤 23 创建如图 4.392 所示的凸台 - 拉伸 1。单击 特征 功能选项卡中的 按钮，在系统提示下选取"前视基准面"作为草图平面，绘制如图 4.393 所示的截面草图。在"凸台 - 拉伸"对话框 方向1(1) 区域的下拉列表中选择 给定深度，输入深度值 55。取消选中 合并结果(M) 单选项，单击 ✓ 按钮，完成凸台 - 拉伸 1 的创建。

图 4.392 凸台 - 拉伸 1

图 4.393 截面轮廓

说明

　　如图 4.392 所示为原实体隐藏后的结果，读者只需右击任意一个实体特征选择 便可隐藏。

◎步骤 24　创建如图 4.394 所示的圆顶特征 3。选择 [特征] 功能选项卡中的 [◉圆顶] 命令，在系统 [为圆顶选择面] 的提示下选取如图 4.395 所示的面作为圆顶面，在"圆顶"对话框的 [↗] 文本框输入圆顶距离 10，其他参数采用默认，单击"圆顶"对话框中的 [✓] 按钮，完成圆顶的创建。

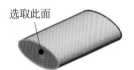

选取此面

图 4.394　圆顶特征 3　　　　　　图 4.395　圆顶面

◎步骤 25　创建如图 4.396 所示的组合特征。选择下拉菜单 [插入(I)] → [特征(F)] → [◉组合(B)...] 命令，在 [操作类型(O)] 区域中选择 [◉添加(A)] 类型，在绘图区域中选取如图 4.397 所示的实体 1 与实体 2，单击"组合"对话框中的 [✓] 按钮，完成组合的创建。

◎步骤 26　设置如图 4.398 所示的外观属性。选择下拉菜单"编辑"→"外观" [外观(A)] →"外观" [◉外观(A)...] 命令，系统弹出"颜色"对话框，在 [所选几何体] 中将默认选择的零件右击并删除，然后选中"选取面" [◻]，接着在绘图区选取如图 4.399 所示的面，在 [颜色] 区域的 [▦] 下拉列表中选择 [标准] 选项，选取如图 4.400 所示的红色，单击 [✓] 按钮，完成外观属性的定义。

组合实体

图 4.396　组合特征　　　　　图 4.397　组合实体　　　　　图 4.398　设置外观属性

◎步骤 27　设置如图 4.401 所示的其他外观属性，具体操作可参考步骤 26。

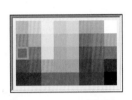

图 4.399　选取面　　　　　图 4.400　选取颜色　　　　　图 4.401　其他外观属性

◎步骤 28　保存文件。选择"快速访问工具栏"中的"保存" [◻保存(S)] 命令，系统弹出"另存为"对话框，在 [文件名(N):] 文本框输入"QQ 企鹅造型"，单击"保存"按钮，完成保存操作。

4.24 零件设计综合应用案例 4——转板

▶ 50min

案例概述

　　本案例将介绍转板的创建过程，主要使用了凸台-拉伸、切除-拉伸、基准面、异型孔向导及阵列复制等功能。该模型及设计树如图 4.402 所示。

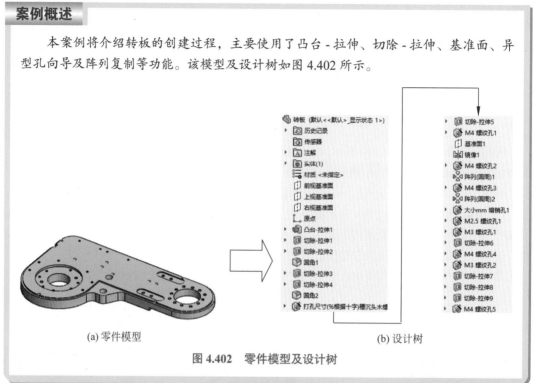

(a) 零件模型　　　　　　　　　　　　　　　　(b) 设计树

图 4.402　零件模型及设计树

　　◯步骤 1　新建模型文件，选择"快速访问工具栏"中的 ▣· 命令，在系统弹出"新建 SolidWorks 文件"对话框中选择"零件" ▤，单击"确定"按钮进入零件建模环境。

　　◯步骤 2　创建如图 4.403 所示的凸台-拉伸 1。单击 特征 功能选项卡中的 ▨ 按钮，在系统提示下选取"上视基准面"作为草图平面，绘制如图 4.404 所示的截面草图。在"凸台-拉伸"对话框 方向1(1) 区域的下拉列表中选择 给定深度，输入深度值 15。单击 ✔ 按钮，完成凸台-拉伸 1 的创建。

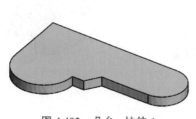

图 4.403　凸台-拉伸 1

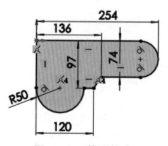

图 4.404　截面轮廓

○步骤3　创建如图 4.405 所示的切除 - 拉伸 1。单击 特征 功能选项卡中的 ⓑ 按钮，在系统提示下选取如图 4.405 所示的模型表面作为草图平面，绘制如图 4.406 所示的截面草图。在"切除 - 拉伸"对话框 方向1(1) 区域的下拉列表中选择 完全贯穿 ，单击 ✓ 按钮，完成切除 - 拉伸 1 的创建。

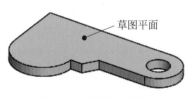

草图平面

图 4.405　切除 - 拉伸 1

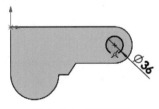

图 4.406　截面轮廓

○步骤4　创建如图 4.407 所示的切除 - 拉伸 2。单击 特征 功能选项卡中的 ⓑ 按钮，在系统提示下选取如图 4.405 所示的模型表面作为草图平面，绘制如图 4.408 所示的截面草图。在"切除 - 拉伸"对话框 方向1(1) 区域的下拉列表中选择 给定深度 ，输入深度值 3。单击 ✓ 按钮，完成切除 - 拉伸 2 的创建。

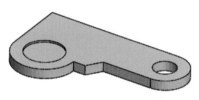

图 4.407　切除 - 拉伸 2

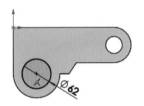

图 4.408　截面轮廓

○步骤5　创建如图 4.409 所示的圆角 1。单击 特征 功能选项卡 ⓑ 下的 ⌄ 按钮，选择 ⓒ圆角 命令，在"圆角"对话框中选择"恒定大小圆角" ⓒ 类型，在系统提示下选取如图 4.410 所示的边线作为圆角对象，在"圆角"对话框的 圆角参数 区域中的 � 文本框中输入圆角半径值 20，单击 ✓ 按钮，完成圆角的定义。

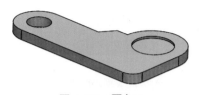

图 4.409　圆角 1

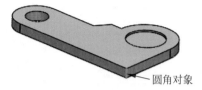

圆角对象

图 4.410　圆角对象

○步骤6　创建如图 4.411 所示的切除 - 拉伸 3。单击 特征 功能选项卡中的 ⓑ 按钮，在系统提示下选取如图 4.411 所示的模型表面作为草图平面，绘制如图 4.412 所示的截面草图。在"切除 - 拉伸"对话框选中 ☑反侧切除(F) 复选框，在 方向1(1) 区域的下拉列表中选择 给定深度 ，输入深度值 2。单击 ✓ 按钮，完成切除 - 拉伸 3 的创建。

图 4.411　切除 - 拉伸 3

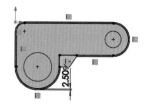

图 4.412　截面轮廓

说明

如图 4.412 所示草图可通过等距实体方式快速得到。

◯步骤 7　创建如图 4.413 所示的切除 - 拉伸 4。单击 特征 功能选项卡中的 ⬚ 按钮，在系统提示下选取如图 4.413 所示的模型表面作为草图平面，绘制如图 4.414 所示的截面草图。在"切除 - 拉伸"对话框 方向1(1) 区域的下拉列表中选择 完全贯穿 。单击 ✓ 按钮，完成切除 - 拉伸 4 的创建。

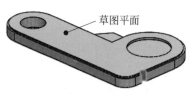

图 4.413　切除 - 拉伸 4

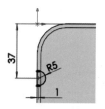

图 4.414　截面轮廓

◯步骤 8　创建如图 4.415 所示的圆角 2。单击 特征 功能选项卡 ⬤ 下的 ⌄ 按钮，选择 ⬚ 圆角 命令，在"圆角"对话框中选择"恒定大小圆角" ⬚ 类型，在系统提示下选取如图 4.416 所示的边线作为圆角对象，在"圆角"对话框的 圆角参数 区域中的 ⟋ 文本框中输入圆角半径值 10，单击 ✓ 按钮，完成圆角的定义。

图 4.415　圆角 2

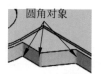

图 4.416　圆角对象

◯步骤 9　创建如图 4.417 所示的孔 1。单击 特征 功能选项卡 ⬤ 下的 ⌄ 按钮，选择 ⬚ 异型孔向导 命令，在"孔规格"对话框中单击 ⬚ 位置 选项卡，选取如图 4.418 所示的模型表面为打孔平面，在打孔面上任意位置单击，以确定打孔的初步位置，如图 4.419 所示，在"孔位置"对话框中单击 ⬚ 类型 选项卡，在 孔类型(T) 区域中选中"锥形沉头孔" ⬚ ，在 标准 下拉列表中选择 GB，在 类型 下拉列

图 4.417　孔 1

表中选择 十字槽沉头木螺钉 GB/T 951-198 类型，在"孔规格"对话框中 孔规格 区域的 大小 下拉列表中选择
"M10"，选中 ☑显示自定义大小(Z) 复选框，在 ⬚ 文本框中输入 10，在 ⬚ 文本框中输入孔的直径 14，
在 终止条件(C) 区域的下拉列表中选择"完全贯穿"，单击 ✔ 按钮完成孔的初步创建，在设计树中
右击 🔩 打孔尺寸(%根据十字)槽沉头木螺钉的类型1 下的定位草图，选择 🖉 命令，系统进入草图环境，添加约束至
如图 4.420 所示的效果，单击 ↳ 按钮完成定位。

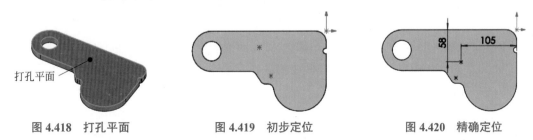

图 4.418　打孔平面　　　　　　图 4.419　初步定位　　　　　　图 4.420　精确定位

〇步骤 10 创建如图 4.421 所示的切除 - 拉伸 5。单击 特征 功能选项卡中的 🔲 按钮，在
系统提示下选取如图 4.421 所示的模型表面作为草图平面，绘制如图 4.422 所示的截面草图。
在"切除 - 拉伸"对话框 方向 1(1) 区域的下拉列表中选择 给定深度，输入深度值 1.4。单击 ✔ 按钮，
完成切除 - 拉伸 5 的创建。

图 4.421　切除 - 拉伸 5　　　　　　　图 4.422　截面轮廓

〇步骤 11 创建如图 4.423 所示的孔 2。单击 特征 功能选项卡 🔩 下的 ▾ 按钮，选择
🔩 异型孔向导 命令，在"孔规格"对话框中单击 🛈位置 选项卡，选取如图 4.423 所示的模型表面为
打孔平面，在打孔面上任意位置单击（单击两个点），以确定打孔的初步位置，在"孔位置"
对话框中单击 🛠 类型 选项卡，在 孔类型(T) 区域中选中"直螺纹孔" 🔲，在 标准 下拉列表中选择
GB，在 类型 下拉列表中选择 底部螺纹孔 类型，在"孔规格"对话框中 孔规格 区域的 大小 下拉列表
中选择"M4"，在 终止条件(C) 区域的下拉列表中选择"完全贯穿"，单击 ✔ 按钮完成孔的初步创
建，在设计树中右击 🔩 M4 螺纹孔1 下的定位草图，选择 🖉 命令，系统进入草图环境，添加约束
至如图 4.424 所示的效果，单击 ↳ 按钮完成定位。

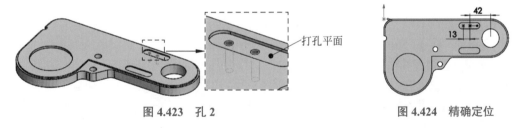

图 4.423　孔 2　　　　　　　　　　　图 4.424　精确定位

（步骤 12） 创建如图 4.425 所示的基准面 1。单击 特征 功能选项卡 🗐 下的 · 按钮，选择 🗐 基准面 命令。选取如图 4.426 所示的参考面，选择"平行" ◻ 类型，选取如图 4.426 所示的轴作为第二参考，采用系统默认的"重合" ◻ 类型，单击 ✓ 按钮完成创建。

说明

选取轴参考时需要显示临时轴。

（步骤 13） 创建如图 4.427 所示的镜像 1。选择 特征 功能选项卡中的 🖽镜像 命令，选取"基准面 1"作为镜像中心平面，选取"M4 螺纹孔"作为要镜像的特征，单击"镜像"对话框中的 ✓ 按钮，完成镜像特征的创建。

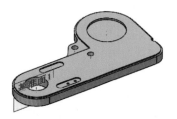
图 4.425 基准面 1

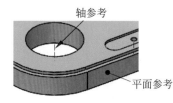
图 4.426 定位参考

图 4.427 镜像 1

（步骤 14） 创建如图 4.428 所示的孔 3。单击 特征 功能选项卡 🕸 下的 · 按钮，选择 🕸异型孔向导 命令，在"孔规格"对话框中单击 ⬚位置 选项卡，选取如图 4.428 所示的模型表面为打孔平面，在打孔面上任意位置单击（单击两个点），以确定打孔的初步位置，在"孔位置"对话框中单击 ⬚类型 选项卡，在 孔类型(T) 区域中选中"直螺纹孔" ⬚，在 标准 下拉列表中选择 GB，在 类型 下拉列表中选择 底部螺纹孔 类型，在"孔规格"对话框中 孔规格 区域的 大小 下拉列表中选择"M4"，在 终止条件(C) 区域的下拉列表中均选择"完全贯穿"，单击 ✓ 按钮完成孔的初步创建，在设计树中右击 🕸M4 螺纹孔2 下的定位草图，选择 ⬚ 命令，系统进入草图环境，添加约束至如图 4.429 所示的效果，单击 ⬚ 按钮完成定位。

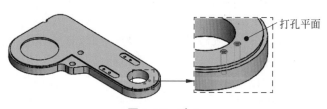
图 4.428 孔 3

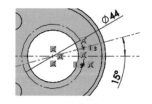
图 4.429 精确定位

（步骤 15） 创建如图 4.430 所示的圆周阵列 1。单击 特征 功能选项卡 🕸 下的 · 按钮，选择 🕸圆周阵列 命令，在"阵列圆周"对话框中 ☑特征和面(F) 单击激活 🕸 后的文本框，选取如图 4.428 所示的螺纹孔作为阵列的源对象，在"阵列圆周"对话框中激活 方向1(1) 区域中 🔄 后的文本框，选取如图 4.430 示的圆柱面（系统自动选取圆柱面的中心轴为圆周阵列的中心轴），选中 ⦿等间距 复选项，在 ⬚ 文本框中输入间距 360，在 🕸 文本框中输入数量 4，单击 ✓ 按钮，完成圆周阵列的创建。

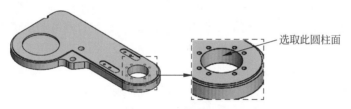

图 4.430 圆周阵列 1

○步骤 16 创建如图 4.431 所示的孔 4。单击 特征 功能选项卡 🔵 下的 ▾ 按钮，选择
🔵异型孔向导 命令，在"孔规格"对话框中单击 🔲位置 选项卡，选取如图 4.431 所示的模型表面
为打孔平面，在打孔面上任意位置单击（单击 1 个点），以确定打孔的初步位置，在"孔位置"
对话框中单击 🔲类型 选项卡，在 孔类型(T) 区域中选中"直螺纹孔" 🔳，在 标准 下拉列表中选择
GB，在 类型 下拉列表中选择 底部螺纹孔 类型，在"孔规格"对话框中 孔规格 区域的 大小 下拉列表
中选择"M4"，在 终止条件(C) 区域的下拉列表中选择 给定深度，输入深度值 10，选中 🔲单选项，
在 螺纹线 下拉列表中选择 给定深度 (2 * DIA)，在 🔲 文本框中输入深度 8，单击 ✓ 按钮完成孔的初
步创建，在设计树中右击 🔵M4 螺纹孔3 下的定位草图，选择 🔲 命令，系统进入草图环境，添加
约束至如图 4.432 所示的效果，单击 ↳ 按钮完成定位。

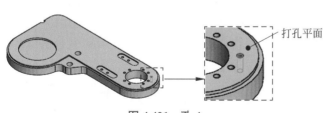

图 4.431 孔 4

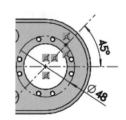

图 4.432 精确定位

○步骤 17 创建如图 4.433 所示的圆周阵列 2。单击 特征 功能选项卡 🔵 下的 ▾ 按钮，
选择 🔵圆周阵列 命令，在"阵列圆周"对话框中 ☑特征和面(F) 单击激活 🔵 后的文本框，选取如
图 4.431 所示的螺纹孔作为阵列的源对象，在"阵列圆周"对话框中激活 方向 1(1) 区域中 🔵 后
的文本框，选取如图 4.433 示的圆柱面（系统自动选取圆柱面的中心轴为圆周阵列的中心轴），
选中 ◉等间距 复选项，在 🔲 文本框中输入间距 360，在 ❋ 文本框中输入数量 4，单击 ✓ 按钮，
完成圆周阵列的创建。

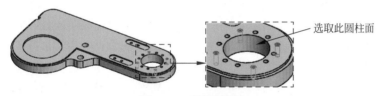

图 4.433 圆周阵列 2

○步骤 18 创建如图 4.434 所示的孔 5。单击 特征 功能选项卡 🐭 下的 ⌄ 按钮，选择 🔘 异型孔向导 命令，在"孔规格"对话框中单击 🔧 位置 选项卡，选取如图 4.434 所示的模型表面为打孔平面，在打孔面上任意位置单击（单击 4 个点），以确定打孔的初步位置，在"孔位置"对话框中单击 🔧 类型 选项卡，在 孔类型(T) 区域中选中"孔" Ⓤ，在 标准 下拉列表中选择 GB，在 类型 下拉列表中选择"暗销孔"类型，在"孔规格"对话框中 孔规格 区域的 大小 下拉列表中选择"Φ4"，在 终止条件(C) 区域的下拉列表中选择"完全贯穿"，单击 ✓ 按钮完成孔的初步创建，在设计树中右击 🔘 大小mm 暗销孔1 下的定位草图，选择 ☑ 命令，系统进入草图环境，添加约束至如图 4.435 所示的效果，单击 🔂 按钮完成定位。

图 4.434 孔 5

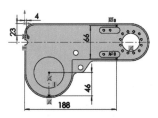

图 4.435 精确定位

○步骤 19 创建如图 4.436 所示的孔 6。单击 特征 功能选项卡 🐭 下的 ⌄ 按钮，选择 🔘 异型孔向导 命令，在"孔规格"对话框中单击 🔧 位置 选项卡，选取如图 4.436 所示的模型表面为打孔平面，在打孔面上任意位置单击（单击 4 个点），以确定打孔的初步位置，在"孔位置"对话框中单击 🔧 类型 选项卡，在 孔类型(T) 区域中选中"直螺纹孔" Ⓤ，在 标准 下拉列表中选择 GB，在 类型 下拉列表中选择 底部螺纹孔 类型，在"孔规格"对话框中 孔规格 区域的 大小 下拉列表中选择"M2.5"，在 终止条件(C) 区域的下拉列表中选择 给定深度，输入深度值 6.35，选中 🔘 单选项，在 螺纹线 下拉列表中选择 给定深度 (2 * DIA)，在 🔘 文本框中输入深度 5，单击 ✓ 按钮完成孔的初步创建，在设计树中右击 🔘 M2.5 螺纹孔1 下的定位草图，选择 ☑ 命令，系统进入草图环境，添加约束至如图 4.437 所示的效果，单击 🔂 按钮完成定位。

图 4.436 孔 6

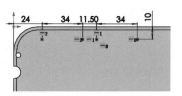

图 4.437 精确定位

○步骤 20 创建如图 4.438 所示的孔 7。单击 特征 功能选项卡 🐭 下的 ⌄ 按钮，选择 🔘 异型孔向导 命令，在"孔规格"对话框中单击 🔧 位置 选项卡，选取如图 4.438 所示的模型表面为打孔平面，在打孔面上任意位置单击（单击 6 个点），以确定打孔的初步位置，在"孔位置"对话框中单击 🔧 类型 选项卡，在 孔类型(T) 区域中选中"直螺纹孔" Ⓤ，在 标准 下拉列表中选择 GB，在 类型 下拉列表中选择 底部螺纹孔 类型，在"孔规格"对话框中 孔规格 区域的 大小 下拉列表中选择"M3"，在 终止条件(C) 区域的下拉列表中选择 给定深度，输入深度值 7.5，选中 🔘 单选项，在 螺纹线 下拉列表中选择 给定深度(2*DIA) ，在 ㉓ 文本框中输入深度 6，单击 ✔ 按钮完成孔的初步创建，在设计树中右击 ⊛M3 螺纹孔1 下的定位草图，选择 ☑ 命令，系统进入草图环境，添加约束至如图 4.439 所示的效果，单击 ⤵ 按钮完成定位。

图 4.438　孔 7

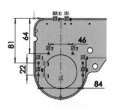

图 4.439　精确定位

○步骤 21 创建如图 4.440 所示的切除 - 拉伸 6。单击 特征 功能选项卡中的 ⊡ 按钮，在系统提示下选取如图 4.440 所示的面作为草图平面，绘制如图 4.441 所示的截面草图。在"切除 - 拉伸"对话框 方向1(1) 区域的下拉列表中选择 完全贯穿 ，单击 ✔ 按钮，完成切除 - 拉伸 6 的创建。

图 4.440　切除 - 拉伸 6

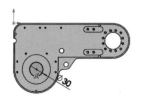

图 4.441　精确定位

○步骤 22 创建如图 4.442 所示的孔 8。单击 特征 功能选项卡 ⊛ 下的 ⌄ 按钮，选择 ⊛ 异型孔向导 命令，在"孔规格"对话框中单击 ㊉位置 选项卡，选取如图 4.442 所示的模型表面为打孔平面，在打孔面上任意位置单击（单击 2 个点），以确定打孔的初步位置，在"孔位置"对话框中单击 ㊉类型 选项卡，在 孔类型(T) 区域中选中"直螺纹孔" ⊞ ，在 标准 下拉列表中选择 GB，在 类型 下拉列表中选择 底部螺纹孔 类型，在"孔规格"对话框中 孔规格 区域的 大小 下拉列表中选择"M4"，在 终止条件(C) 区域的下拉列表中选择 给定深度 ，输入深度值 10，选中 ㉓ 单选项，在 螺纹线 下拉列表中选择 给定深度(2*DIA) ，在 ㉓ 文本框中输入深度 8，单击 ✔ 按钮完成孔的初步创建，在设计树中右击 ⊛M4 螺纹孔4 下的定位草图，选择 ☑ 命令，系统进入草图环境，添加约束至如图 4.443 所示的效果，单击 ⤵ 按钮完成定位。

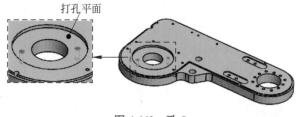

图 4.442　孔 8

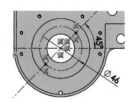

图 4.443　精确定位

○步骤 23 创建如图 4.444 所示的孔 9。单击 特征 功能选项卡 ⊛ 下的 ⌄ 按钮，选择 ⊛ 异型孔向导 命令，在"孔规格"对话框中单击 ㊉位置 选项卡，选取如图 4.444 所示的模型表面为打孔平面，在打孔面上任意位置单击（单击 7 个点），以确定打孔的初步位置，在"孔位置"对话框中单击 类型 选项卡，在 孔类型(T) 区域中选中"直螺纹孔" ⬛，在 标准 下拉列表中选择 GB，在 类型 下拉列表中选择 底部螺纹孔 类型，在"孔规格"对话框中 孔规格 区域的 大小 下拉列表中选择"M3"，在 终止条件(C) 区域的下拉列表中选择 完全贯穿 ，在 螺纹线 下拉列表中选择 完全贯穿 ，单击 ✔ 按钮完成孔的初步创建，在设计树中右击 🔩 M3 螺纹孔2 下的定位草图，选择 🖉 命令，系统进入草图环境，添加约束至如图 4.445 所示的效果，单击 ╰↩ 按钮完成定位。

图 4.444 孔 9

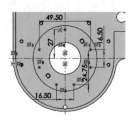

图 4.445 精确定位

◯步骤 24 创建如图 4.446 所示的切除 - 拉伸 7。单击 特征 功能选项卡中的 🔲 按钮，在系统提示下选取如图 4.446 所示的面作为草图平面，绘制如图 4.447 所示的截面草图。在"切除 - 拉伸"对话框 方向 1(1) 区域的下拉列表中选择 给定深度 ，输入深度值 4.5。单击 ✔ 按钮，完成切除 - 拉伸 7 的创建。

图 4.446 切除 - 拉伸 7

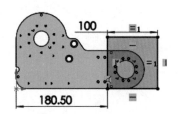

图 4.447 精确定位

◯步骤 25 创建如图 4.448 所示的切除 - 拉伸 8。单击 特征 功能选项卡中的 🔲 按钮，在系统提示下选取如图 4.448 所示的面作为草图平面，绘制如图 4.449 所示的截面草图。在"切除 - 拉伸"对话框 方向 1(1) 区域的下拉列表中选择 给定深度 ，输入深度值 4。单击 ✔ 按钮，完成切除 - 拉伸 8 的创建。

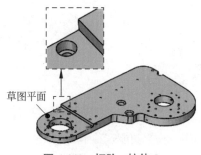

图 4.448 切除 - 拉伸 8

图 4.449 精确定位

○步骤 26　创建如图 4.450 所示的切除 - 拉伸 9。单击 特征 功能选项卡中的 回 按钮，在系统提示下选取如图 4.450 所示的面作为草图平面，绘制如图 4.451 所示的截面草图。在"切除 - 拉伸"对话框 方向 1(1) 区域的下拉列表中选择 给定深度，输入深度值 4。单击 ✓ 按钮，完成切除 - 拉伸 9 的创建。

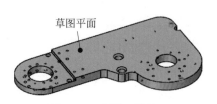

图 4.450　切除 - 拉伸 9　　　　　　　　图 4.451　精确定位

○步骤 27　创建如图 4.452 所示的孔 10。单击 特征 功能选项卡 ⊗ 下的 ▼ 按钮，选择 ⊗ 异型孔向导 命令，在"孔规格"对话框中单击 位置 选项卡，选取如图 4.452 所示的模型表面为打孔平面，在打孔面上任意位置单击（单击 6 个点），以确定打孔的初步位置，在"孔位置"对话框中单击 类型 选项卡，在 孔类型(T) 区域中选中"直螺纹孔" 回，在 标准 下拉列表中选择 GB，在 类型 下拉列表中选择 底部螺纹孔 类型，在"孔规格"对话框中 孔规格 区域的 大小 下拉列表中选择"M4"，在 终止条件(C) 区域的下拉列表中选择 给定深度，输入深度值 8，选中 回 单选项，在 螺纹线 下拉列表中选择 给定深度 (2 * DIA)，在 回 文本框中输入深度 4，单击 ✓ 按钮完成孔的初步创建，在设计树中右击 ⊗ M4 螺纹孔5 下的定位草图，选择 回 命令，系统进入草图环境，添加约束至如图 4.453 所示的效果，单击 └→ 按钮完成定位。

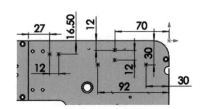

图 4.452　孔 10　　　　　　　　　　图 4.453　精确定位

○步骤 28　保存文件。选择"快速访问工具栏"中的"保存" 保存(S) 命令，系统弹出"另存为"对话框，在 文件名(N): 文本框输入"转板"，单击"保存"按钮，完成保存操作。

第 5 章   SolidWorks 钣金设计

5.1   钣金设计入门

5.1.1   钣金设计概述

钣金件是指利用金属的可塑性，针对金属薄板，通过折弯、冲裁及成型等工艺，制造出单个钣金零件，然后通过焊接、铆接等装配成钣金产品。

钣金零件的特点：

- 同一零件的厚度一致。
- 钣金壁与钣金壁的连接处是通过折弯连接的。
- 质量轻、强度高、导电、成本低。
- 大规模量产性能好、材料利用率高。

学习钣金零件特点的作用： 判断一个零件是否是一个钣金零件，只有同时符合前两个特点的零件才是一个钣金零件，才可以通过钣金的方式来具体实现，否则不可以。

正是由于这些特点，钣金件的应用非常普遍。钣金件应用的行业有机械、电子、电器、通信、汽车工业、医疗机械、仪器仪表、航空航天、设备的支撑（电气控制柜）及护盖（机床外围护盖）等。在一些特殊的金属制品中，钣金件可以占到 80% 左右。图 5.1 所示为几种常见的钣金设备。

图 5.1   常见的钣金设备

5.1.2　钣金设计的一般过程

使用 SolidWorks 进行钣金件设计的一般过程如下。

（1）新建一个"零件"文件，进入钣金建模环境。

（2）以钣金件所支持或者所保护的零部件大小和形状为基础，创建基础钣金特征。

> **说明**
>
> 　　在零件设计中，创建的第一个实体特征为基础特征。创建基础特征的方法有很多，例如拉伸特征、旋转特征、扫描特征、放样特征及边界等。同样的道理，在创建钣金零件时，创建的第一个钣金实体特征被称为基础钣金特征。创建基础钣金特征的方法也有很多，例如基体法兰、放样钣金及扫描法兰等，其中基体法兰是最常用的创建基础钣金的方法。

（3）创建附加钣金壁（法兰）。在创建完基础钣金后，往往需要根据实际情况添加其他的钣金壁。SolidWorks 提供了很多创建附加钣金壁的方法，例如边线法兰、斜接法兰、褶边及扫描法兰等。

（4）创建钣金实体特征。在创建完主体钣金后，还可以随时创建一些实体特征，例如拉伸切除、旋转切除、孔特征、倒角特征及圆角特征等。

（5）创建钣金的折弯。

（6）创建钣金的展开。

（7）创建钣金工程图。

5.2　钣金壁（钣金法兰）

5.2.1　基体法兰

使用"基体法兰"命令可以创建出厚度一致的薄板，它是钣金零件的基础，其他的钣金特征（例如钣金成型、钣金折弯及边线法兰等）都需要在此基础上创建，因此基体法兰是钣金中非常重要的一部分。

> **说明**
>
> 　　只有当钣金中没有任何钣金特征时，基体法兰命令才可用，否则基体法兰命令将变为薄片命令，并且在一个钣金零件中只能有一个基体法兰特征。

基体法兰特征与实体建模中的凸台 - 拉伸特征非常类似，都是通过特征的横截面拉伸而成，不同点是，拉伸的草图需要封闭，而基体法兰的草图可以是单一封闭截面、多重封闭截面或者单一开放截面，软件会根据不同的截面草图，创建不同类型的基体法兰。

1. 封闭截面的基体法兰

在使用"封闭截面"创建基体法兰时，需要先绘制封闭的截面，然后给定钣金的厚度值和方向，系统会根据封闭截面及参数信息自动生成基体法兰特征。下面以图 5.2 所示的模型为例，介绍使用"封闭截面"创建基体法兰的一般操作过程。

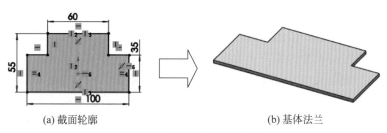

(a) 截面轮廓　　　　　　　　　　(b) 基体法兰

图 5.2　封闭截面基体法兰

○步骤 1　新建模型文件。选择"快速访问工具栏"中的 ⬚· 命令，在系统弹出的"新建 SolidWorks 文件"对话框中选择"零件" 🗋，单击"确定"按钮进入零件建模环境。

○步骤 2　选择命令。单击 钣金 功能选项卡中的"基体法兰 / 薄片" 🕔 按钮（或者选择下拉菜单"插入"→"钣金"→"基体法兰"命令）。

○步骤 3　绘制截面轮廓。在系统提示"选择一基准面来绘制特征横截面"下，选取"上视基准面"作为草图平面，进入草图环境，绘制如图 5.3 所示的草图，绘制完成后单击图形区右上角的 ↳ 按钮退出草图环境，系统弹出如图 5.4 所示的"基体法兰"对话框。

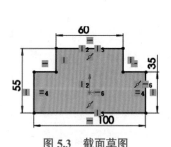

图 5.3　截面草图

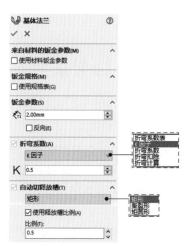

图 5.4　"基体法兰"对话框

○步骤 4　定义钣金参数。在"基体法兰"对话框中 钣金参数(S) 的 文本框输入钣金的厚度 2，选中 ☑反向(E) 复选框，在 ☑折弯系数(A) 区域的下拉列表中选择 K因子 选项，然后将 K 因子值设置为 0.5，在 ☑自动切释放槽(T) 区域的下拉列表中选择 矩形 选项，选中 ☑使用释放槽比例(A) 复选框，在 比例(T) 文本框中输入比例系数 0.5。

○步骤5 完成创建。单击"基体法兰"对话框中的 ✓ 按钮，完成基体法兰的创建。

说明

完成基体法兰的创建后，系统将自动在设计树中生成 🔲钣金 与 🔲平板型式 两个特征。用户可以通过编辑 🔲钣金 特征，在系统弹出的如图 5.5 所示的"钣金"对话框中调整钣金的统一参数，例如折弯半径、板厚、折弯系数及释放槽等，用户可以通过对 🔲平板型式 进行压缩或者解除压缩把模型折叠或者展平。

图 5.5　"钣金"对话框

图 5.4 所示的"基体法兰"对话框中部分选项的说明如下。

- □使用规格表(G) 复选框：选中该复选框表示使用钣金规格表设置钣金规格。
- 折弯参数(B) 区域：用于设置钣金的相关参数。
- 🔲 文本框：用于设置钣金件的厚度。
- ☑反向(F) 复选框：用于设置钣金厚度的方向。
- 🔲 文本框：用于设置钣金的折弯半径。
- ☑折弯系数(A) 区域：用于设置计算钣金展开的相关信息。
- ☑自动切释放槽(T) 区域：用于设置钣金释放槽的默认参数信息。

2. 开放截面的基体法兰

在使用"开放截面"创建基体法兰时，需要先绘制开放的截面，然后给定钣金的厚度值和深度值，系统会根据开放截面及参数信息自动生成基体法兰特征。下面以图 5.6 所示的模型为例，介绍使用"开放截面"创建基体法兰的一般操作过程。

5min

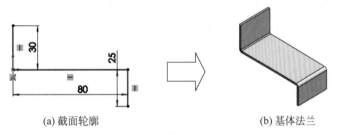

(a) 截面轮廓　　　　(b) 基体法兰

图 5.6　开放截面基体法兰

◎步骤1 新建模型文件。选择"快速访问工具栏"中的 □· 命令，在系统弹出"新建 SolidWorks 文件"对话框中选择"零件" ，单击"确定"按钮进入零件建模环境。

◎步骤2 选择命令。单击 钣金 功能选项卡中的基体法兰/薄片 按钮。

◎步骤3 绘制截面轮廓。在系统提示"选择一基准面来绘制特征横截面"下，选取"前视基准面"作为草图平面，进入草图环境，绘制如图 5.7 所示的草图，绘制完成后单击图形区右上角的 按钮退出草图环境，系统弹出"基体法兰"对话框。

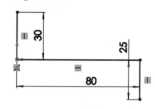

◎步骤4 定义钣金参数。在基体法兰对话框 方向1(1) 区域的 下拉列表中选择"两侧对称"选项，在 文本框中输入深度值 40。在 钣金参数(S) 的 文本框中输入钣金的厚度 2，在 文本框中输入折弯半径 1。在 折弯系数(A) 区域的下拉列表中选择 K因子 选项，然后将 K 因子值设置为 0.5，在 自动切释放槽(T) 区域的下拉列表中选择 矩形 选项，选中 使用释放槽比例(A) 复选框，在 比例(T): 文本框中输入比例系数 0.5。

图 5.7　截面草图

◎步骤5 完成创建。单击"基体法兰"对话框中的 ✓ 按钮，完成基体法兰的创建。

5.2.2　边线法兰

边线法兰是在现有钣金壁的边线上创建带有折弯和弯边区域的钣金壁，所创建的钣金壁与原有基础钣金的厚度一致。

在创建边线法兰时，需要在现有钣金基础上选取一条或者多条边线作为边线法兰的附着边，然后定义边线法兰的形状、尺寸及角度。

> **说明**
>
> 边线法兰的附着边可以是直线，也可以是曲线。

下面以创建如图 5.8 所示的钣金为例，介绍创建边线法兰的一般操作过程。

(a) 创建前　　　　　　　　　　　　　　　(b) 创建后

图 5.8　边线法兰

◎步骤1 打开文件 D:\sw21\work\ch05.02\02\ 边线法兰 -ex.SLDPRT。

◎步骤2 选择命令。单击 钣金 功能选项卡中的 边线法兰 按钮，系统弹出如图 5.9 所示的"边线 - 法兰 1"对话框。

◎步骤3 定义附着边。选取如图 5.10 所示的边线作为边线法兰的附着边。

◎步骤4 定义钣金参数。在"边线 - 法兰 1"对话框 **角度(G)** 区域的 文本框中输入角度 90。在 **法兰长度(L)** 区域的 下拉列表中选择"给定深度"选项，在 文本框中输入深度值 20，选中 单选项。在 **法兰位置(N)** 区域中选中"材料在内" 单选项，其他参数均采用默认。

◎步骤5 完成创建。单击"边线 - 法兰 1"对话框中的 ✓ 按钮，完成边线法兰的创建。

图 5.9 所示的"边线 - 法兰 1"对话框中部分选项的说明如下。

- 文本框：用于设置边线法兰的附着边。可以是单条边线，如图 5.8（b）所示，也可以是多条边线，如图 5.11 所示，还可以是曲线边线，如图 5.12 所示。

图 5.9　"边线 - 法兰 1"对话框

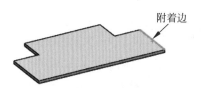

图 5.10　选取附着边

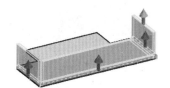

图 5.11　多条边线

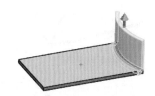

图 5.12　曲线边线

- **编辑法兰轮廓(E)** 按钮：用于调整钣金的正面形状，如图 5.13 所示。
- ☑**使用默认半径(U)** 复选框：用于设置系统默认的折弯半径。
- 文本框：用于当不选中 □**使用默认半径(U)** 时，单独设置当前钣金壁的折弯半径。
- 文本框：用于设置相邻钣金壁之间的间隙，如图 5.14 所示。
- 文本框：用于设置钣金的折弯角度，如图 5.15 所示。

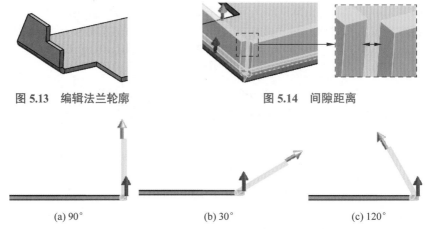

图 5.13　编辑法兰轮廓　　　　　　图 5.14　间隙距离

(a) 90°　　　　　　(b) 30°　　　　　　(c) 120°

图 5.15　设置钣金的折弯角度

- 🔲 文本框：用于设置平面参考，一般与 ⊙与面平行(R) 和 ⊙与面垂直(N) 配合使用。
- ⊙与面平行(R) 单选按钮：用于创建与所选参考面平行的钣金壁，如图 5.16 所示。
- ⊙与面垂直(N) 单选按钮：用于创建与所选参考面垂直的钣金壁，如图 5.17 所示。

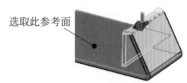

选取此参考面　　　　　　　　　选取此参考面

图 5.16　与面平行　　　　　　　图 5.17　与面垂直

- 给定深度 选项：用于设置通过给定一个深度值来确定钣金壁的长度。
- 成型到一顶点 选项：用于设置拉伸到选定顶点所在的平面，如图 5.18 所示。

参考顶点　　　　　　　　　　参考顶点

(a) 等轴侧方位　　　　　　　　(b) 平面方位

图 5.18　成型到一顶点

- ↗ 区域：用于调整钣金折弯长度的方向，如图 5.19 所示。

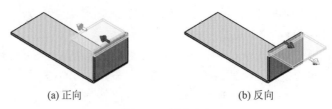

(a) 正向　　　　　　　　　(b) 反向

图 5.19　折弯方向

- ⬡ 文本框：用于设置深度值。
- 🖊 (外部虚拟交点) 单选项：用于表示钣金深度，指从折弯面的外部虚拟交点开始计算，到折弯面区域端面的距离，如图 5.20 所示。
- 🖊 (内部虚拟交点) 单选项：用于表示钣金深度，指从折弯面的内部虚拟交点开始计算，到折弯面区域端面的距离，如图 5.21 所示。

图 5.20　外部虚拟交点　　　　　　图 5.21　内部虚拟交点

- 🖊 (双弯曲) 单选项：用于表示钣金深度，指从折弯面相切虚拟交点到折弯面区域端面的距离，如图 5.22 所示。

注意

🖊 (双弯曲) 单选项只针对折弯角度大于 90° 有效。

- 🖊 (材料在内) 单选项：用于表示钣金的外侧面与附着边重合，如图 5.23 所示。
- 🖊 (材料在外) 单选项：用于表示钣金的内侧面与附着边重合，如图 5.24 所示。

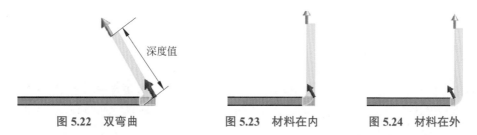

图 5.22　双弯曲　　　　图 5.23　材料在内　　　　图 5.24　材料在外

- 🖊 (折弯在外) 单选项：用于表示在不改变原有基础钣金的基础上，直接折弯一块钣金壁，如图 5.25 所示。
- 🖊 (虚拟交点折弯) 单选项：用于表示把折弯特征添加在虚拟交点处，如图 5.26 所示。
- 🖊 (与折弯相切) 单选项：用于把钣金折弯添加在折弯相切处，如图 5.27 所示。

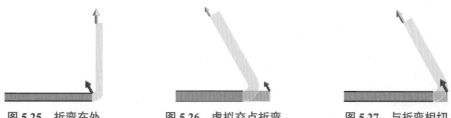

图 5.25　折弯在外　　　　图 5.26　虚拟交点折弯　　　　图 5.27　与折弯相切

注意

☑ （与折弯相切）单选项只针对折弯角度大于 90° 有效。

- ☑剪裁侧边折弯(T) 复选框：用于设置是否移除相邻钣金折弯处的材料，如图 5.28 所示。

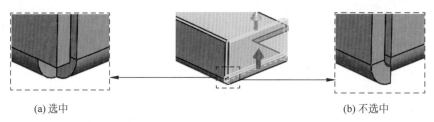

(a) 选中　　　　　　　　　　　　　　　　　　　　(b) 不选中

图 5.28　剪裁侧边折弯

- ☑等距(F) 复选框：用于在原有参数钣金壁的基础上向内或者向外偏置一定距离而得到钣金壁，如图 5.29 所示。

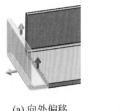  

(a) 向外偏移　　　　　　(b) 正常　　　　　　(c) 向内偏移

图 5.29　等距

5.2.3　斜接法兰

斜接法兰是将一系列法兰创建到现有钣金中的一条或者多条边线上，斜接法兰创建钣金壁的方式与实体建模中的扫描比较类似，因此在创建斜接法兰时需要绘制一个侧面的草图，此草图相当于扫描的截面。

下面以创建如图 5.30 所示的钣金为例，介绍创建斜接法兰的一般操作过程。

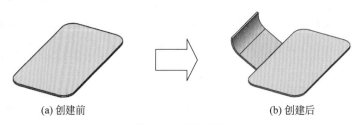

(a) 创建前　　　　　　　　　　　　　　　　　　(b) 创建后

图 5.30　斜接法兰

○步骤1 打开文件 D:\sw21\work\ch05.02\03\斜接法兰 -ex.SLDPRT。

○步骤2 选择命令。单击 钣金 功能选项卡中的 ☐ 斜接法兰 按钮。

○步骤3 定义附着边。在系统提示下选取如图 5.31 所示的边线作为斜接法兰的附着边，系统自动进入草图环境。

○步骤4 定义斜接法兰截面。在草图环境中绘制如图 5.32 所示的截面，单击图形区右上角的 ⌐↵ 按钮退出草图环境，系统弹出如图 5.33 所示的"斜接法兰"对话框。

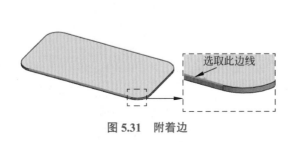

图 5.31　附着边

图 5.33　"斜接法兰"对话框

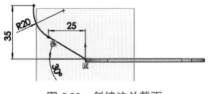

图 5.32　斜接法兰截面

○步骤5 定义斜接法兰参数。在"斜接法兰"对话框的法兰位置选项中选中 ▣ 单选项，在 启始/结束处等距(O) 区域的 ⬗ 文本框中输入开始等距的距离 20，在 ⬗ 文本框中输入结束等距的距离 30。

○步骤6 定义折弯系数。在"斜接法兰"对话框中选中 ☑ 自定义折弯系数(A) 复选框，然后在下拉列表中选择"K 因子"选项，并在 K 文本框中输入数值 0.5。

○步骤7 完成创建。单击"斜接法兰"对话框中的 ✔ 按钮，完成斜接法兰的创建。

图 5.33 所示的"斜接法兰"对话框中部分选项的说明如下。

- ⬗ 文本框：用于显示斜接法兰的附着边。可以是单条边线，如图 5.30（b）所示，也可以是多条边线，如图 5.34 所示。

- ☑使用默认半径(U) 复选框：用于设置系统默认的折弯半径。

- ⬉ 文本框：用于当不选中 ☐使用默认半径(U) 时，单独设置当前钣金壁的折弯半径。

- ▣（材料在内）单选项：用于表示钣金的外侧面与附着边重合，如图 5.35 所示。

- ▣（材料在外）单选项：用于表示钣金的内侧面与附着边重合，如图 5.36 所示。

- ▣（折弯在外）单选项：用于表示在不改变原有基础钣金的基础上，直接添加一块钣金壁，如图 5.37 所示。

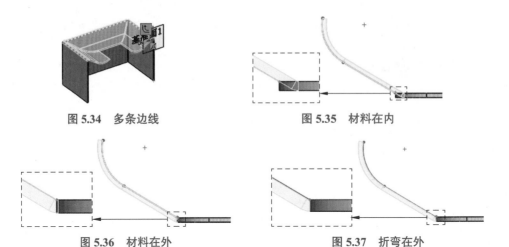

图 5.34　多条边线　　　　　　　　图 5.35　材料在内

图 5.36　材料在外　　　　　　　　图 5.37　折弯在外

- 🔧（开始等距距离）按钮：用于设置斜接法兰开始位置与截面之间的间距，如图 5.38 所示。
- 🔧（结束等距距离）按钮：用于设置斜接法兰结束位置与路径端点之间的间距，如图 5.39 所示。

图 5.38　开始等距距离

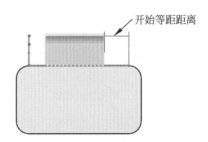

图 5.39　结束等距距离

11min

5.2.4　放样折弯

　　放样折弯是以放样的方式创建钣金壁。在创建放样折弯时需要先定义两个不封闭的截面草图，然后给定钣金的相关参数，此时系统会自动根据提供的截面轮廓形成钣金薄壁。

> **说明**
>
> 　　放样折弯的截面轮廓必须同时满足以下 3 个特点：①截面必须开放；②截面必须光滑过渡；③截面数量必须是两个。

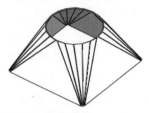

图 5.40　放样折弯

　　下面以创建如图 5.40 所示的天圆地方钣金为例，介绍创建放样折弯的一般操作过程。

　　○步骤 1　新建模型文件，选择"快速访问工具栏"中的 ▯· 命令，在系统弹出的"新建 SolidWorks 文件"对话框中选择"零件" 🧊，单击"确定"按钮进入零件建模环境。

步骤2 绘制如图 5.41 所示的草图 1。单击 草图 功能选项卡中的 草图绘制 按钮，在系统提示下，选取"上视基准面"作为草图平面，绘制如图 5.41 所示的草图。

步骤3 创建如图 5.42 所示的基准面 1。单击 特征 功能选项卡 下的 按钮，选择 基准面 命令，选取上视基准面作为参考平面，在"基准面 1"对话框中的 文本框输入间距值 50。单击 ✓ 按钮，完成基准面的定义。

步骤4 绘制如图 5.43 所示的草图 2。单击 草图 功能选项卡中的 草图绘制 按钮，在系统提示下，选取"基准面 1"作为草图平面，绘制如图 5.43 所示的草图。

步骤5 选择命令。单击 钣金 功能选项卡中的"放样折弯" 按钮，系统弹出如图 5.44 所示的"放样折弯"对话框。

图 5.41　草图 1

图 5.42　基准面 1

图 5.43　草图 2

图 5.44　"放样折弯"对话框

步骤6 定义放样折弯参数。在"放样折弯"对话框的 制造方法(M) 区域中选中 ◉折弯 单选按钮。单击激活 轮廓(P) 区域的选择框，依次选取如图 5.41 所示的草图 1 与如图 5.43 所示的草图 2。在 平面铣削选项 区域中选中 弦公差 单选选项。在 钣金参数(S) 区域的 文本框中输入 2，其他参数采用系统默认。

步骤7 完成创建。单击"放样折弯"对话框中的 ✓ 按钮，完成放样折弯的创建，如图 5.45 所示。

步骤8 创建如图 5.46 所示的镜像 1。选择 特征 功能选项卡中的 镜像 命令，选取如图 5.47 所示的模型表面作为镜像中心面，激活"要镜像的实体"区域，选取如图 5.45 所示的实体，在"选项"区域中选中 合并实体(R) 单选选项，单击"镜像"对话框中的 ✓ 按钮，完成镜像的创建。

图 5.45 放样折弯

图 5.46 镜像 1

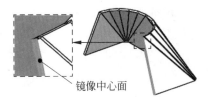

镜像中心面

图 5.47 镜像中心面

图 5.44 所示的"放样折弯"对话框中部分选项的说明如下。

- ⦿折弯 单选按钮：用于通过折弯的加工方法得到放样折弯，效
  果如图 5.45 所示。
- ⦿成型 单选按钮：用于通过冲压成型的加工方法得到放样折弯，
  效果如图 5.48 所示。

图 5.48 成型

9min

5.2.5 扫描法兰

扫描法兰是指将截面沿着给定的路径掠过从而形成一个钣金薄壁。

下面以创建如图 5.49 所示的钣金壁为例，介绍创建扫描法兰的一般操作过程。

○步骤1 新建模型文件，选择"快速访问工具栏"中的 ▯· 命令，在系统弹出"新建
SolidWorks 文件"对话框中选择"零件" ◙，单击"确定"按钮进入零件建模环境。

○步骤2 绘制如图 5.50 所示的扫描法兰路径草图。单击 草图 功能选项卡中的 ⬜ 草图绘制
按钮，在系统提示下，选取"上视基准面"作为草图平面，绘制如图 5.50 所示的草图。

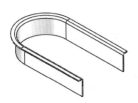

图 5.49 扫描法兰

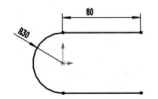

图 5.50 扫描法兰路径草图

○步骤3 创建如图 5.51 所示的基准面。单击 特征 功能选项卡 ▯ 下的 ▾ 按钮，选择
▯ 基准面 命令。选取如图 5.52 所示的参考点，采用系统默认的"重合" ⬥ 类型，选取如图 5.52
所示的曲线作为曲线平面，采用系统默认的"垂直" ⬜ 类型，单击 ✔ 按钮完成创建。

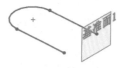

图 5.51 基准面 1

参考点

参考曲线

图 5.52 基准参考

○步骤4 绘制如图 5.53 所示的扫描法兰截面草图。单击 草图 功能选项卡中的 ⬜ 草图绘制
按钮，在系统提示下，选取"基准面 1"作为草图平面，绘制如图 5.53 所示的草图。

步骤 5 选择命令。选择下拉菜单"插入"→"钣金"→"扫描法兰"命令，系统弹出如图 5.54 所示的"扫描法兰"对话框。

步骤 6 定义扫描法兰截面与路径。依次选取如图 5.53 所示的截面及如图 5.50 所示的路径，此时"扫描法兰"对话框如图 5.55 所示。

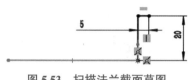

图 5.53　扫描法兰截面草图

图 5.54　"扫描法兰"对话框 1

图 5.55　"扫描法兰"对话框 2

步骤 7 定义钣金参数。在"扫描法兰"对话框的 钣金参数(S) 区域的 文本框中输入 2，在 文本框中输入折弯半径 1，其他参数采用系统默认。

步骤 8 完成创建。单击"扫描法兰"对话框中的 按钮，完成扫描法兰的创建。

说明

当使用扫描命令创建基础钣金时，扫描法兰的路径必须是开放的，不能封闭，否则将弹出如图 5.56 所示的 SolidWorks 对话框。扫描法兰的路径可以是独立草图，也可以是现有钣金的边线，此时路径既可以开放也可以封闭，如图 5.57 所示。

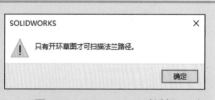

图 5.56　SolidWorks 对话框

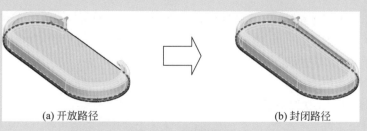

(a) 开放路径　　　　　(b) 封闭路径

图 5.57　扫描法兰

5.2.6　褶边

9min

"褶边"命令可以在钣金模型的边线上添加不同的卷曲形状。在创建褶边时，须先在现有的钣金壁上选取一条或者多条边线作为褶边的附着边，其次需要定义其侧面形状及尺寸等参数。

下面以创建如图5.58所示的钣金壁为例，介绍创建褶边的一般操作过程。

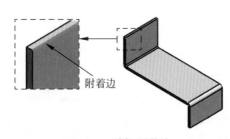

(a) 创建前　　　　　　　　　　　　　　　　　(b) 创建后

图 5.58　褶边

○步骤1　打开文件 D:\sw21\work\ch05.02\06\ 褶边 -ex.SLDPRT。

○步骤2　选择命令。单击 钣金 功能选项卡中的 褶边 按钮，系统弹出如图5.59所示的"褶边"对话框。

○步骤3　选择附着边。选取如图5.60所示的边线作为附着边。

图 5.59　"褶边"对话框

附着边

图 5.60　选择附着边

○步骤4　定义褶边参数。在"褶边"对话框的边线区域选中"材料在内" 单选项。在类型和大小(T)区域选中 类型，在 文本框输入褶边长度15，在 文本框中输入褶边缝隙距离5，其他参数均采用系统默认。

○步骤5　完成创建。单击"褶边"对话框中的 ✓ 按钮，完成褶边的创建。

图 5.59 所示的"褶边"对话框中部分选项的说明如下。

- （材料在内）单选项：用于控制褶边区域位于褶边附着边内侧，效果如图5.61所示。
- （材料在外）单选项：用于控制褶边区域位于褶边附着边外侧，效果如图5.62所示。

- 　（闭合）单选项：用于控制褶边的内壁与附着边所在的面之间几乎重合（一般有 0.1mm 的间距），此间隙不可调整，效果如图 5.63 所示。

图 5.61　材料在内　　　图 5.62　材料在外　　　图 5.63　闭合类型

- 　（打开）单选项：用于控制褶边的内壁与附着边所在的面之间有一定的间隙，并且此间隙可调整，效果如图 5.64 所示。
- 　（撕裂形）单选项：用于创建撕裂形的钣金壁，当选择此类型时需要设置半径与角度参数，效果如图 5.65 所示。
- 　（滚轧）单选项：用于创建滚轧形的钣金壁，此类型与撕裂形的区别是只有圆弧部分钣金壁，而没有直线部分钣金壁，效果如图 5.66 所示。

图 5.64　打开类型　　　图 5.65　撕裂形类型　　　图 5.66　滚轧类型

5.2.7　薄片

▶ 5min

"薄片"命令是在钣金零件的基础上创建平整薄板特征。薄片的草图可以是"单一闭环"或"多重闭环"轮廓，但不能是开环轮廓。

注意

绘制草图的面或基准面的法线必须与钣金的厚度方向平行。

下面以创建如图 5.67 所示的薄片为例，介绍创建薄片的一般操作过程。

◎步骤 1　打开文件 D:\sw21\work\ch05.02\07\ 薄片 -ex.SLDPRT。

◎步骤 2　选择命令。单击 钣金 功能选项卡中的"基体法兰 / 薄片" 　 按钮（或者选择下拉菜单"插入"→"钣金"→"基体法兰"命令）。

步骤3 选择草图平面。在系统提示下选取如图 5.68 所示的模型表面作为草图平面，进入草图环境。

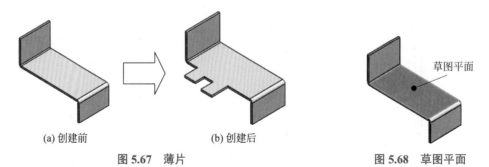

(a) 创建前   (b) 创建后

图 5.67   薄片   图 5.68   草图平面

步骤4 绘制截面轮廓。在草图环境中绘制如图 5.69 所示的截面轮廓，绘制完成后单击图形区右上角的 ⤷ 按钮退出草图环境，系统弹出如图 5.70 所示的"基体法兰"对话框。

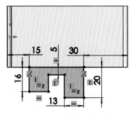

图 5.69   截面轮廓   图 5.70   "基体法兰"对话框

步骤5 定义薄片参数。所有参数均采用系统默认。

步骤6 完成创建。单击"基体法兰"对话框中的 ✓ 按钮，完成薄片的创建。

5.2.8   将实体零件转换为钣金

将实体零件转换为钣金件是另外一种设计钣金件的方法，采用此方法设计钣金是先设计实体零件，然后通过"折弯"和"切口"两个命令将其转换成钣金零件。"切口"命令可以切开类似盒子形状实体的边角，使得实体零件转换成钣金件后可以像钣金件一样展开。"折弯"命令是把实体零件转换成钣金件的钥匙，它可以将抽壳或具有薄壁特征的实体零件转换成钣金件。

下面以创建如图 5.71 所示的钣金为例，介绍将实体零件转换为钣金的一般操作过程。

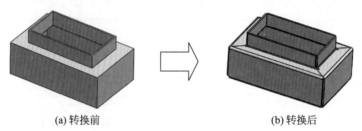

(a) 转换前   (b) 转换后

图 5.71   将实体零件转换为钣金

步骤1 打开文件 D:\sw21\work\ch05.02\08\ 将实体零件转换为钣金 -ex.SLDPRT

步骤2 创建如图 5.72 所示的切口草图。单击 草图 功能选项卡中的 草图绘制 按钮，在系统提示下，选取如图 5.73 作为草图平面，绘制如图 5.72 所示的草图。

步骤3 选择切口命令。单击 钣金 功能选项卡中的"切口" 按钮（或者选择下拉菜单"插入"→"钣金"→"切口"命令），系统弹出如图 5.74 所示的"切口"对话框。

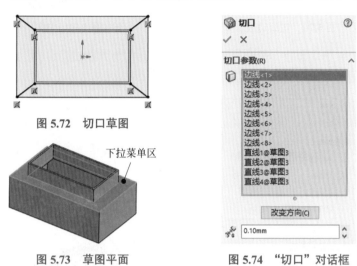

图 5.72　切口草图

图 5.73　草图平面

图 5.74　"切口"对话框

步骤4 定义切口参数。选取如图 5.75 所示的边线及如图 5.72 所示的 4 条草图直线为切口边线，选取后效果如图 5.76 所示。

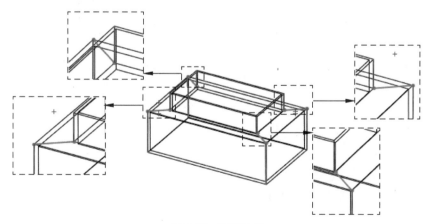

图 5.75　切口边线

步骤5 完成创建。单击"切口"对话框中的 按钮，完成切口的创建，如图 5.77 所示。

步骤6 选择折弯命令。单击 钣金 功能选项卡中的插入折弯 按钮（或者选择下拉菜单"插入"→"钣金"→"折弯"命令），系统弹出如图 5.78 所示的"折弯"对话框。

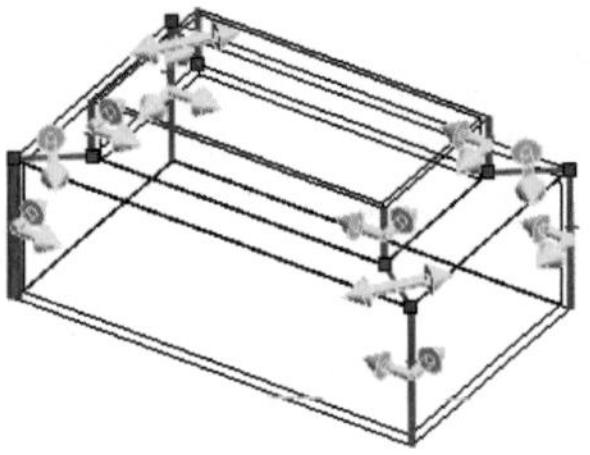

图 5.76　切口边线

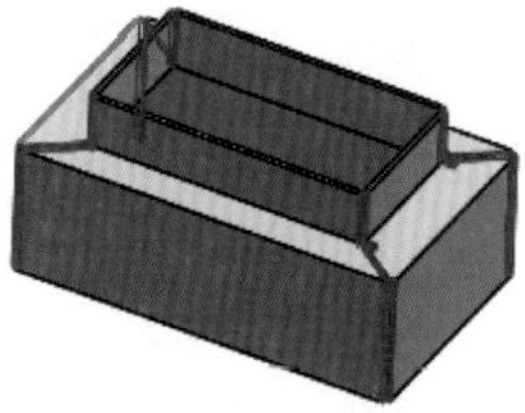

图 5.77　切口

○步骤 7 定义折弯参数。选取如图 5.79 所示的面作为固定面，在 文本框中输入钣金折弯半径 1，其他参数采用默认。

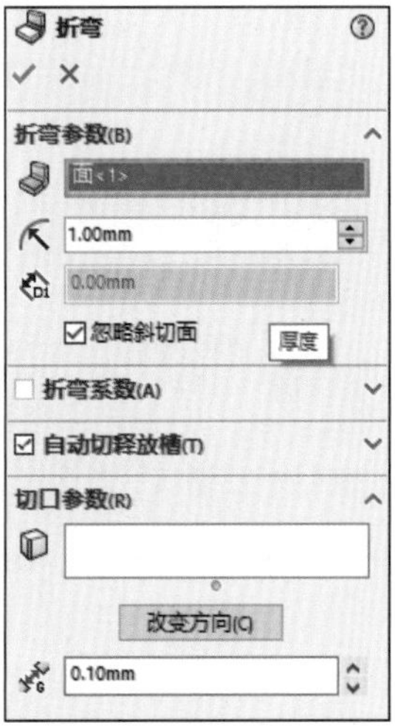

图 5.78　“折弯”对话框

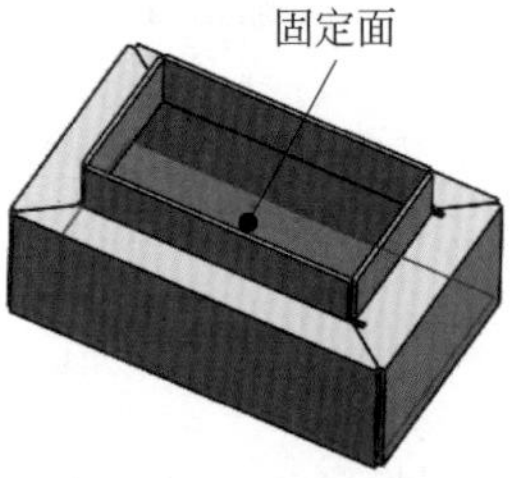

图 5.79　固定面

○步骤 8 完成创建。单击“折弯”对话框中的 按钮，完成折弯的创建，如图 5.71（b）所示。

5.3　钣金的折弯与展开

对钣金进行折弯是钣金加工中很常见的一种工序，通过“绘制的折弯”命令就可以对钣金的形状进行改变，从而获得所需的钣金零件。

5.3.1　绘制的折弯

11min

绘制的折弯是将钣金的平面区域以折弯线为基准弯曲某个角度。在进行折弯操作时，应注意折弯特征仅能在钣金的平面区域建立，不能跨越另一个折弯特征。

钣金折弯特征需要包含如下四大要素，如图 5.80 所示。

折弯线：用于控制折弯位置和折弯形状的直线，折弯线可以是一条，也可以是多条，折弯线需要是线性对象。

固定面：用于控制折弯时保持固定不动的面。

折弯半径：用于控制折弯部分的弯曲半径。

折弯角度：用于控制折弯的弯曲程度。

下面以创建如图 5.81 所示的钣金为例，介绍绘制的折弯的一般操作过程。

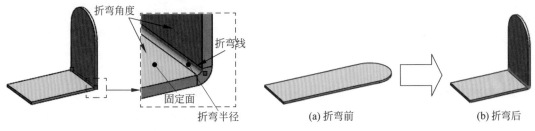

图 5.80　绘制的折弯

(a) 折弯前　　　(b) 折弯后

图 5.81　绘制的折弯

◎步骤 1　打开文件 D:\sw21\work\ch05.03\01\ 绘制的折弯 -ex.SLDPRT。

◎步骤 2　选择命令。单击 钣金 功能选项卡中的绘制的折弯 绘制的折弯 按钮（或者选择下拉菜单"插入"→"钣金"→"绘制的折弯"命令）。

◎步骤 3　创建如图 5.82 所示的折弯线。在系统提示下选取如图 5.83 所示的模型表面作为草图平面，绘制如图 5.82 所示的草图，绘制完成后单击图形区右上角的 按钮退出草图环境。

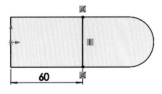

图 5.82　折弯线

◎步骤 4　定义"绘制的折弯"的固定侧。退出草图环境后，系统会弹出图 5.84 所示的"绘制的折弯 1"对话框，在如图 5.85 所示的位置单击确定固定面。

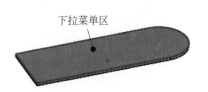

图 5.83　草图平面

图 5.84　"绘制的折弯 1"对话框

图 5.85　定义固定面

注意

选取固定面后会在所选位置显示如图 5.86 所示的黑点，代表固定，此时折弯线的另一侧会折弯变形。

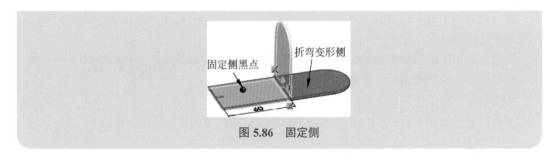

图 5.86　固定侧

◎步骤5　定义"绘制的折弯"的折弯线位置。在"绘制的折弯1"对话框的折弯位置选项组中选中 ▣（材料在内）。

◎步骤6　定义"绘制的折弯"的折弯参数。在"绘制的折弯1"对话框的 ↗ 文本框中输入角度90，选中 ☑使用默认半径(U) 复选框，其他参数采用系统默认。

◎步骤7　完成创建。单击"绘制的折弯1"对话框中的 ✓ 按钮，完成"绘制的折弯"的创建。

注意

"绘制的折弯"的折弯线可以是单根直线，如图 5.81 所示，也可以是多条直线，如图 5.87 所示，不能是圆弧、样条等曲线对象，否则会弹出如图 5.88 所示的 SolidWorks 对话框（错误对话框）。

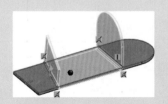

图 5.87　多条折弯线

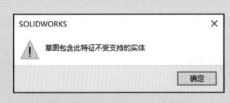

图 5.88　SolidWorks 对话框

图 5.84 所示的"绘制的折弯 1"对话框中部分选项的说明如下。

- ▥（折弯中心线）单选项：选取该选项时，创建的折弯区域将均匀地分布在折弯线两侧，如图 5.89 所示。
- ▣（材料在内）单选项：选取该选项时，折弯线将位于固定面所在平面与折弯壁的外表面所在平面的交线上，如图 5.90 所示。

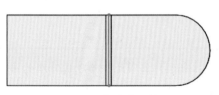

图 5.89　折弯中心线

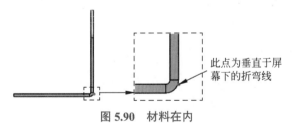

图 5.90　材料在内

- ⌐（材料在外）单选项：选取该选项时，折弯线位于固定面所在平面的外表面和折弯壁的内表面所在平面的交线上，如图 5.91 所示。
- ⌐（折弯在外）单选项：选取该选项时，折弯区域将置于折弯线的某一侧，如图 5.92 所示。

图 5.91　材料在外　　　　　　　　　　图 5.92　折弯在外

5.3.2　转折

▶ 9min

转折特征是在钣金件平面上创建两个呈一定角度的折弯区域，并且可以在折弯区域上添加材料。转折特征的折弯线位于放置平面上，并且必须是一条直线。

下面以创建如图 5.93 所示的钣金为例，介绍转折的一般操作过程。

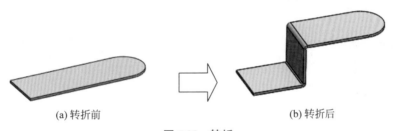

(a) 转折前　　　　　　　　　　(b) 转折后

图 5.93　转折

◎步骤 1　打开文件 D:\sw21\work\ch05.03\02\ 转折 -ex.SLDPRT。

◎步骤 2　选择命令。单击 钣金 功能选项卡中的 转折 按钮（或者选择下拉菜单"插入"→"钣金"→"转折"命令）。

◎步骤 3　创建如图 5.94 所示的折弯线。在系统提示下选取如图 5.93 所示的模型表面作为草图平面，绘制如图 5.95 所示的草图，绘制完成后单击图形区右上角的 ↳ 按钮退出草图环境。

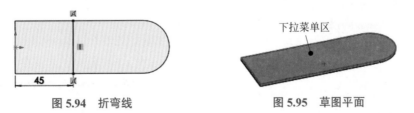

图 5.94　折弯线　　　　　　　　　　图 5.95　草图平面

◎步骤 4　定义"绘制的折弯"的固定侧。退出草图环境后，系统会弹出如图 5.96 所示的"转折"对话框，在如图 5.97 所示的位置单击确定固定面。

图 5.96 "转折"对话框

图 5.97 定义固定面

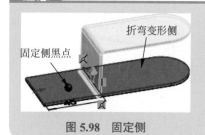

图 5.98 固定侧

选取固定面后会在所选位置显示如图 5.98 所示的黑点,代表固定,此时折弯线的另一侧会折弯变形。

○步骤5 定义转折的折弯线位置。在"转折"对话框的折弯位置选项组中选中 ⌐□ (材料在内)。

○步骤6 定义转折的折弯参数。在"转折"对话框 转折等距(O) 区域的 ⬀ 下拉列表中选择"给定深度",在 ⬡ 文本框输入深度值 35,选中尺寸位置组的 ⬓ (外部等距)单选项,选中 ☑固定投影长度(X) 复选框。在 转折角度(A) 区域的 ⬔ 文本框中输入折弯角度 90,其他参数采用系统默认。

○步骤7 完成创建。单击"转折"对话框中的 ✔ 按钮,完成转折的创建。

图 5.96 所示的"转折"对话框中部分选项的说明如下。

- ⬓ (外部等距)单选项:转折的顶面高度距离是从折弯线的基准面开始计算的,延伸至总高,如图 5.99 所示。

图 5.99 外部等距

- ⬓ (内部等距)单选项:转折的等距距离是从折弯线的基准面开始计算的,延伸至总高,再根据材料厚度来偏置距离,如图 5.100 所示。

- ⨌（外部等距）单选项：转折的等距距离是从折弯线的基准面的对面开始计算的，延伸至总高，如图 5.101 所示。

图 5.100　内部等距　　　　　　　　图 5.101　内部等距

- ☑固定投影长度(X) 单选项：选中此复选框，则转折的面保持相同的投影长度，如图 5.102 所示。

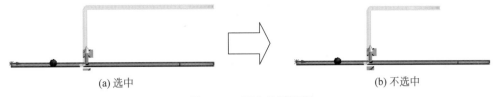

(a) 选中　　　　　　　　　　　　(b) 不选中

图 5.102　固定投影距离

- ⨐（折弯中心线）单选项：选取该选项时，创建的折弯区域将均匀地分布在折弯线两侧，如图 5.103 所示。
- ⨐（材料在内）单选项：选取该选项时，折弯线将位于固定面所在平面与折弯壁的外表面所在平面的交线上，如图 5.104 所示。

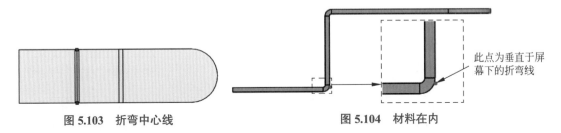

图 5.103　折弯中心线　　　　图 5.104　材料在内

- ⨐（材料在外）单选项：选取该选项时，折弯线位于固定面所在平面的外表面和折弯壁的内表面所在平面的交线上，如图 5.105 所示。

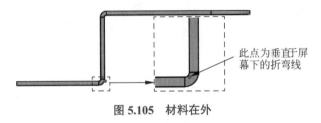

图 5.105　材料在外

- ⨐（折弯在外）单选项：选取该选项时，折弯区域将置于折弯线的某一侧，如图 5.106 所示。

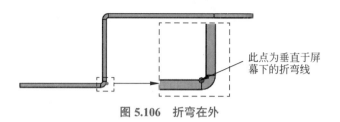

图 5.106　折弯在外

5.3.3　钣金展开

6min

钣金展开是将带有折弯的钣金零件展平为二维平面的薄板。在钣金设计中，如果需要在钣金件的折弯区域创建切除特征，则需要首先用展开命令将折弯特征展平，然后就可以在展平的折弯区域创建切除特征了。也可以通过钣金展开的方式得到钣金的下料长度。

下面以创建如图 5.107 所示的钣金为例，介绍钣金展开的一般操作过程。

步骤1　打开文件 D:\sw21\work\ch05.03\03\ 钣金展开 -ex.SLDPRT。

步骤2　选择命令。单击 钣金 功能选项卡中的 展开 按钮（或者选择下拉菜单"插入"→"钣金"→"展开"命令），系统弹出如图 5.108 所示的"展开"对话框。

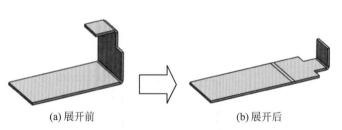

(a) 展开前　　　　　　　　　　(b) 展开后

图 5.107　钣金展开

图 5.108　"展开"对话框

步骤3　定义展开固定面。在系统提示下选取如图 5.109 所示的面作为展开固定面。

步骤4　定义要展开的折弯。选取如图 5.110 所示的折弯作为要展开的折弯。

图 5.109　固定面　　　　　　　　　　图 5.110　展开折弯

步骤5　完成创建。单击"展开"对话框中的 ✓ 按钮，完成展开的创建。

图 5.108 所示的"展开"对话框中选项的说明如下。

- 🗔（固定面）文本框：可以选择钣金零件的平面表面或者边线作为平板实体的固定面，在选定固定对象后系统将以该平面或者边线为基准将钣金零件展开。

- ◎（展开的折弯）单选项：可以根据需要选择模型中需要展平的折弯特征，然后以已经选择的参考面为基准将钣金零件展开。
- 收集所有折弯(A) 按钮：用于自动将模型中所有可以展开的折弯进行选中，进而全部展开，如图 5.111 所示。

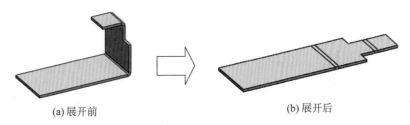

(a) 展开前　　　　　　　　　　　　　　(b) 展开后

图 5.111　钣金全部展开

对钣金进行展开还有另外一种创建方法，选择 钣金 功能选项卡中的展平 ◎展平 命令（在设计树中右击"平板形式"并选择 1⁶ 命令），就可以展开钣金了。

展平与展开的区别：

钣金展开可以展开部分折弯也可以展开所有的折弯，而钣金展平只能展开所有的折弯。

钣金展开主要帮助用户在折弯处添加除料效果，钣金展平主要用来帮助用户得到钣金展开图，以便计算钣金下料长度。

钣金展开创建后会在设计树中增加展开的特征节点，而钣金展平却没有。

5.3.4　钣金折叠

6min

钣金折叠与钣金展开的操作非常类似，但其作用是相反的，钣金折叠主要将展开的钣金零件重新恢复到钣金展开之前的效果。

下面以创建如图 5.112 所示的钣金为例，介绍钣金折叠的一般操作过程。

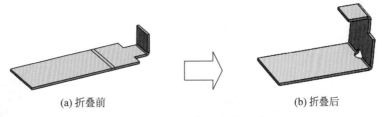

(a) 折叠前　　　　　　　　　　　　　　(b) 折叠后

图 5.112　钣金折叠

步骤 1　打开文件 D:\sw21\work\ch05.03\04\ 钣金折叠 -ex.SLDPRT。

步骤 2　创建如图 5.113 所示的切除 - 拉伸 1。单击 钣金 功能选项卡中的 拉伸切除 按钮，在系统提示下选取如图 5.113 所示的模型表面作为草图平面，绘制如图 5.114 所示的截面草图。在"切除 - 拉伸"对话框 方向 1(1) 区域中选中 ☑与厚度相等(L) 与 ☑正交切除(N)。单击 ✓ 按钮，完成切除 - 拉伸 1 的创建。

○步骤 3 选择命令。单击 [钣金] 功能选项卡中的 [🔩 折叠] 按钮（或者选择下拉菜单"插入"→"钣金"→"折叠"命令），系统弹出如图 5.115 所示的"折叠"对话框。

草图平面

图 5.113 切除 - 拉伸 1

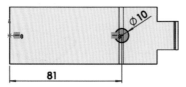

Ø10

81

图 5.114 截面草图

图 5.115 "折叠"对话框

○步骤 4 定义折叠固定面。系统自动选取如图 5.116 所示的面作为折叠固定面。

○步骤 5 定义要折叠的折弯。选取如图 5.117 所示的折弯作为要折叠的折弯。

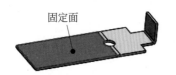

固定面

图 5.116 固定面

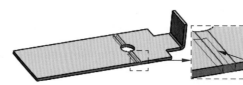

选取此折弯

图 5.117 展开折弯

○步骤 6 完成创建。单击"折叠"对话框中的 ✓ 按钮，完成折叠的创建。

图 5.115 所示的"折叠"对话框中选项的说明如下。

- 🔩（固定面）文本框：可以选择钣金零件的平面表面或者边线作为平板实体的固定面，在选定固定对象后系统将以该平面或者边线为基准将钣金零件折叠。
- 🔩（要折叠的折弯）单选项：可以根据需要选择模型中需要折叠的折弯特征，然后以已经选择的参考面为基准将钣金零件折叠。
- [收集所有折弯(A)] 按钮：用于自动将模型中所有可以展开的折弯进行选中，进而全部折叠，如图 5.118 所示。

(a) 折叠前　　　　　　　　　　　　　　(b) 折叠后

图 5.118 钣金全部折叠

如果在展开钣金时是通过展平命令进行展开的，要想进行折叠，则需要再次通过单击 [钣金] 功能选项卡中的 [展平] 命令（或者在设计树中右击"平板形式"并选择 [🔳] 命令）进行折叠。

5.4　钣金成型

5.4.1　基本概述

把一个冲压模具（冲模）上的某个形状通过冲压的方式印贴到钣金件上从而得到一个凸起或者凹陷的特征效果，这就是钣金成型，如图 5.119 所示。

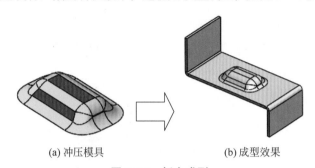

(a) 冲压模具　　　　(b) 成型效果

图 5.119　钣金成型

在成型特征的创建过程中冲压模具的选择最为关键，只有选择一个合适的冲压模具才能创建出一个完美的成型特征。在 SolidWorks 2021 中用户可以直接使用软件提供的冲压模具或将其修改后使用，也可按要求自己创建冲压模具。

在 SolidWorks 中冲压模具又称为成型工具。

在任务窗格中单击"设计库"按钮 🛢，系统打开如图 5.120 所示的"设计库"窗口。

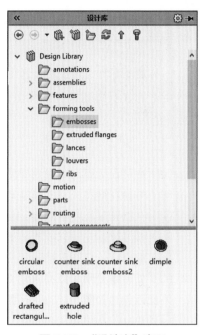

图 5.120　"设计库"窗口

说明

如果"设计库"窗口中没有 Design Library 文件节点，则可以按照下面的方法进行添加。

◯步骤1◯ 在"设计库"窗口中单击"添加文件位置" 🛢 按钮，系统弹出"选择文件夹"对话框。

◯步骤2◯ 在 查找范围(I): 的下拉列表中找到 C:\ProgramData\SolidWorks\SOLIDWORKS 2021\Design Library 文件夹后，单击"确定"按钮。

SolidWorks 2021 软件在设计库的 📁 forming tools（成型工具）文件夹下提供了一套成型工具的实例，📁 forming tools 文件夹是一个被标记为成型工具的零件文件夹，包括 📁 embosses（压凸）、📁 extruded flanges（冲孔）、📁 lances（切口）、📁 louvers（百叶窗）和 📁 ribs（肋）。📁 forming tools 文件夹中的零件是 SolidWorks 2021 软件中自带的工具，专门用来在钣金零件中创建成型特征，这些工具也称为标准成型工具。

5.4.2 钣金成型的一般操作过程

使用"设计库"中的标准成型工具，创建成型特征的一般过程如下：

（1）将成型工具所在的文件夹设置为成型工具文件夹，在成型工具文件夹中右击确认"成型工具文件夹"前有 ☑ 符号，如图 5.121 所示。

图 5.121　成型工具文件夹

说明

如果没有勾选"成型工具文件夹"，则在使用该文件夹下的成型工具时，系统会弹出如图 5.122 所示的 SOLIDWORKS"对话框。

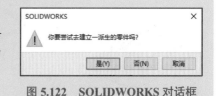

图 5.122　SOLIDWORKS 对话框

（2）在"设计库"中找到要使用的成型工具。

（3）按住左键将成型工具拖动到钣金模型中要创建成型特征的表面上。

（4）在松开鼠标左键之前，根据实际需要，使用键盘上的 Tab 键，以切换成型特征的方向。

（5）松开鼠标左键以放置成型工具。

（6）编辑定位草图以精确定位成型工具的位置。

（7）如有需要则可以编辑定义成型特征以改变成型的尺寸。

下面以创建如图 5.123 所示的钣金成型为例，介绍创建钣金成型的一般操作过程。

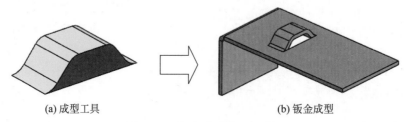

(a) 成型工具　　　　　　　　　　　　　　(b) 钣金成型

图 5.123　钣金成型的一般过程

◎步骤1　打开文件 D:\sw21\work\ch05.04\02\ 钣金成型 -ex.SLDPRT。

◎步骤2　设置成型工具文件夹。在设计库中右击 📂 forming tools 文件夹，确认"成型工具文件夹"前有 ☑ 符号。

◎步骤3　选择成型工具。在设计库中单击 Design Library 前的 ›，展开文件夹，单击 📂 forming tools 前的 ›，再次展开文件夹，选择 📂 lances 文件夹，选中 🔘 成型工具，如图 5.124 所示。

◎步骤4　放置成型特征。在设计库中选中 bridge lance 成型工具，按住鼠标左键，将其拖动到如图 5.125 所示的钣金表面上，采用系统默认的成型方向，松开鼠标左键完成放置，单击"成型工具特征"对话框中的 ✔ 按钮完成初步创建。

图 5.124　选择成型工具

图 5.125　截面草图

说明

在松开鼠标左键之前，通过键盘中的 Tab 键可以更改成型特征的方向，如图 5.126 所示。

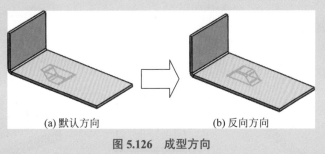

(a) 默认方向　　　　　　　　　　(b) 反向方向

图 5.126　成型方向

○步骤5　调整成型特征的角度。在设计树中右击 🔩 bridge lance1(Default) -> 选择 🔲 命令，系统弹出 "成型工具特征" 对话框，在旋转角度区域的 🔲 文本框中输入 90，单击 ✓ 按钮完成操作，效果如图 5.127 所示。

○步骤6　精确定位成型特征。单击设计树中 🔩 bridge lance1(Default) -> 前的 ▶ 号，右击 └ (-) 草图2 特征，选择 🔲 命令，进入草图环境，修改草图至如图 5.128 所示的草图，退出草图环境，效果如图 5.129 所示。

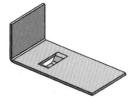

图 5.127　调整角度

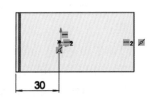

图 5.128　修改草图

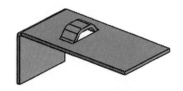

图 5.129　成型效果

5.4.3 自定义成型工具

1. 不带移除面的成型工具

下面通过一个具体的案例来讲解创建如图 5.130 所示的成型工具的一般过程，然后利用创建的成型工具，在钣金中创建成型效果。

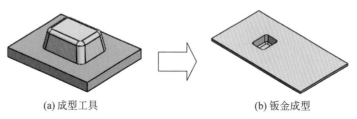

(a) 成型工具　　　　　　　　　　　　(b) 钣金成型

图 5.130　不带移除面的成型

◯**步骤 1**　新建模型文件，选择"快速访问工具栏"中的 □· 命令，在系统弹出的"新建 SolidWorks 文件"对话框中选择"零件"，单击"确定"按钮进入零件建模环境。

◯**步骤 2**　创建如图 5.131 所示的凸台 - 拉伸 1。单击 特征 功能选项卡中的 按钮，在系统提示下选取"上视基准面"作为草图平面，绘制如图 5.132 所示的截面草图。在"凸台 - 拉伸"对话框 方向1(1) 区域的下拉列表中选择 给定深度，输入深度值 5。单击 ✓ 按钮，完成凸台 - 拉伸 1 的创建。

◯**步骤 3**　创建如图 5.133 所示的凸台 - 拉伸 2。

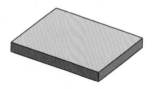　　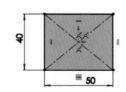　　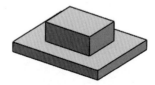

图 5.131　凸台 - 拉伸 1　　　　**图 5.132　截面草图**　　　　**图 5.133　凸台 - 拉伸 2**

单击 特征 功能选项卡中的 按钮，在系统提示下选取如图 5.134 所示的模型表面作为草图平面，绘制如图 5.135 所示的截面草图。在"凸台 - 拉伸"对话框 方向1(1) 区域的下拉列表中选择 给定深度，输入深度值 10。单击 ✓ 按钮，完成凸台 - 拉伸 2 的创建。

◯**步骤 4**　创建如图 5.136 所示的拔模特征 1。单击 特征 功能选项卡中的 拔模 按钮，在 拔模类型(T) 区域中选中 ◉中性面(E) 单选按钮，选取如图 5.137 所示的面作为中性面，选取凸台 - 拉伸 2 的 4 个侧面作为拔模面，在"拔模 1"对话框 拔模角度(G) 区域的 文本框中输入 10，单击"拔模 1"对话框中的 ✓ 按钮，完成拔模的创建。

◯**步骤 5**　创建如图 5.138 所示的圆角 1。单击 特征 功能选项卡 下的 · 按钮，选择 圆角 命令，在"圆角"对话框中选择"恒定大小圆角" 类型，在系统提示下选取如图 5.139 所示的边线作为圆角对象，在"圆角"对话框的 圆角参数 区域中的 文本框中输入圆角半径值 3，单击 ✓ 按钮，完成圆角的定义。

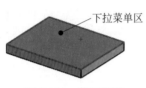

图 5.134　草图平面

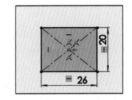

图 5.135　截面草图

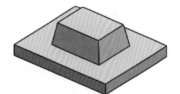

图 5.136　拔模特征 1

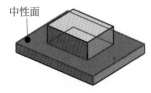

图 5.137　中性面

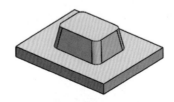

图 5.138　圆角 1

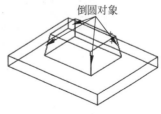

图 5.139　圆角对象

注意

　　在创建自定义成型工具时，添加的圆角特征的最小曲率半径必须大于钣金零件的厚度，否则在钣金零件上创建成型特征时会提示创建失败。测量最小曲率半径的方法：选择下拉菜单"工具"→"评估"→"检查"命令，在如图 5.140 所示的"检查实体"对话框中查看最小曲率半径。

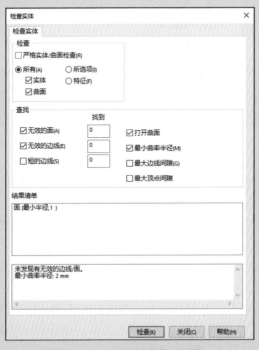

图 5.140　"检查实体"对话框

○步骤6 创建如图 5.141 所示的圆角 2。单击 特征 功能选项卡 🔘 下的 • 按钮，选择 🔘 圆角 命令，在"圆角"对话框中选择"恒定大小圆角" 🗃 类型，在系统提示下选取如图 5.142 所示的边线作为圆角对象，在"圆角"对话框的 圆角参数 区域中的 🔽 文本框中输入圆角半径值 2，单击 ✓ 按钮，完成圆角的定义。

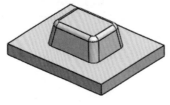
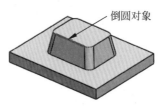

倒圆对象

图 5.141 圆角 2　　　　　　　　图 5.142 圆角对象

○步骤7 创建如图 5.143 所示的成型工具特征。

单击 钣金 功能选项卡中的 🍄 按钮，系统弹出如图 5.144 所示的"成型工具"对话框，选取如图 5.145 所示的面为停止面，其他参数默认，单击 ✓ 按钮，完成成型工具的定义。

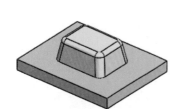

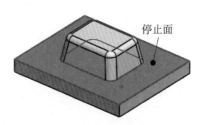

停止面

图 5.143 成型工具特征　　　图 5.144 成型工具对话框　　　图 5.145 停止面

○步骤8 至此，成型工具模型创建完毕。选择"快速访问工具栏"中的"保存" 🖫 保存(S) 命令，把模型保存于 D:\sw21\work\ch05.04\03，并命名为"成型工具 01"。

○步骤9 将成型工具调入设计库。单击任务窗格中的"设计库"按钮 🔟，打开"设计库"窗口，在"设计库"窗口中单击"添加文件位置"按钮 🔟，系统弹出"选取文件夹"对话框，在 查找范围(I): 下拉列表中找到 D:\sw21\work\ch05.04\03 文件夹后，单击"确定"按钮，此时在如图 5.146 所示的设计库中会出现"03"节点，右击该节点，在弹出的快捷菜单中选择"成型工具文件夹"命令，并确认"成型工具文件夹"前面显示 ☑ 符号。

○步骤10 打开基础钣金零件。打开文件 D:\sw21\work\ch05.04\03\ 不带移除面 -ex.SLDPRT。

○步骤11 选择成型工具。在设计库中选择 03 文件夹，选中如图 5.146 所示的成型工具。

○步骤12 放置成型特征。在设计库中选中成型工具 01，按住鼠标左键，将其拖动到如图 5.147 所示的钣金表面上，采用系统默认的成型方向，松开鼠标左键完成放置，单击"成型工具特征"对话框中的 ✓ 按钮完成初步创建。

图 5.146　选择成型工具

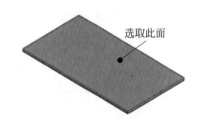

图 5.147　截面草图

○步骤 13　调整成型特征的角度。在设计树中右击 🔩成型工具011(默认) -> 选择 📷 命令，系统弹出"成型工具特征"对话框，在旋转角度区域的 ▣ 文本框中输入 90，单击 ✓ 按钮完成操作，效果如图 5.148 所示。

○步骤 14　精确定位成型特征。单击设计树中 🔩成型工具011(默认) -> 前的 ▶ 号，右击 ⌐ (-) 草图2 特征，选择 ⬚ 命令，进入草图环境，修改草图至 5.149 所示的草图，退出草图环境，效果如图 5.150 所示。

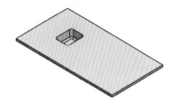

图 5.148　调整角度

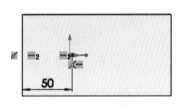

图 5.149　修改草图

图 5.150　成型效果

2. 带移除面的成型工具

下面通过一个具体的案例来讲解创建如图 5.151 所示的成型工具的一般过程，然后利用创建的成型工具在钣金中创建成型效果。

▶️12min

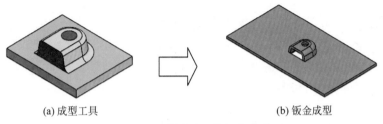

(a) 成型工具　　　　　　　　(b) 钣金成型

图 5.151　带移除面的钣金成型

○步骤 1　新建模型文件，选择"快速访问工具栏"中的 ▣· 命令，在系统弹出的"新建 SolidWorks 文件"对话框中选择"零件" 🔩，单击"确定"按钮进入零件建模环境。

○步骤 2　创建如图 5.152 所示的凸台 - 拉伸 1。单击 特征 功能选项卡中的 🔩 按钮，在

系统提示下选取"上视基准面"作为草图平面，绘制如图 5.153 所示的截面草图。在"凸台 -
拉伸"对话框 方向1(1) 区域的下拉列表中选择 给定深度，输入深度值 5。单击 ✓ 按钮，完成凸台 -
拉伸 1 的创建。

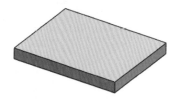

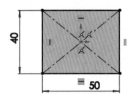

图 5.152　凸台 - 拉伸 1　　　　　　　图 5.153　截面草图

◯步骤 3 创建如图 5.154 所示的凸台 - 拉伸 2。

单击 特征 功能选项卡中的 🗐 按钮，在系统提示下选取如图 5.155 所示的模型表面作为
草图平面，绘制如图 5.156 所示的截面草图。在"凸台 - 拉伸"对话框 方向1(1) 区域的下拉列表
中选择 给定深度，输入深度值 10。单击 ✓ 按钮，完成凸台 - 拉伸 2 的创建。

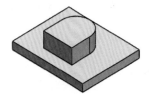

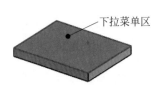

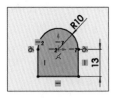

图 5.154　凸台 - 拉伸 2　　　　图 5.155　草图平面　　　　图 5.156　截面草图

◯步骤 4 创建如图 5.157 所示的拔模特征 1。

单击 特征 功能选项卡中的 🗐拔模 按钮，在 拔模类型(T) 区域中选中 ⦿中性面(E) 单选按钮，选取
如图 5.158 所示的面作为中性面，选取如图 5.159 所示的 3 个侧面作为拔模面，在"拔模 1"
对话框 拔模角度(G) 区域的 🔼 文本框中输入 10，单击"拔模 1"对话框中的 ✓ 按钮，完成拔模
的创建。

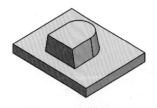

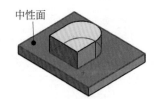

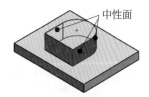

图 5.157　拔模特征 1　　　　图 5.158　中性面　　　　图 5.159　拔模面

◯步骤 5 创建如图 5.160 所示的草图 3。

单击 草图 功能选项卡中的 ▯草图绘制 按钮，在系统提示下，选
取如图 5.161 所示的模型表面作为草图平面，绘制如图 5.162 所示的
草图。

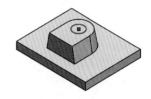

◯步骤 6 创建如图 5.163 所示的分割面 1。

图 5.160　草图 3

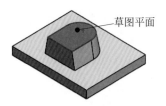

图 5.161　草图平面

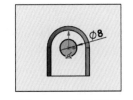

图 5.162　截面草图

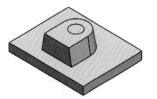

图 5.163　分割面

单击 特征 功能选项卡 下的 · 按钮，选择 分割线 命令，系统弹出如图 5.164 所示的"分割线"对话框，在分割类型区域中选中 ⊙投影(P) 单选按钮，选取步骤 5 所创建的草图为要投影的草图，选取如图 5.165 所示的面为要分割的面，单击 ✓ 按钮，完成分割面的定义。

○步骤 7 创建如图 5.166 所示的圆角 1。单击 特征 功能选项卡 下的 · 按钮，选择 圆角 命令，在"圆角"对话框中选择"恒定大小圆角" 类型，在系统提示下选取如图 5.167 所示的边线作为圆角对象，在"圆角"对话框的 圆角参数 区域中的 文本框中输入圆角半径值 3，确认选中 ☑切线延伸(G) 复选项，单击 ✓ 按钮，完成圆角的定义。

图 5.164　"分割线"对话框

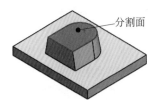

图 5.165　分割面

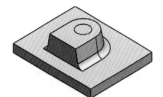

图 5.166　圆角 1

○步骤 8 创建如图 5.168 所示的圆角 2。单击 特征 功能选项卡 下的 · 按钮，选择 圆角 命令，在"圆角"对话框中选择"恒定大小圆角" 类型，在系统提示下选取如图 5.169 所示的边线作为圆角对象，确认选中 ☑切线延伸(G) 复选项，在"圆角"对话框的 圆角参数 区域中的 文本框中输入圆角半径值 2，单击 ✓ 按钮，完成圆角的定义。

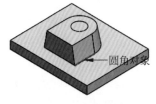

图 5.167　圆角对象

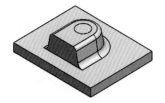

图 5.168　圆角 2

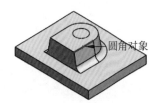

图 5.169　圆角对象

○步骤 9 创建如图 5.170 所示的成型工具特征。

单击 钣金 功能选项卡中的 🍄 按钮，系统弹出"成型工具"对话框，选取如图 5.171 所示的面为停止面，激活要移除的面区域，选取如图 5.172 所示的面为移除面，单击 ✓ 按钮，完成成型工具的定义。

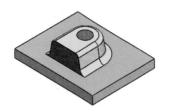
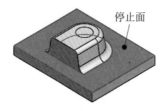
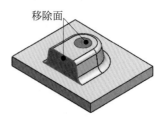

图 5.170　成型工具特征　　　　图 5.171　停止面　　　　图 5.172　移除面

○步骤 10 至此，成型工具模型创建完毕。选择"快速访问工具栏"中的 💾 保存(S) 命令，把模型保存于 D:\sw21\work\ch05.04\03，并命名为"成型工具 02"。

○步骤 11 打开基础钣金零件。打开文件 D:\sw21\work\ch05.04\03\ 带移除面 -ex.SLDPRT。

○步骤 12 选择成型工具。在设计库中选择 03 文件夹，选中如图 5.173 所示的成型工具。

○步骤 13 放置成型特征。在设计库中选中成型工具 02，按住鼠标左键，将其拖动到如图 5.174 所示的钣金表面上，采用系统默认的成型方向，松开鼠标左键完成放置，单击"成型工具特征"对话框中的 ✓ 按钮完成初步创建。

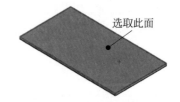

图 5.173　选择成型工具　　　　　　　　图 5.174　截面草图

○步骤 14 调整成型特征的角度。在设计树中右击 🐾 成型工具011(默认) -> 选择 🔘 命令，系统弹出"成型工具特征"对话框，在旋转角度区域的 🔄 文本框中输入 180，单击 ✓ 按钮完成操作，效果如图 5.175 所示。

○步骤 15 精确定位成型特征。单击设计树中 🐾 成型工具011(默认) -> 前的 ▶ 号，右击 🖵 (-) 草图2 特征，选择 🖉 命令，进入草图环境，修改草图至图 5.176 所示的草图，退出草图环境，效果如图 5.177 所示。

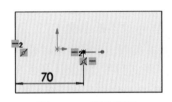

图 5.175　调整角度　　　　　图 5.176　修改草图　　　　　图 5.177　成型效果

5.4.4　钣金角撑板

13min

钣金角撑板是在钣金零件的折弯处添加穿过折弯的筋特征。

下面以创建如图 5.178 所示的钣金角撑板为例，介绍创建钣金角撑板的一般操作过程。

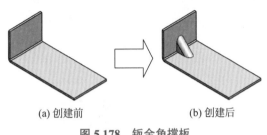

(a) 创建前　　　　(b) 创建后

图 5.178　钣金角撑板

○步骤1 打开文件 D:\sw21\work\ch05.04\04\
钣金角撑板 -ex.SLDPRT。

○步骤2 选择命令。单击 钣金 功能选项
卡中的钣金角撑板 按钮（或者选择下拉菜
单"插入"→"钣金"→"钣金角撑板"命令），
系统弹出如图 5.179 所示的"钣金角撑板"对
话框。

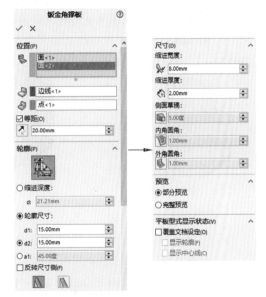

图 5.179　"钣金角撑板"对话框

○步骤3 定义钣金角撑板位置参数。选取
如图 5.180 所示的面 1 与面 2 为钣金角撑板的支撑面，采用系统默认的参考线，激活位置区域
参考点后的文本框，选取如图 5.181 所示的点为参考点，选中等距复选项，在 输入等距距
离 20。

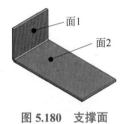

图 5.180　支撑面

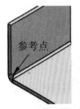

图 5.181　参考点

○步骤 4 定义钣金角撑板轮廓参数。在钣金角撑板对话框的轮廓区域中选中 ⊙轮廓尺寸: 单选按钮，在 d1: 文本框中输入 15，在 d2: 文本框中输入 15，选中 ▨ 单选项。

○步骤 5 定义钣金角撑板尺寸参数。在钣金角撑板对话框的尺寸区域的 ▨ 文本框中输入缩进宽度 8，在 ▨ 文本框中输入缩进厚度 2，其他参数采用默认。

○步骤 6 完成创建。单击"钣金角撑板"对话框中的 ✔ 按钮，完成钣金角撑板的创建。

图 5.179 所示的"钣金角撑板"对话框中部分选项的说明如下。

- ▧（支撑面）：用于通过选择圆柱折弯面或两个与圆柱折弯面相邻的平面，指定沿其创建角撑板的折弯。需要注意所选面必须属于一个折弯。
- ▧（参考线）：用于设置控制角撑板剖切面方向的线性边线或草图线段，角撑板剖切面垂直于所选边线或草图线段，如图 5.182 所示。
- ▧（参考点）：用于设置查找角撑板剖切面的草图点、顶点或参考点，▧ 文本框指定的等距值将从此参考点进行测量。
- ⊙缩进深度: 文本框：用于使用单一深度尺寸定义对称角撑板轮廓，如图 5.183 所示。

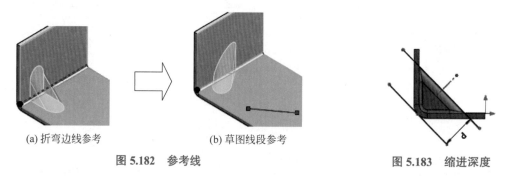

(a) 折弯边线参考　　　　　　　(b) 草图线段参考

图 5.182　参考线　　　　　　　　**图 5.183　缩进深度**

- d1: 文本框：用于指定从钣金零件内部到 x 轴上的点（角撑板在此处与钣金实体相交）的线性值，如图 5.184 所示。
- d2: 文本框：用于指定从钣金零件内部到 y 轴上的点（角撑板在此处与钣金实体相交）的线性值，如图 5.184 所示。
- a1: 文本框：用于根据指定的轮廓长度和角度创建角撑板的剖面轮廓，如果已指定轮廓的长度和高度，则软件将自动确定角度，如图 5.184 所示。
- ☑反转尺寸侧(F) 复选项：用于切换剖面轮廓长度和高度，如图 5.185 所示。

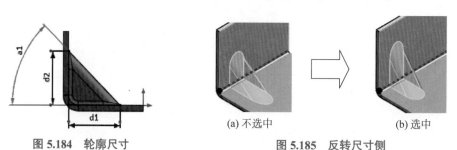

(a) 不选中　　　　　　　　(b) 选中

图 5.184　轮廓尺寸　　　　　　　**图 5.185　反转尺寸侧**

- ▨ 单选项：用于创建具有圆形边线的角撑板，如图 5.186 所示。
- ▨ 单选项：用于创建具有平面边线的角撑板，如图 5.187 所示。
- ✄ （缩进宽度）文本框：用于指定角撑板宽度。
- ⟟ （缩进厚度）文本框：用于指定角撑板的壁厚。默认值为钣金实体的厚度。用户可以覆盖此值，但是如果用户指定的厚度大于材料厚度并且角撑板壁与零件交互，则角撑板将失败。
- ▨ （侧面拔模）文本框：用于控制角撑板的侧面拔模，如图 5.188 所示。

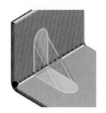

图 5.186　圆形角撑板

图 5.187　扁平角撑板

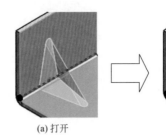

(a) 打开　　　　　　　　(b) 关闭

图 5.188　侧面拔模

5.5　钣金边角处理

5.5.1　切除 – 拉伸

▶ 8min

1. 基本概述

在钣金设计中"切除 - 拉伸"特征是应用较为频繁的特征之一，它是在已有的零件模型中去除一定的材料，从而达到需要的效果。

2. 钣金与实体中"切除 - 拉伸"的区别

若当前所设计的零件为钣金零件，则在单击 钣金 功能选项卡中的 拉伸切除 按钮后，屏幕左侧会出现如图 5.189 所示的窗口，该窗口比实体零件中"切除 - 拉伸"窗口多了 ☑ 与厚度相等(L) 和 ☑ 正交切除(N) 两个复选框，如图 5.189 所示。

两种切除 - 拉伸特征的区别：当草绘平面与模型表面平行时，二者没有区别，但当两平面不平行时，二者有明显差异。在确认已经选中 ☑ 正交切除(N) 复选框后，钣金切除 - 拉伸是垂直于钣金表面去切除，形成垂直孔，如图 5.190 所示。实体切除 - 拉伸是垂直于草绘平面去切除，形成斜孔，如图 5.191 所示。

图 5.189 所示的"切除 - 拉伸 1"对话框中部分选项的说明如下。

- ☑ 与厚度相等(L) 复选框：用于设置切除的深度与钣金的厚度相等。
- ☑ 正交切除(N) 复选框：用于设置切除 - 拉伸的方向始终垂直于钣金的模型表面。

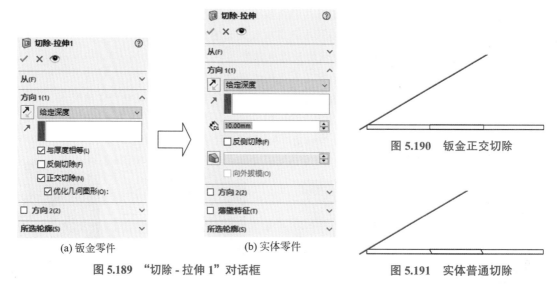

(a) 钣金零件　　　　　　(b) 实体零件

图 5.189　"切除 - 拉伸 1"对话框

图 5.190　钣金正交切除

图 5.191　实体普通切除

3. 钣金拉伸切除的一般操作过程

下面以创建如图 5.192 所示的钣金为例，介绍钣金拉伸切除的一般操作过程。

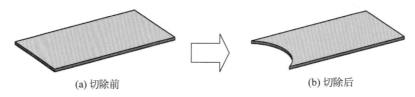

(a) 切除前　　　　　　　　　　(b) 切除后

图 5.192　钣金拉伸切除

（○步骤 1）打开文件 D:\sw21\work\ch05.05\01\ 拉伸切除 -ex.SLDPRT。

（○步骤 2）选择命令。单击 钣金 功能选项卡中的拉伸切除 拉伸切除 按钮（或者选择下拉菜单"插入"→"切除"→"拉伸"命令）。

（○步骤 3）定义拉伸横截面。在系统提示下选取如图 5.193 所示的模型表面作为草图平面，绘制如图 5.194 所示的截面草图，单击图形区右上角的 按钮退出草图环境。

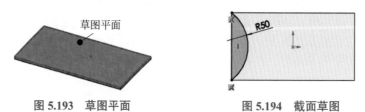

图 5.193　草图平面　　　　　　图 5.194　截面草图

（○步骤 4）定义拉伸参数属性。在"切除 - 拉伸"对话框 方向1(1) 区域的下拉列表中选择 给定深度 ，选中 与厚度相等(L) 与 正交切除(N) 单选项。

（○步骤 5）完成创建。单击"切除 - 拉伸"对话框中的 按钮，完成切除 - 拉伸的创建。

5.5.2　闭合角

"闭合角"命令可以将相邻钣金壁进行相互延伸，从而使开放的区域闭合，并且在边角处进行延伸以达到封闭边角的效果，它包括对接、重叠、欠重叠 3 种形式。

下面以创建如图 5.195 所示的闭合角为例，介绍创建钣金闭合角的一般操作过程。

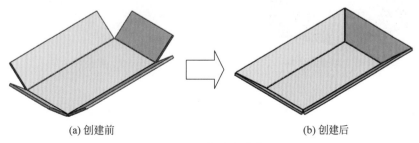

(a) 创建前　　　　　　　　　　(b) 创建后

图 5.195　钣金闭合角

◎步骤 1　打开文件 D:\sw21\work\ch05.05\02\ 钣金闭合角 -ex.SLDPRT。

◎步骤 2　选择命令。单击 钣金 功能选项卡 钣金 下的 ⌄ 按钮，选择 闭合角 命令（或者选择下拉菜单"插入"→"钣金"→"闭合角"命令），系统弹出如图 5.196 所示的"闭合角"对话框。

◎步骤 3　定义延伸面。选取如图 5.197 所示的 4 个面，系统会自动选取匹配面。

图 5.196　"闭合角"对话框

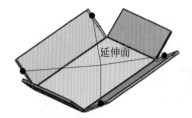

图 5.197　定义延伸面

◎步骤 4　定义边角类型。在 边角类型 选项中单击对接按钮 。

◎步骤 5　定义闭合角参数。在 文本框中输入缝隙距离 1.0，其他参数采用默认。

◎步骤 6　单击"闭合角"窗口中的 ✓ 按钮，完成闭合角的创建。

图 5.196 所示的"闭合角"对话框中部分选项的说明如下。

- ⬚ 按钮：用于生成如图 5.198 所示的对接闭合角效果。
- ⬚ 按钮：用于生成如图 5.199 所示的重叠闭合角效果。

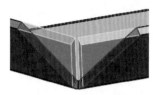 

图 5.198　对接闭合角　　　　　　　图 5.199　重叠闭合角

- ⬚ 按钮：用于生成如图 5.200 所示的欠重叠闭合角效果。
- ⬚ 文本框：用于设置延伸面与匹配面之间的垂直间距。在 ⬚ 文本框输入不同值的效果如图 5.201 所示。

 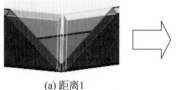

图 5.200　欠重叠闭合角　　　　　　(a) 距离1　　　　(b) 距离2

　　　　　　　　　　　　　　　　　图 5.201　缝隙距离

- ⬚ 文本框：只有在选中 ⬚ 或者 ⬚ 后才可用，它可以用来调整延伸面与参照面之间的重叠厚度，输入值的范围为 0~1，输入不同值的效果如图 5.202 所示。

(a) 重叠比率0　　　　　　　　　　　　　　(b) 重叠比率1

图 5.202　重叠比率

- ☑开放折弯区域(O) 复选框：选中效果如图 5.203（a）所示，不选中效果如图 5.203（b）所示。
- ☑共平面(C) 复选框：用于将闭合角对齐到与选定面共平面的所有面，如图 5.204 所示。

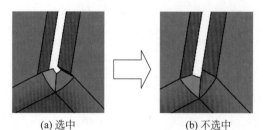 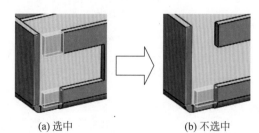

(a) 选中　　　　　　(b) 不选中　　　　　(a) 选中　　　　　　(b) 不选中

图 5.203　开放折弯区域　　　　　　　图 5.204　共平面

- ☑狭窄边角(N) 复选框：用于使用折弯半径的算法缩小折弯区域中的缝隙。
- ☑自动延伸(A) 复选框：用于根据选中的要拉伸的面自动选择要匹配的面。

5.5.3 断裂边角

▶ 6min

"断裂边角"命令是在钣金件的厚度方向的边线上添加或切除一块圆弧或者平直材料，相当于实体建模中的"倒角"和"圆角"命令，但断裂边角命令只能对钣金件厚度上的边进行操作，而倒角 / 圆角能对所有的边进行操作。

下面以创建如图 5.205 所示的断裂边角为例，介绍创建断裂边角的一般操作过程。

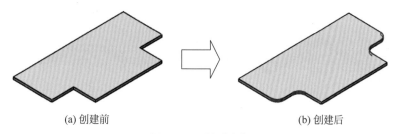

(a) 创建前　　　　　　　　　　　　　　　(b) 创建后

图 5.205　断裂边角

◎步骤 1　打开文件 D:\sw21\work\ch05.05\03\ 断裂边角 -ex.SLDPRT。

◎步骤 2　选择命令。单击 钣金 功能选项卡 🔧 下的 ▾ 按钮，选择 🔧 断裂边角/边角剪裁 命令（或者选择下拉菜单"插入"→"钣金"→"断裂边角"命令），系统弹出如图 5.206 所示的"断裂边角"对话框。

◎步骤 3　定义边角边线或法兰面。选取如图 5.207 所示的 4 条边线。

图 5.206　"断裂边角"对话框

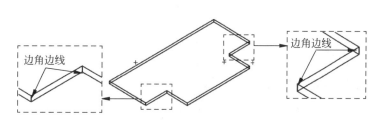

图 5.207　定义边角边线

◎步骤 4　定义折断类型。在 折断类型: 选项中单击圆角按钮 ⬭。

◎步骤 5　定义圆角参数。在 ⬭ 文本框中输入圆角半径 6。

◎步骤 6　单击"断裂边角"对话框中的 ✔ 按钮，完成断裂边角的创建。

图 5.206 所示的"断裂边角"对话框中部分选项的说明如下。

- 🖐 文本框：用于选择要断开的边角边线或法兰面。可同时选择两者，效果如图 5.208 所示。

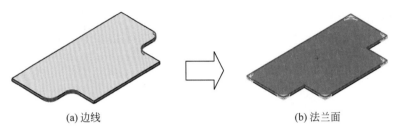

(a) 边线　　　　　　　　　　　　　　(b) 法兰面

图 5.208　断裂边角

- 文本框：用于以倒角的方式创建断裂边角，当选择该方式时，需要在 文本框中定义倒角的参数值，效果如图 5.209 所示。

(a) 创建前　　　　　　　　　　　　　　(b) 创建后

图 5.209　倒角类型

- 文本框：用于以圆角的方式创建断裂边角，当选择该方式时，需要在 文本框中定义圆角的参数值，效果如图 5.210 所示。

(a) 创建前　　　　　　　　　　　　　　(b) 创建后

图 5.210　圆角类型

5.5.4　边角剪裁

12min

"边角剪裁"命令是在展开钣金零件的内边角边切除材料，其中包括"释放槽"及"折断边角"两部分。"边角剪裁"特征只能在 ▱平板型式1 的解压状态下创建，当 ▱平板型式1 压缩后，"边角剪裁"特征也随之压缩。

下面以创建如图 5.211 所示的边角剪裁为例，介绍创建边角剪裁的一般操作过程。

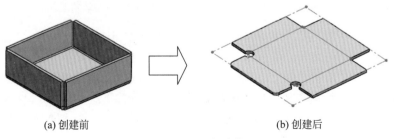

(a) 创建前　　　　　　　　　　　　　　(b) 创建后

图 5.211　边角剪裁

○步骤1 打开文件 D:\sw21\work\ch05.05\04\ 边角剪裁 -ex.SLDPRT。

○步骤2 展平钣金件。在设计树的 平板型式1 上右击，在弹出的菜单中选择 命令，效果如图 5.212 所示。

○步骤3 选择命令。单击 钣金 功能选项卡 下的 · 按钮，选择 边角剪裁 命令（或者选择下拉菜单"插入"→"钣金"→"边角剪裁"命令），系统弹出如图 5.213 所示的"边角 - 剪裁"对话框。

○步骤4 定义释放槽边线。选取如图 5.214 所示的边线。

图 5.212　展平钣金件

图 5.213　"边角 - 剪裁"对话框

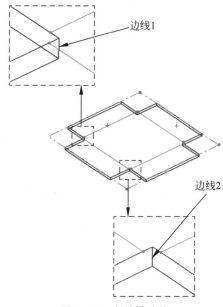

图 5.214　释放槽边线

说明

要想选取钣金模型中所有的边角边线，只需要在 释放槽选项(R) 区域中单击 聚集所有边角 。

○步骤5 定义释放槽类型。在 释放槽选项(R) 区域的释放槽类型下拉列表中选取圆形。

○步骤6 定义边角 - 剪裁参数。取消选中 □在折弯线上置中(C) 复选框，在 文本框中输入半径 6，其他参数采用默认设置。

○步骤7 定义断裂边角边线。单击激活"边角 - 剪裁"对话框 断裂边角选项(B) 区域的 文本框，选取如图 5.215 所示的边线。

说明

要想选取钣金模型中所有的边角边线，只需要在 断裂边角选项(B) 区域中单击 聚集所有边角 。

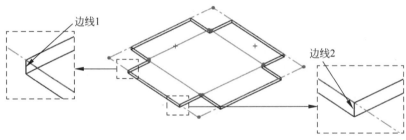

图 5.215　断裂边角边线

〇步骤 8　定义断裂边角类型。在 **断裂边角选项(B)** 区域的折断类型中选取 🗔。

〇步骤 9　定义断裂边角参数。在 ⟋ 文本框中输入半径 5，其他参数采用默认设置。

〇步骤 10　单击 "边角 - 剪裁" 对话框中的 ✅ 按钮，完成边角剪裁的创建。

图 5.213 所示的 "边角 - 剪裁" 对话框中部分选项的说明如下。

- 圆形 释放槽类型：用于在释放槽边线处切除圆形形状材料，如图 5.216 所示。
- 方形 释放槽类型：用于在释放槽边线处切除方形形状材料，如图 5.217 所示。
- 折弯腰 释放槽类型：用于在释放槽边线处切除折弯腰形状材料，如图 5.218 所示。

 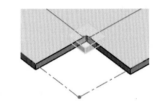 

　　图 5.216　圆形释放槽　　　　图 5.217　方形释放槽　　　　图 5.218　折弯腰释放槽

- ☑在折弯线上置中(C) 只对被设置为 圆形 或 方形 的释放槽时可用，选中该复选框后，切除部分将平均在折弯线的两侧，如图 5.219 所示。

(a) 不选中　　　　　　　　　　　　　　　(b) 选中

图 5.219　在折弯线上置中

- ☑与厚度的比例(A) 复选框：选中此复选框系统将用钣金厚度的比例来定义切除材料的大小，此时 ⟋ 文本框被禁用。
- ☑与折弯相切(T) 复选框：只能在 ☑在折弯线上置中(C) 复选框被选中的前提下使用，选中此复选框，将生成与折弯线相切的边角切除，此时 ⟋ 文本框也被禁用，如图 5.220 所示。
- ☑添加圆角边角 复选框：选中后将在内部边角上生成指定半径的圆角，如图 5.221 所示。

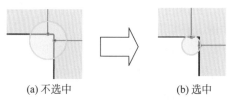

(a) 不选中　　　　　　(b) 选中

图 5.220　与折弯相切

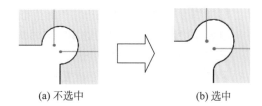

(a) 不选中　　　　　　(b) 选中

图 5.221　添加圆角边角

5.5.5　焊接的边角

4min

"焊接的边角"命令可以在折叠的钣金零件的边角处添加焊缝。

下面以创建如图 5.222 所示的"焊接的边角"为例，介绍创建"焊接的边角"的一般操作过程。

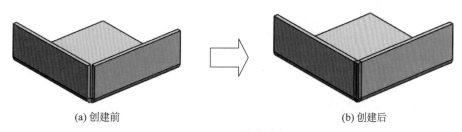

(a) 创建前　　　　　　　　　　　　　(b) 创建后

图 5.222　焊接的边角

○步骤 1　打开文件 D:\sw21\work\ch05.05\05\ 焊接的边角 -ex.SLDPRT。

○步骤 2　选择命令。单击 钣金 功能选项卡 边角 下的 ▾ 按钮，选择 焊接的边角 命令（或者选择下拉菜单"插入"→"钣金"→"焊接的边角"命令），系统弹出如图 5.223 所示的"焊接的边角"对话框。

○步骤 3　定义要焊接的钣金边角。选取如图 5.224 所示的边角侧面。

图 5.223　"焊接的边角"对话框

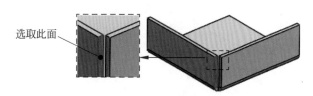

选取此面

图 5.224　焊接钣金边角

○步骤 4　定义焊接的边角参数。在"焊接的边角"对话框中选中 ☑添加圆角(F)，在 ⬈ 文本框中输入半径值 1，选中 ☑添加纹理(T) 单选项，其他参数采用默认。

○步骤5 单击"焊接的边角"对话框中的 ✔ 按钮，完成"焊接的边角"的创建。

图 5.223 所示的"焊接的边角"对话框中部分选项的说明如下。

● 🕳️：用于通过选取一个面、线或者点来指定停止点，如图 5.225 所示。

● ☑添加圆角(F) 复选项：用于设置是否在焊接的边角上添加圆角，如图 5.226 所示。

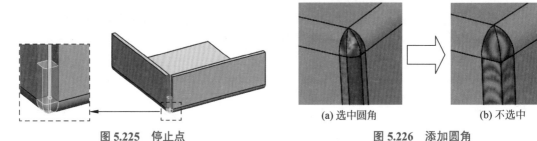

图 5.225 停止点

(a) 选中圆角   (b) 不选中

图 5.226 添加圆角

5.6 钣金设计综合应用案例 1——啤酒开瓶器

15min

案例概述

　　本案例将介绍啤酒开瓶器的创建过程，此案例比较适合初学者。通过学习此案例，可以对 SolidWorks 中钣金的基本命令有一定的认识，例如基体法兰、绘制的折弯及切除-拉伸等。该模型及设计树如图 5.227 所示。

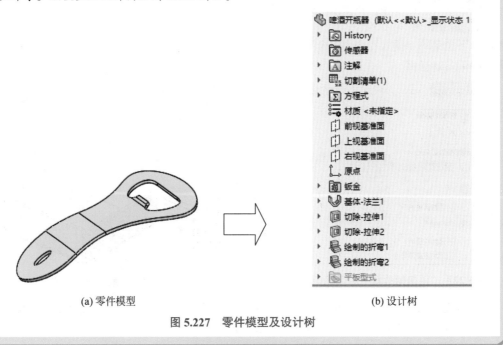

(a)零件模型   (b) 设计树

图 5.227 零件模型及设计树

○步骤① 新建模型文件，选择"快速访问工具栏"中的 ⬚· 命令，在系统弹出的"新建 SolidWorks 文件"对话框中选择"零件" ⬚，单击"确定"按钮进入零件建模环境。

○步骤② 创建如图 5.228 所示的基体法兰特征。选择 钣金 功能选项卡中的基体法兰 / 薄片 ⬚ 命令，在系统提示"选择一基准面来绘制特征横截面"下，选取"上视基准面"作为草图平面，进入草图环境，绘制如图 5.229 所示的草图，绘制完成后单击图形区右上角的 ⬚ 按钮，退出草图环境。在"基体法兰"对话框的 钣金参数(S) 的 ⬚ 文本框输入钣金的厚度 3，在 ☑折弯系数(A) 区域的下拉列表中选择 K因子 选项，然后将 K 因子值设置为 0.5，在 ☑自动切释放槽(T) 区域的下拉列表中选择 矩形 选项，选中 ☑使用释放槽比例(A) 复选框，在 比例(T): 文本框输入比例系数 0.5。单击"基体法兰"对话框中的 ✓ 按钮，完成基体法兰特征的创建。

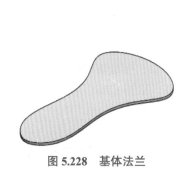

图 5.228　基体法兰　　　　　　　图 5.229　圆角对象

○步骤③ 创建如图 5.230 所示的切除 - 拉伸 1。

选择 钣金 功能选项卡中的 🔲拉伸切除 命令，在系统提示下选取如图 5.231 所示的模型表面作为草图平面，绘制如图 5.232 所示的截面草图。在"切除 - 拉伸"对话框 方向 1(1) 区域的下拉列表中选择 给定深度，选中 ☑与厚度相等(L) 与 ☑正交切除(N) 复选框。单击 ✓ 按钮，完成切除 - 拉伸 1 的创建。

图 5.230　切除 - 拉伸 1　　　　图 5.231　草图平面　　　　图 5.232　截面草图

○步骤④ 创建如图 5.233 所示的切除 - 拉伸 2。

选择 钣金 功能选项卡中的 🔲拉伸切除 命令，在系统提示下选取如图 5.234 所示的模型表面作为草图平面，绘制如图 5.235 所示的截面草图。在"切除 - 拉伸"对话框 方向 1(1) 区域的下拉列表中选择 给定深度，选中 ☑与厚度相等(L) 与 ☑正交切除(N) 复选框。单击 ✓ 按钮，完成切除 - 拉伸 2 的创建。

图 5.233　切除拉伸 2

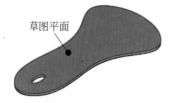

图 5.234　草图平面

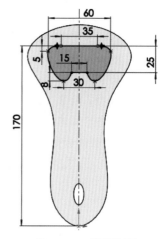

图 5.235　截面草图

○步骤5　创建如图 5.236 所示的"绘制的折弯 1"。

选择 钣金 功能选项卡中的绘制的折弯 🗌 绘制的折弯 命令，在系统提示下选取如图 5.237 所示的模型表面作为草图平面，绘制如图 5.238 所示的草图，绘制完成后单击图形区右上角的 🗌 按钮，退出草图环境。

图 5.236　绘制的折弯 1

图 5.237　草图平面

在如图 5.239 所示的位置单击确定固定面，在"绘制的折弯 1"对话框的折弯位置选项组中选中 🗌（折弯中心线），在"绘制的折弯 1"对话框的 🗌 文本框输入角度 20，取消选中 □使用默认半径(U) 复选框，在 🗌 文本框中输入半径值 10，其他参数采用系统默认。单击"绘制的折弯 1"对话框中的 ✔ 按钮，完成"绘制的折弯"的创建。

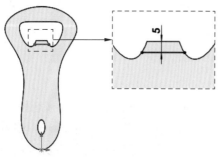

图 5.238　折弯线

图 5.239　固定面

○步骤6 创建如图 5.240 所示的"绘制的折弯 2"。

选择 钣金 功能选项卡中的绘制的折弯 绘制的折弯 命令，在系统提示下选取如图 5.241 所示的模型表面作为草图平面，绘制如图 5.242 所示的草图，绘制完成后单击图形区右上角的 按钮，退出草图环境。

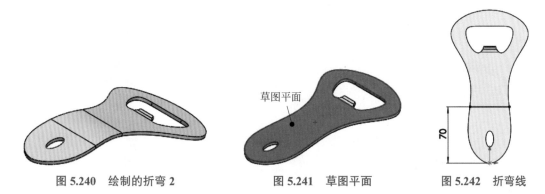

图 5.240　绘制的折弯 2　　　图 5.241　草图平面　　　图 5.242　折弯线

在如图 5.243 所示的位置单击确定固定面，在"绘制的折弯 2"对话框的折弯位置选项组中选中 （折弯中心线），在"绘制的折弯 2"对话框的 文本框输入角度 20，单击反向按钮调整折弯方向至如图 5.244 所示的方向，取消选中 使用默认半径(U) 复选框，在 文本框输入半径值 100，其他参数采用系统默认。单击"绘制的折弯 2"对话框中的 按钮，完成"绘制的折弯"的创建。

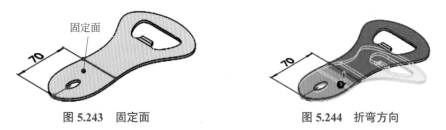

图 5.243　固定面　　　　　　　　图 5.244　折弯方向

○步骤7 保存文件。选择"快速访问工具栏"中的"保存" 保存(S) 命令，系统弹出"另存为"对话框，在 文件名(N): 文本框输入"啤酒开瓶器"，单击"保存"按钮，完成保存操作。

5.7　钣金设计综合应用案例 2——机床外罩

🎬53min

案例概述

本案例将介绍机床外罩的创建过程，该产品设计分为创建成型工具和创建钣金主体，成型工具的设计主要运用基本实体建模功能。主体钣金是由一些钣金基本特征组成的，其中要注意边线法兰和钣金角撑板等特征的创建方法。该模型及设计树如图 5.245 所示。

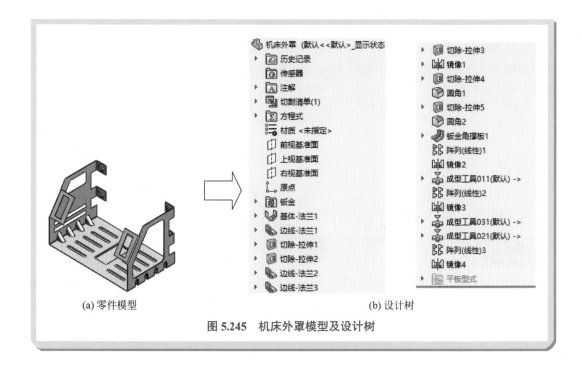

(a) 零件模型   (b) 设计树

图 5.245 机床外罩模型及设计树

5.7.1 创建成型工具 1

成型工具模型及设计树如图 5.246 所示。

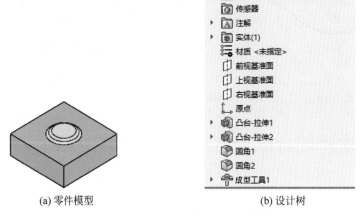

(a) 零件模型   (b) 设计树

图 5.246 成型工具模型及设计树

◎步骤1 新建模型文件，选择"快速访问工具栏"中的 🗋· 命令，在系统弹出的"新建 SolidWorks 文件"对话框中选择"零件" 🗄，单击"确定"按钮进入零件建模环境。

步骤2 创建如图 5.247 所示的凸台 - 拉伸 1。单击 特征 功能选项卡中的 🔲 按钮，在系统提示下选取"上视基准面"作为草图平面，绘制如图 5.248 所示的截面草图。在"凸台 - 拉伸"对话框 方向1(1) 区域的下拉列表中选择 给定深度，输入深度值 10。单击 ✓ 按钮，完成凸台 - 拉伸 1 的创建。

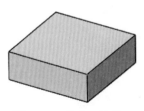

图 5.247　凸台 - 拉伸 1

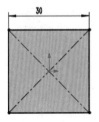

图 5.248　截面轮廓

步骤3 创建如图 5.249 所示的凸台 - 拉伸 2。

单击 特征 功能选项卡中的 🔲 按钮，在系统提示下选取如图 5.250 所示的模型表面作为草图平面，绘制如图 5.251 所示的截面草图。在"凸台 - 拉伸"对话框 方向1(1) 区域的下拉列表中选择 给定深度，输入深度值 1.5。单击 ✓ 按钮，完成凸台 - 拉伸 2 的创建。

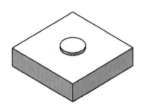

图 5.249　凸台 - 拉伸 2

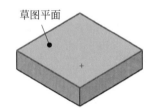

图 5.250　草图平面

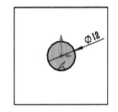

图 5.251　截面草图

步骤4 创建如图 5.252 所示的圆角 1。单击 特征 功能选项卡 🔲 下的 ▾ 按钮，选择 🔲 圆角 命令，在"圆角"对话框中选择"恒定大小圆角" 🔲 类型，在系统提示下选取如图 5.253 所示的边线作为圆角对象，在"圆角"对话框的 圆角参数 区域中的 📏 文本框中输入圆角半径值 1.2，单击 ✓ 按钮，完成圆角 1 的定义。

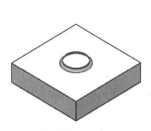

图 5.252　圆角 1

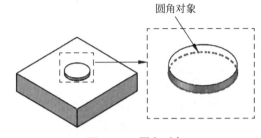

图 5.253　圆角对象

步骤5 创建如图 5.254 所示的圆角 2。单击 特征 功能选项卡 🔲 下的 ▾ 按钮，选择 🔲 圆角 命令，在"圆角"对话框中选择"恒定大小圆角" 🔲 类型，在系统提示下选取如图 5.255

所示的边线作为圆角对象，在"圆角"对话框的 圆角参数 区域中的 ⟨ 文本框中输入圆角半径值 1.2，单击 ✓ 按钮，完成圆角 2 的定义。

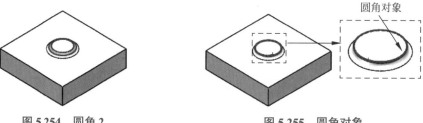

图 5.254 圆角 2 　　　　　　　　图 5.255 圆角对象

○步骤6 创建如图 5.256 所示的成型工具特征。单击 钣金 功能选项卡中的 🔧 按钮，系统弹出"成型工具"对话框，选取如图 5.257 所示的面为停止面，其他参数采用默认，单击 ✓ 按钮，完成成型工具的定义。

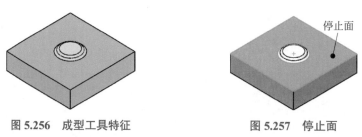

图 5.256 成型工具特征 　　　　　　图 5.257 停止面

○步骤7 至此，成型工具模型创建完毕。选择"快速访问工具栏"中的"保存" 💾 保存(S) 命令，把模型保存于 D:\sw21\work\ch05.07，并命名为"成型工具 01"。

5.7.2 创建成型工具 2

成型工具模型及设计树如图 5.258 所示。

(a) 零件模型 　　　　　　　　　　(b) 设计树

图 5.258 成型工具模型及设计树

○步骤1 新建模型文件，选择"快速访问工具栏"中的 □· 命令，在系统弹出的"新建 SolidWorks 文件"对话框中选择"零件" ◎，单击"确定"按钮进入零件建模环境。

○步骤2 创建如图 5.259 所示的凸台 - 拉伸 1。单击 特征 功能选项卡中的 ◎ 按钮，在系统提示下选取"上视基准面"作为草图平面，绘制如图 5.260 所示的截面草图。在"凸台 - 拉伸"对话框 方向1(1) 区域的下拉列表中选择 给定深度，输入深度值 3。单击 ✓ 按钮，完成凸台 - 拉伸 1 的创建。

图 5.259　凸台 - 拉伸 1

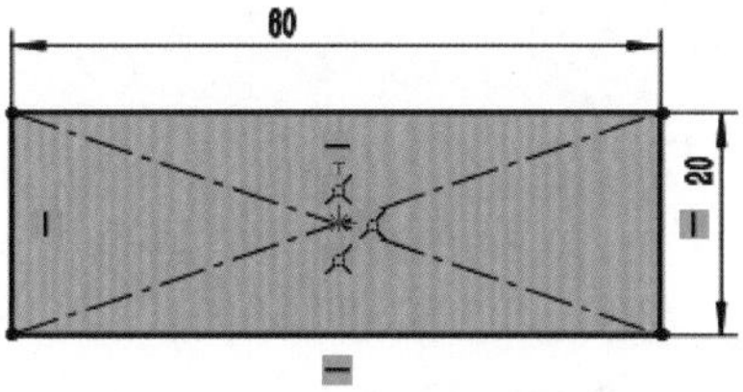

图 5.260　截面轮廓

○步骤3 创建如图 5.261 所示的旋转特征 1。

选择 特征 功能选项卡中的旋转凸台基体 ◎ 命令，在系统提示"选择一基准面来绘制特征横截面"下，选取如图 5.262 所示的截面作为草图平面，绘制如图 5.263 所示的截面轮廓，在"旋转"对话框的 旋转轴(A) 区域中选取如图 5.263 所示的水平中心线作为旋转轴，采用系统默认的旋转方向，在"旋转"对话框的 方向1(1) 区域的下拉列表中选择 给定深度，在 ⌐ 文本框输入旋转角度 360，单击"旋转"对话框中的 ✓ 按钮，完成旋转特征的创建。

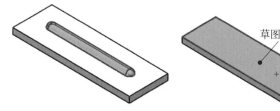
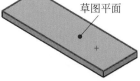
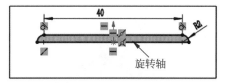

图 5.261　旋转特征 1

图 5.262　草图平面

图 5.263　截面轮廓

○步骤4 创建如图 5.264 所示的圆角 1。单击 特征 功能选项卡 ◎ 下的 · 按钮，选择 ◎圆角 命令，在"圆角"对话框中选择"恒定大小圆角" ◎ 类型，在系统提示下选取如图 5.265 所示的边线作为圆角对象，在"圆角"对话框的 圆角参数 区域中的 ⌐ 文本框中输入圆角半径值 1.5，单击 ✓ 按钮，完成圆角 1 的定义。

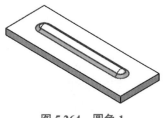
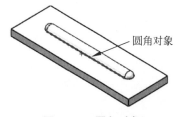

图 5.264　圆角 1

图 5.265　圆角对象

○步骤⑤ 创建如图 5.266 所示的成型工具特征。单击 铌金 功能选项卡中的 🛸 按钮，系统弹出"成型工具"对话框，选取如图 5.267 所示的面为停止面，其他参数采用默认，单击 ✓ 按钮，完成成型工具的定义。

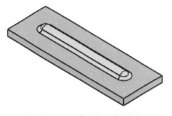

图 5.266　成型工具特征

停止面

图 5.267　停止面

○步骤⑥ 至此，成型工具模型创建完毕。选择"快速访问工具栏"中的"保存" 🖫 保存(S) 命令，把模型保存于 D:\sw21\work\ch05.07，并命名为"成型工具 02"。

5.7.3　创建成型工具 3

成型工具模型及设计树如图 5.268 所示。

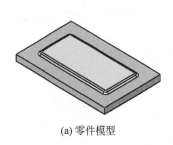

(a) 零件模型

(b) 设计树

图 5.268　成型工具模型及设计树

○步骤① 新建模型文件，选择"快速访问工具栏"中的 🗋 命令，在系统弹出的"新建 SolidWorks 文件"对话框中选择"零件" 🞐，单击"确定"按钮进入零件建模环境。

○步骤② 创建如图 5.269 所示的凸台 - 拉伸 1。单击 特征 功能选项卡中的 🞐 按钮，在系统提示下选取"上视基准面"作为草图平面，绘制如图 5.270 所示的截面草图。在"凸台 - 拉伸"对话框 方向1(1) 区域的下拉列表中选择 给定深度，输入深度值 5。单击 ✓ 按钮，完成凸台 - 拉伸 1 的创建。

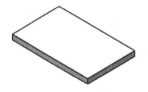

图 5.269　凸台 - 拉伸 1

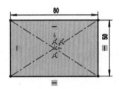

图 5.270　截面草图

◯步骤3 创建如图 5.271 所示的凸台 - 拉伸 2。

单击 特征 功能选项卡中的 🔲 按钮，在系统提示下选取如图 5.272 所示的模型表面作为草图平面，绘制如图 5.273 所示的截面草图。在"凸台 - 拉伸"对话框 方向1(1) 区域的下拉列表中选择 给定深度，输入深度值 2。单击 ✓ 按钮，完成凸台 - 拉伸 2 的创建。

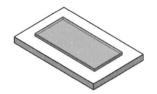

图 5.271　凸台 - 拉伸 2

图 5.272　草图平面

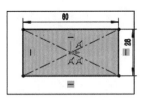

图 5.273　截面草图

◯步骤4 创建如图 5.274 所示的圆角 1。单击 特征 功能选项卡 🔲 下的 ⌄ 按钮，选择 🔲圆角 命令，在"圆角"对话框中选择"恒定大小圆角" 🔲 类型，在系统提示下选取如图 5.275 所示的边线（凸台 - 拉伸 2 的四条竖直边线）作为圆角对象，在"圆角"对话框的 圆角参数 区域中的 ⌒ 文本框中输入圆角半径值 1.5，单击 ✓ 按钮，完成圆角 1 的定义。

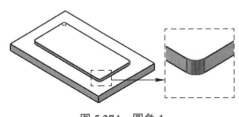

图 5.274　圆角 1

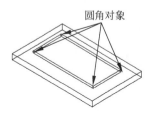

图 5.275　圆角对象

◯步骤5 创建如图 5.276 所示的圆角 2。单击 特征 功能选项卡 🔲 下的 ⌄ 按钮，选择 🔲圆角 命令，在"圆角"对话框中选择"恒定大小圆角" 🔲 类型，在系统提示下选取如图 5.277 所示的边线作为圆角对象，在"圆角"对话框的 圆角参数 区域中的 ⌒ 文本框中输入圆角半径值 1.5，单击 ✓ 按钮，完成圆角 2 的定义。

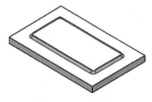

图 5.276　圆角 2

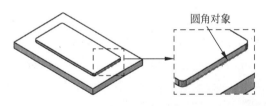

图 5.277　圆角对象

○步骤⑥ 创建如图 5.278 所示的圆角 3。单击 特征 功能选项卡 ⊙ 下的 ▾ 按钮，选择
⊞ 圆角 命令，在"圆角"对话框中选择"恒定大小圆角" 类型，在系统提示下选取如图 5.279
所示的边线作为圆角对象，在"圆角"对话框的 圆角参数 区域中的 ⦁ 文本框中输入圆角半径
值 1.5，单击 ✓ 按钮，完成圆角 3 的定义。

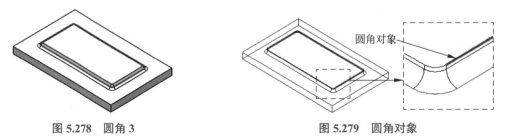

图 5.278　圆角 3　　　　　　　　　　　　　　　图 5.279　圆角对象

○步骤⑦ 创建如图 5.280 所示的成型工具特征。单击 钣金 功能选项卡中的 🐟 按钮，系
统弹出"成型工具"对话框，选取如图 5.281 所示的面为停止面，其他参数采用默认，单击
✓ 按钮，完成成型工具的定义。

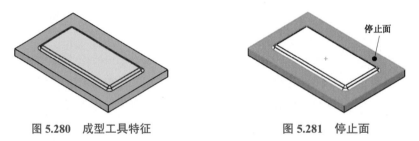

图 5.280　成型工具特征　　　　　　　　　　　　图 5.281　停止面

○步骤⑧ 至此，成型工具模型创建完毕。选择"快速访问工具栏"中的"保存" 🖫 保存(S)
命令，把模型保存于 D:\sw21\work\ch05.07，并命名为"成型工具 03"。

5.7.4　创建主体钣金

○步骤① 新建模型文件，选择"快速访问工具栏"中的 □▾ 命令，在系统弹出"新建
SolidWorks 文件"对话框中选择"零件" 🧊，单击"确定"按钮进入零件建模环境。

○步骤② 创建如图 5.282 所示的基体法兰特征。选择 钣金 功能选项卡中的基体法兰 /
薄片 🝱 命令，在系统提示"选择一基准面来绘制特征横截面"下，选取"上视基准面"作为
草图平面，进入草图环境，绘制如图 5.283 所示的草图，绘制完成后单击图形区右上角的 ↳
按钮，退出草图环境。在"基体法兰"对话框的 钣金参数(S) 的 🗘 文本框中输入钣金的厚度 1，
在 ☑ 折弯系数(A) 区域的下拉列表中选择 K因子 选项，然后将 K 因子值设置为 0.5，在 ☑ 自动切释放槽(T)
区域的下拉列表中选择 矩形 选项，选中 ☑ 使用释放槽比例(A) 复选框，在 比例(T): 文本框中输入比例系数
0.5。单击"基体法兰"对话框中的 ✓ 按钮，完成基体法兰特征的创建。

○步骤③ 设置钣金折弯参数。在设计树中右击 🔲 钣金 节点并选择 🖉 命令，在系统弹出

的如图 5.284 所示的"钣金"对话框中的 ⤹ 文本框输入钣金折弯半径 1，其他参数采用默认，单击对话框中的 ✓ 按钮，完成钣金折弯参数的设置。

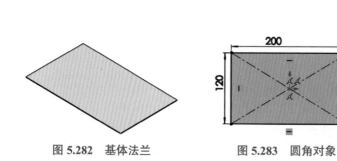

图 5.282　基体法兰　　　　　图 5.283　圆角对象　　　　　图 5.284　"钣金"对话框

○步骤 4　创建如图 5.285 所示的边线法兰特征 1。选择 钣金 功能选项卡中的边线法兰 ▣边线法兰 命令，在系统提示下选取如图 5.286 所示的边线作为边线法兰的附着边。在边线法兰对话框 角度(G) 区域的 ▣ 文本框中输入角度 90。在 法兰长度(L) 区域的 ▣ 下拉列表中选择"给定深度"选项，在 ▣ 文本框中输入深度值 120，选中 ▣ 单选项。在 法兰位置(N) 区域中选中"材料在内" ▣ 单选项，其他参数均采用默认。单击"边线 - 法兰 1"对话框中的 ✓ 按钮，完成"边线 - 法兰 1"的创建。

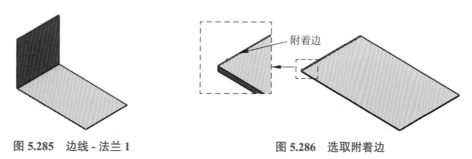

图 5.285　边线 - 法兰 1　　　　　图 5.286　选取附着边

○步骤 5　创建如图 5.287 所示的切除 - 拉伸 1。

选择 钣金 功能选项卡中的 🔲拉伸切除 命令，在系统提示下选取如图 5.288 所示的模型表面作为草图平面，绘制如图 5.289 所示的截面草图。在"切除 - 拉伸"对话框 方向 1(1) 区域的下拉列表中选择 给定深度，选中 ☑与厚度相等(L) 与 ☑正交切除(N) 复选框。单击 ✓ 按钮，完成切除 - 拉伸 1 的创建。

○步骤 6　创建如图 5.290 所示的切除 - 拉伸 2。

选择 钣金 功能选项卡中的 🔲拉伸切除 命令，在系统提示下选取如图 5.291 所示的模型表面作为草图平面，绘制如图 5.292 所示的截面草图。在"切除 - 拉伸"对话框 方向 1(1) 区域的下拉列表中选择 给定深度，选中 ☑与厚度相等(L) 与 ☑正交切除(N) 复选框。单击 ✓ 按钮，完成切除 - 拉伸 2 的创建。

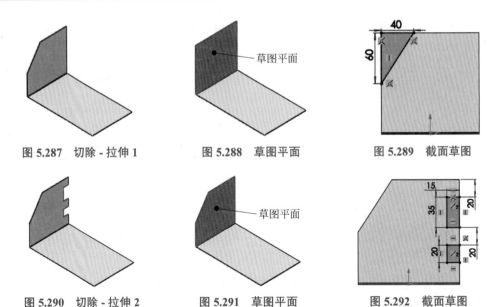

图 5.287 切除 - 拉伸 1   图 5.288 草图平面   草图平面   图 5.289 截面草图

图 5.290 切除 - 拉伸 2   图 5.291 草图平面   草图平面   图 5.292 截面草图

◯步骤 7 创建如图 5.293 所示的边线法兰特征 2。选择 钣金 功能选项卡中的边线法兰 边线法兰 命令，在系统提示下选取如图 5.294 所示的两条边线作为边线法兰的附着边。在"边线 - 法兰"对话框 角度(G) 区域的 文本框中输入角度 90。在 法兰长度(L) 区域的 下拉列表中选择"给定深度"选项，在 文本框中输入深度值 24，选中 单选项。在 法兰位置(N) 区域中选中 "材料在内" 单选项，其他参数均采用默认。单击"边线 - 法兰"对话框中的 ✓ 按钮，完成"边线 - 法兰 2"的创建。

◯步骤 8 创建如图 5.295 所示的边线法兰特征 3。选择 钣金 功能选项卡中的边线法兰 边线法兰 命令，在系统提示下选取如图 5.296 所示的边线作为边线法兰的附着边。在 "边线 - 法兰"对话框 角度(G) 区域的 文本框中输入角度 90。在 法兰长度(L) 区域的 下拉列表中选择"给定深度"选项，在 文本框中输入深度值 36，选中 单选项。在 法兰位置(N) 区域中选中 "材料在内" 单选项，其他参数均采用默认。单击"边线 - 法兰"对话框中的 ✓ 按钮，完成"边线 - 法兰 3"的初步创建，在设计树中右击边线法兰特征下的草图特征，选择 命令，编辑草图至图 5.297 所示。

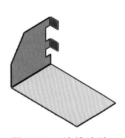 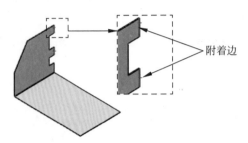 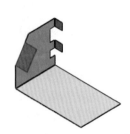

附着边

图 5.293 边线法兰 2   图 5.294 选取附着边   图 5.295 边线 - 法兰 3

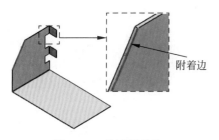

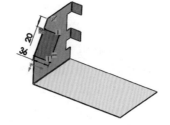

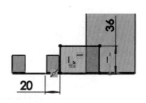

图 5.296 选取附着边   图 5.297 法兰草图

步骤 9 创建如图 5.298 所示的切除 - 拉伸 3。

选择 钣金 功能选项卡中的 拉伸切除 命令，在系统提示下选取如图 5.299 所示的模型表面作为草图平面，绘制如图 5.300 所示的截面草图。在"切除 - 拉伸"对话框 方向 1(1) 区域的下拉列表中选择 给定深度，选中 ☑与厚度相等(L) 与 ☑正交切除(N) 复选框。单击 ✔ 按钮，完成切除 - 拉伸 3 的创建。

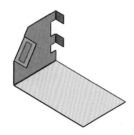

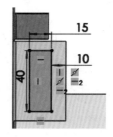

图 5.298 切除 - 拉伸 3   图 5.299 草图平面   图 5.300 截面草图

步骤 10 创建如图 5.301 所示的镜像 1。选择 特征 功能选项卡中的 镜像 命令，选取"右视基准面"作为镜像中心平面，选取 "边线 - 法兰 1""切除 - 拉伸 1""切除 - 拉伸 2""边线 - 法兰 2""边线 - 法兰 3""切除 - 拉伸 3"作为要镜像的特征，单击"镜像"对话框中的 ✔ 按钮，完成镜像特征的创建。

步骤 11 创建如图 5.302 所示的切除 - 拉伸 4。

选择 钣金 功能选项卡中的 拉伸切除 命令，在系统提示下选取如图 5.303 所示的模型表面作为草图平面，绘制如图 5.304 所示的截面草图。在"切除 - 拉伸"对话框 方向 1(1) 区域的下拉列表中选择 给定深度，选中 ☑与厚度相等(L) 与 ☑正交切除(N) 复选框。单击 ✔ 按钮，完成切除 - 拉伸 4 的创建。

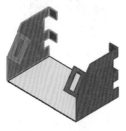

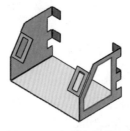

图 5.301 镜像 1   图 5.302 切除 - 拉伸 4   图 5.303 草图平面

○步骤12 创建如图 5.305 所示的圆角 1。

单击 特征 功能选项卡 🏷️ 下的 ⌄ 按钮，选择 🔵 圆角 命令，在"圆角"对话框中选择"恒定大小圆角" 🔘 类型，在系统提示下选取如图 5.306 所示的 5 条边线作为圆角对象，在"圆角"对话框的 圆角参数 区域中的 ⌐ 文本框中输入圆角半径值 8，单击 ✓ 按钮，完成圆角的定义。

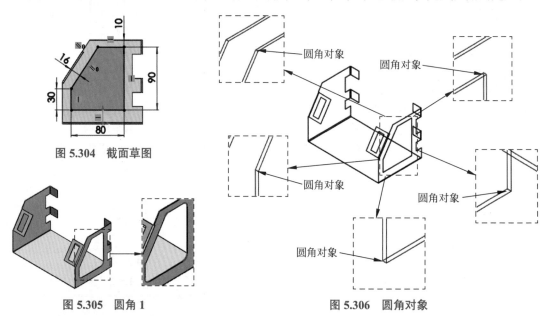

图 5.304　截面草图

图 5.305　圆角 1

图 5.306　圆角对象

○步骤13 创建如图 5.307 所示的切除 - 拉伸 5。

选择 钣金 功能选项卡中的 🔲 拉伸切除 命令，在系统提示下选取如图 5.308 所示的模型表面作为草图平面，绘制如图 5.309 所示的截面草图。在"切除 - 拉伸"对话框 方向1(1) 区域的下拉列表中选择 给定深度 ，选中 ☑与厚度相等(L) 与 ☑正交切除(N) 复选框。单击 ✓ 按钮，完成切除 - 拉伸 5 的创建。

图 5.307　切除 - 拉伸 5

图 5.308　草图平面

图 5.309　截面草图

○步骤14 创建如图 5.310 所示的圆角 2。

单击 特征 功能选项卡 🏷️ 下的 ⌄ 按钮，选择 🔵 圆角 命令，在"圆角"对话框中选择"恒定大小圆角" 🔘 类型，在系统提示下选取如图 5.311 所示的 4 条边线作为圆角对象，在"圆角"对话框的 圆角参数 区域中的 ⌐ 文本框中输入圆角半径值 4，单击 ✓ 按钮，完成圆角的定义。

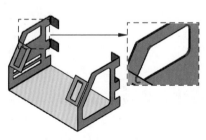

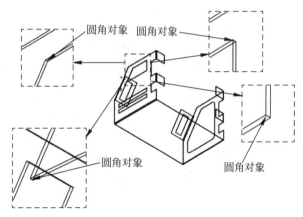

图 5.310　圆角 2　　　　　　　　　　　　图 5.311　圆角对象

○步骤 15　创建如图 5.312 所示的角撑板。

选择 钣金 功能选项卡中的钣金角撑板 🔧 命令，系统弹出"钣金角撑板"对话框。选取如图 5.313 所示的面 1 与面 2 为钣金角撑板的支撑面，采用系统默认的参考线，激活位置区域参考点后的文本框，选取如图 5.314 所示的点为参考点，选中等距复选项，在 📐 输入等距距离 24。在"钣金角撑板"对话框的轮廓区域中选中 ⦿ 轮廓尺寸：单选按钮，在 d1: 文本框中输入 15，在 a1: 文本框中输入 45，选中 ▧ 单选项。在"钣金角撑板"对话框的尺寸区域的 ✂ 文本框输入缩进宽度 8，在 ⟳ 文本框中输入缩进厚度 1，在 ▧ 文本框中输入 1，在 ◐ 文本框中输入 1，其他参数采用默认。单击"钣金角撑板"对话框中的 ✓ 按钮，完成钣金角撑板的创建。

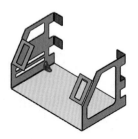

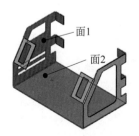

面1
面2

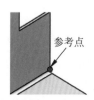

参考点

图 5.312　角撑板　　　　　图 5.313　支撑面　　　　　图 5.314　参考点

○步骤 16　创建如图 5.315 所示的线性阵列 1。选择 特征 功能选项卡 ▦ 下的 ⌄ 按钮，选择 ▦ 线性阵列 命令，系统弹出"线性阵列"对话框。在"线性阵列"对话框中 ☑特征和面(F) 单击激活 ◎ 后的文本框，选取步骤 15 所创建的角撑板特征作为阵列的源对象。在"线性阵列"对话框中激活 方向 1(1) 区域中 📐 后的文本框，选取如图 5.316 所示的边线（靠近右侧位置选取），在 ⟐ 文本框中输入间距 24，在 ⊞ 文本框中输入数量 4。单击"线性阵列"对话框中的 ✓ 按钮，完成线性阵列的创建。

○步骤 17　创建如图 5.317 所示的镜像 2。选择 特征 功能选项卡中的 ▦ 镜像 命令，选取"右视基准面"作为镜像中心平面，选取"钣金角撑板"与"线性阵列"作为要镜像的特征，单击"镜像"对话框中的 ✓ 按钮，完成镜像特征的创建。

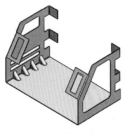

图 5.315　线性阵列 1

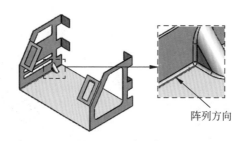

图 5.316　阵列方向

阵列方向

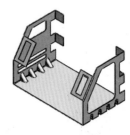

图 5.317　镜像 2

○步骤 18 将成型工具调入设计库。单击任务窗格中的"设计库"按钮 🔲，打开"设计库"窗口，在"设计库"窗口中单击"添加文件位置"按钮 🔲，系统弹出"选取文件夹"对话框，在 查找范围(I): 下拉列表中找到 D:\sw21\work\ch05.07 文件夹后，单击"确定"按钮，此时在设计库中会出现"ch05"节点，右击该节点，在弹出的快捷菜单中选择"成型工具文件夹"命令，并确认"成型工具文件夹"前面显示 ☑ 符号。

○步骤 19 创建如图 5.318 所示的钣金成型 1。

在设计库中选择 ch05 文件夹，选中成型工具 01。按住鼠标左键，将其拖动到如图 5.319 所示的钣金表面上，采用系统默认的成型方向，松开鼠标左键完成放置，单击"成型工具特征"对话框中的 ✔ 按钮完成初步创建。单击设计树中 ⚙成型工具011(默认) -> 前的 ▶ 号，右击带有"−"号的草图特征，选择 ☑ 命令，进入草图环境，修改草图至图 5.320 所示的草图，退出草图环境。

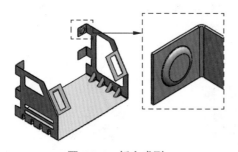

图 5.318　钣金成型 1

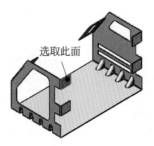

选取此面

图 5.319　放置面

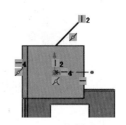

图 5.320　修改草图

○步骤 20 创建如图 5.321 所示的线性阵列 2。选择 特征 功能选项卡 🔲 下的 ▾ 按钮，选择 线性阵列 命令，系统弹出"线性阵列"对话框。在"线性阵列"对话框中 ☑特征和面(F) 单击激活 🔲 后的文本框，选取步骤 19 所创建的钣金成型特征作为阵列的源对象。在"线性阵列"对话框中激活 方向1(1) 区域中 ↗ 后的文本框，选取如图 5.322 所示的边线（靠近上侧位置来选取），在 🔲 文本框中输入间距 55，在 🔲 文本框中输入数量 2。单击"线性阵列"对话框中的 ✔ 按钮，完成线性阵列的创建。

○步骤 21 创建如图 5.323 所示的镜像 3。选择 特征 功能选项卡中的 镜像 命令，选取"右视基准面"作为镜像中心平面，选取"钣金成型 1"与"线性阵列 2"作为要镜像的特征，单击"镜像"对话框中的 ✔ 按钮，完成镜像特征的创建。

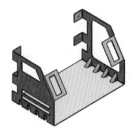

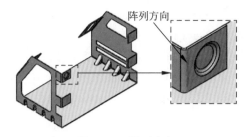

阵列方向

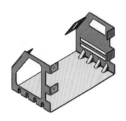

图 5.321　线性阵列 2　　　　图 5.322　阵列方向　　　　图 5.323　镜像 3

○步骤 22　创建如图 5.324 所示的钣金成型 2。

在设计库中选择 ch05 文件夹，选中成型工具 03。按住鼠标左键，将其拖动到如图 5.325 所示的钣金表面上，采用系统默认的成型方向，松开鼠标左键完成放置，单击"成型工具特征"对话框中的 ✓ 按钮完成初步创建。在设计树中右击 ⚙成型工具011(默认) -> 选择 ⚙ 命令，系统弹出"成型工具特征"对话框，在旋转角度区域的 ⚙ 文本框中输入 90，单击设计树中 ⚙成型工具011(默认) -> 前的 ▸ 号，右击带有"–"号的草图特征，选择 ⚙ 命令，进入草图环境，修改草图至图 5.326 所示的草图，退出草图环境，单击 ✓ 按钮完成操作。

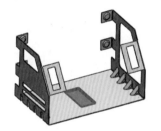

选取此面

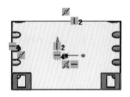

图 5.324　钣金成型 2　　　　图 5.325　放置面　　　　图 5.326　修改草图

○步骤 23　创建如图 5.327 所示的钣金成型 1。

在设计库中选择 ch05 文件夹，选中成型工具 02；按住鼠标左键，将其拖动到如图 5.328 所示的钣金表面上，采用系统默认的成型方向，松开鼠标左键完成放置，单击"成型工具特征"对话框中的 ✓ 按钮完成初步创建。单击设计树中 ⚙成型工具011(默认) -> 前的 ▸ 号，右击带有"–"号的草图特征，选择 ⚙ 命令，进入草图环境，修改草图至如图 5.329 所示的草图，退出草图环境。

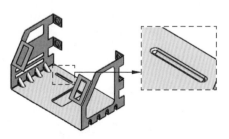

选取此面

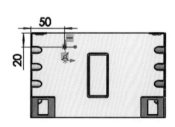

图 5.327　钣金成型 3　　　　图 5.328　放置面　　　　图 5.329　修改草图

○步骤 24　创建如图 5.330 所示的线性阵列 3。选择 特征 功能选项卡 🔡 下的 · 按钮，选择 🔡 线性阵列 命令，系统弹出"线性阵列"对话框。在"线性阵列"对话框中 ☑特征和面(F) 单击激活 🔘 后的文本框，选取步骤 23 所创建的钣金成型特征作为阵列的源对象。在"线性阵列"对话框中激活 方向 1(1) 区域中 ↗ 后的文本框，选取如图 5.331 所示的边线（靠近右侧位置来选取），在 🔩 文本框中输入间距 20，在 🔢 文本框中输入数量 5。单击"线性阵列"对话框中的 ✔ 按钮，完成线性阵列的创建。

○步骤 25　创建如图 5.332 所示的镜像 4。选择 特征 功能选项卡中的 🔢 镜像 命令，选取"右视基准面"作为镜像中心平面，选取"钣金成型 3"与"线性阵列 3"作为要镜像的特征，单击"镜像"对话框中的 ✔ 按钮，完成镜像特征的创建。

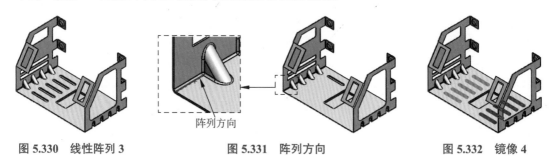

阵列方向

图 5.330　线性阵列 3　　　　　　图 5.331　阵列方向　　　　　　图 5.332　镜像 4

○步骤 26　保存文件。选择"快速访问工具栏"中的"保存" 💾 保存(S) 命令，系统弹出"另存为"对话框，在 文件名(N): 文本框输入"机床外罩"，单击"保存"按钮，完成保存操作。

第6章

SolidWorks 装配设计

6.1 装配设计概述

在实际产品设计的过程中，零件设计只是一个最基础的环节，一个完整的产品是由许多零件组装而成的，只有将各个零件按照设计和使用的要求组装到一起，才能形成一个完整的产品，才能直观表达出设计意图。

装配的作用：

- 模拟真实产品组装，优化装配工艺。

零件的装配处于产品制造的最后阶段，产品最终的质量一般通过装配来得到保证和检验，因此，零件的装配设计是决定产品质量的关键环节。研究并制订合理的装配工艺，采用有效地保证装配精度的装配方法，对进一步提高产品质量有十分重要的意义。SolidWorks 的装配模块能够模拟产品实际装配的过程。

- 得到产品的完整数字模型，易于观察。
- 检查装配体中各零件之间的干涉情况。
- 制作爆炸视图，辅助实际产品的组装。
- 制作装配体工程图。

装配设计一般分为两种方式：自顶向下装配和自下向顶装配。自下向顶设计是一种从局部到整体的设计方法，采用此方法设计产品的思路是：先做零部件，然后将零部件插入装配体文件中进行组装，从而得到整个装配体。这种方法在零件之间不存在任何参数关联，仅仅存在简单的装配关系。自顶向下设计是一种从整体到局部的设计方法，采用此方法设计产品的思路是：首先，创建一个反映装配体整体构架的一级控件，所谓控件就是控制元件，用于控制模型的外观及尺寸等，在设计中起承上启下的作用，我们将最高级别称为一级控件，其次，根据一级控件来分配各个零件间的位置关系和结构，根据分配好的零件间的关系，完成各零件的设计。

相关术语及概念

零件：组成部件与产品的最基本单元。

部件：可以是零件也可以是多个零件组成的子装配，它是组成产品的主要单元。

配合：在装配过程中，配合是用来控制零部件与零部件之间的相对位置，起到定位作用。

装配体：也称为产品，是装配的最终结果，它是由零部件及零部件之间的配合关系组成的。

6.2 装配设计的一般过程

使用 SolidWorks 进行装配设计的一般过程如下：

（1）新建一个"装配"文件，进入装配设计环境。

（2）装配第一个零部件。

说明

> 装配第一个零部件时包含两步操作：第一步，引入零部件；第二步，通过配合定义零部件位置。

（3）装配其他零部件。

（4）制作爆炸视图。

（5）保存装配体。

（6）创建装配体工程图。

下面以装配如图 6.1 所示的车轮产品为例，介绍装配体创建的一般过程。

图 6.1 车轮产品

6.2.1 新建装配文件

（步骤1）选择命令。选择"快速访问工具栏"中的 🗋· 命令，系统弹出"新建 SolidWorks 文件"对话框。

（步骤2）选择装配模板。在"新建 SolidWorks 文件"对话框中选择"装配体"模板，单击"确定"按钮进入装配环境。

说明

> 进入装配环境后会自动弹出如图 6.2 所示的"开始装配体"对话框，以及如图 6.3 所示的"打开"对话框。

图 6.2　"开始装配体"对话框　　　　　图 6.3　"打开"对话框

6.2.2　装配第 1 个零件

○步骤1　选择要添加的零部件。在打开对话框中选择 D:\sw21\work\ch06.02 中的支架 .SLDPRT 文件，然后单击"打开"按钮。

> **说明**
>
> 　　如果读者不小心关闭了"打开"对话框，则可以在"开始装配体"对话框中单击"浏览"按钮，系统会再次弹出"打开"对话框。如果读者将"开始装配体"对话框也关闭了，则可以单击 装配体 功能选项卡中的"插入零部件" 📝 命令，系统会弹出"插入零部件"对话框，"插入零部件"对话框与"开始装配体"对话框的内容一致。

○步骤2　定位零部件。直接单击"开始装配体"对话框中的 ✓ 按钮，即可把零部件固定到装配原点处（零件的 3 个默认基准面与装配体的 3 个默认基准面分别重合），如图 6.4 所示。

6.2.3　装配第 2 个零件

1. 引入第 2 个零件

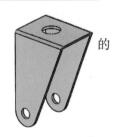

图 6.4　支架零件

○步骤1　选择命令。单击 装配体 功能选项卡 🔧 下的 ▾ 按钮，选择 📝 插入零部件 命令，系统弹出"插入零部件"对话框及"打开"对话框。

○步骤2　选择零部件。在"打开"对话框中选择 D:\sw21\work\ch06.02 中的车轮 .SLDPRT，然后单击"打开"按钮。

◎步骤3 放置零部件。在图形区合适位置单击放置第 2 个零件，如图 6.5 所示。

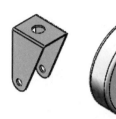

2. 定位第 2 个零件

◎步骤1 选择命令。单击 装配体 功能选项卡中的 🐾 命令，系统弹出如图 6.6 所示的"配合"对话框。

图 6.5　引入车轮零件

◎步骤2 定义同轴心配合。在绘图区域中分别选取如图 6.7 所示的面 1 与面 2 为配合面，系统会自动在"配合"对话框的标准选项卡中选中 ◎ 同轴心(N) ，单击"配合"对话框中的 ✓ 按钮，完成同轴心配合的添加，效果如图 6.8 所示。

◎步骤3 定义重合配合。在设计树中分别选取支架零件的前视基准面与车轮零件的基准面 1，系统会自动在"配合"对话框的标准选项卡中选中 人 重合(C) ，单击"配合"对话框中的 ✓ 按钮，完成重合配合的添加，效果如图 6.9 所示。

◎步骤4 完成定位，再次单击"配合"对话框中的 ✓ 按钮，完成车轮零件的定位。

图 6.6　"配合"对话框

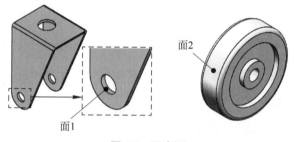

图 6.7　配合面

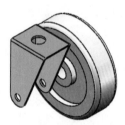

图 6.8　同轴心配合

图 6.9　重合配合

6.2.4　装配第 3 个零件

1. 引入第 3 个零件

（步骤 1）选择命令。单击 装配体 功能选项卡 🔩 下的 ⌄ 按钮，选择 📄 插入零部件 命令，系统弹出 "插入零部件" 对话框及 "打开" 对话框。

（步骤 2）选择零部件。在 "打开" 对话框中选择 D:\sw21\work\ch06.02 中的定位销 .SLDPRT，然后单击 "打开" 按钮。

（步骤 3）放置零部件。在图形区合适位置单击放置第 2 个零件，如图 6.10 所示。

图 6.10　引入定位销零件

2. 定位第 3 个零件

（步骤 1）选择命令。单击 装配体 功能选项卡中的 🔩 命令，系统弹出 "配合" 对话框。

（步骤 2）定义同轴心配合。在绘图区域中分别选取如图 6.11 所示的面 1 与面 2 为配合面，系统会自动在 "配合" 对话框的标准选项卡中选中 ◎ 同轴心(N)，单击 "配合" 对话框中的 ✓ 按钮，完成同轴心配合的添加，效果如图 6.12 所示。

（步骤 3）定义重合配合。在设计树中分别选取定位销零件的前视基准面与车轮零件的基准面 1，系统会自动在 "配合" 对话框的标准选项卡中选中 ⋏ 重合(C)，单击 "配合" 对话框中的 ✓ 按钮，完成重合配合的添加，效果如图 6.13 所示（隐藏车轮零件后的效果）。

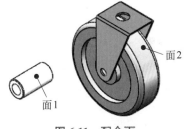

图 6.11　配合面

图 6.12　同轴心配合

图 6.13　重合配合

（步骤 4）完成定位，再次单击 "配合" 对话框中的 ✓ 按钮，完成定位销零件的定位。

6.2.5　装配第 4 个零件

1. 引入第 4 个零件

（步骤 1）选择命令。单击 装配体 功能选项卡 🔩 下的 ⌄ 按钮，选择 📄 插入零部件 命令，系统弹出 "插入零部件" 对话框及 "打开" 对话框。

（步骤 2）选择零部件。在 "打开" 对话框中选择 D:\sw21\work\ch06.02 中的固定螺钉 .SLDPRT，然后单击 "打开" 按钮。

○步骤 3 放置零部件。在图形区合适位置单击放置第 2 个零件，如图 6.14 所示。

2. 定位第 4 个零件

○步骤 1 调整零件角度与位置。在图形区中将鼠标移动到要旋转的零件上，按住鼠标右击并拖动鼠标，将模型旋转至如图 6.15 所示的大概角度。在图形区中将鼠标移动到要旋转的零件上，按住鼠标左键并拖动鼠标，将模型移动至如图 6.15 所示的大概位置。

说明

单击 装配体 选项卡 🔩 下的 · 按钮，选择 📦 移动零部件 与 🔩 旋转零部件 命令也可以对模型进行移动或者旋转操作。

图 6.14　引入固定螺钉零件　　图 6.15　调整角度与位置

○步骤 2 选择命令。单击 装配体 功能选项卡中的 🔩 命令，系统弹出"配合"对话框。

○步骤 3 定义同轴心配合。在绘图区域中分别选取如图 6.16 所示的面 1 与面 2 为配合面，系统会自动在"配合"对话框的标准选项卡中选中 ◎ 同轴心(N)，单击"配合"对话框中的 ✓ 按钮，完成同轴心配合的添加，效果如图 6.17 所示。

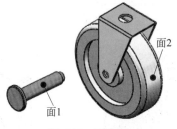

图 6.16　配合面　　　　　　　　　　　图 6.17　同轴心配合

○步骤 4 定义重合配合。在设计树中分别选取如图 6.18 所示的面 1 与面 2，系统会自动在"配合"对话框的标准选项卡中选中 🔗 重合(C)，单击"配合"对话框中的 ✓ 按钮，完成重合配合的添加，效果如图 6.19 所示。

○步骤 5 完成定位，再次单击"配合"对话框中的 ✓ 按钮，完成固定螺钉零件的定位。

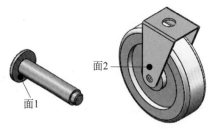

图 6.18　配合面　　　　　　　　　　　图 6.19　重合配合

6.2.6　装配第 5 个零件

1. 引入第 5 个零件

○步骤1 选择命令。单击 装配体 功能选项卡 插入零部件 下的 ▼ 按钮，选择 插入零部件 命令，系统弹出"插入零部件"对话框及"打开"对话框。

○步骤2 选择零部件。在"打开"对话框中选择 D:\sw21\work\ch06.02 中的连接轴 .SLDPRT，然后单击"打开"按钮。

○步骤3 放置零部件。在图形区合适位置单击放置第 2 个零件，如图 6.20 所示。

2. 定位第 5 个零件

○步骤1 调整零件角度与位置。在图形区中将鼠标移动到要旋转的零件上，按住鼠标右键并拖动，将模型旋转至如图 6.21 所示的大概角度。在图形区中将鼠标移动到要旋转的零件上，按住鼠标左键并拖动鼠标，将模型移动至如图 6.21 所示的大概位置。

图 6.20　引入连接轴零件　　　　　图 6.21　调整角度与位置

○步骤2 选择命令。单击 装配体 功能选项卡中的 配合 命令，系统弹出"配合"对话框。

○步骤3 定义同轴心配合。在绘图区域中分别选取如图 6.22 所示的面 1 与面 2 为配合面，系统会自动在"配合"对话框的标准选项卡中选中 ◎ 同轴心(N)，单击"配合"对话框中的 ✓ 按钮，完成同轴心配合的添加，效果如图 6.23 所示。

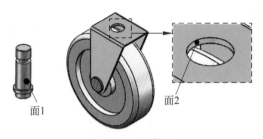 

图 6.22　配合面　　　　　　　　　图 6.23　同轴心配合

○步骤4 定义重合配合。在设计树中分别选取如图 6.24 所示的面 1 与面 2，系统会自动在"配合"对话框的标准选项卡中选中 ⦟ 重合(C)，单击"配合"对话框中的 ✓ 按钮，完成重合配合的添加，效果如图 6.25 所示。

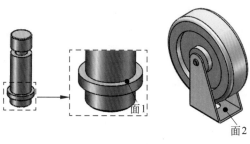

图 6.24　配合面　　　　　　　　　　　　　图 6.25　重合配合

○步骤5 完成定位，再次单击"配合"对话框中的 ✔ 按钮，完成连接轴零件的定位。

○步骤6 保存文件。选择"快速访问工具栏"中的"保存" ▉ 保存(S) 命令，系统弹出"另存为"对话框，在 文件名(N): 文本框输入"车轮"，单击"保存"按钮，完成保存操作。

6.3　装配配合

通过定义装配配合，可以指定零件相对于装配体（组件）中其他组件的放置方式和位置。装配约束的类型包括重合、平行、垂直和同轴心等。在 SolidWorks 中，一个零件通过装配约束添加到装配体后，它的位置会随着与其有约束关系的组件的改变而相应地改变，而且约束设置值作为参数可随时修改，并可与其他参数建立关系方程，这样整个装配体实际上是一个参数化的装配体。在 SolidWorks 中装配配合主要包括三大类型：标准配合、高级配合及机械配合。

关于装配配合，需要注意以下几点：

- 一般来讲，建立一个装配配合时，应选取零件参照和部件参照。零件参照和部件参照是零件和装配体中用于配合定位和定向的点、线、面。例如通过"重合"约束将一根轴放入装配体的一个孔中，轴的圆柱面或者中心轴就是零件参照，而孔的圆柱面或者中心轴就是部件参照。

- 要对一个零件在装配体中完整地指定放置和定向（即完整约束），往往需要定义多个装配配合。

- 系统一次只可以添加一个配合。例如不能用一个"重合"约束将一个零件上两个不同的孔与装配体中的另一个零件上两个不同的孔对齐，必须定义两个不同的重合约束。

6.3.1　标准配合

1. "重合"配合

"重合"配合可以添加两个零部件点、线或者面中任意两个对象之间的重合关系，如点点重合（如图 6.26 所示）、点线重合（如图 6.27 所示）、点面重合（如图 6.28 所示）、线线重合（如图 6.29 所示）、线面重合（如图 6.30 所示）、面面重合（如图 6.31 所示），并且可以改变重合的方向，如图 6.32 所示。

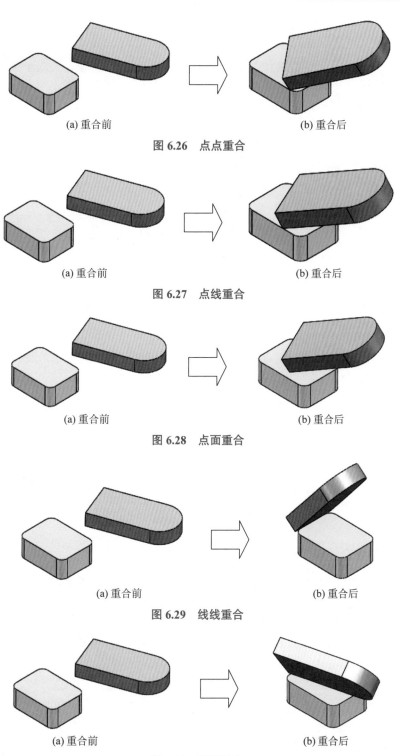

(a) 重合前　　　　　　　　　　　　(b) 重合后

图 6.26　点点重合

(a) 重合前　　　　　　　　　　　　(b) 重合后

图 6.27　点线重合

(a) 重合前　　　　　　　　　　　　(b) 重合后

图 6.28　点面重合

(a) 重合前　　　　　　　　　　　　(b) 重合后

图 6.29　线线重合

(a) 重合前　　　　　　　　　　　　(b) 重合后

图 6.30　线面重合

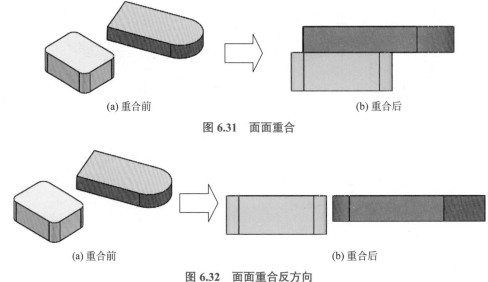

(a) 重合前　　　　　　　　　　　　　　(b) 重合后

图 6.31　面面重合

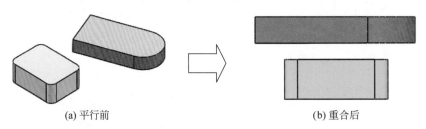

(a) 重合前　　　　　　　　　　　　　　(b) 重合后

图 6.32　面面重合反方向

2. "平行"配合

"平行"配合可以添加两个零部件线或者面两个对象之间的平行关系，如线与线平行、线与面平行、面与面平行，并且可以改变平行的方向，如图 6.33 所示。

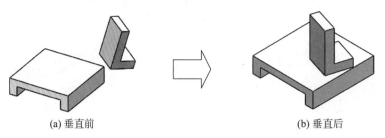

(a) 平行前　　　　　　　　　　　　　　(b) 重合后

图 6.33　平行配合

3. "垂直"配合

"垂直"配合可以添加两个零部件线或者面两个对象之间的垂直关系，如线与线垂直、线与面垂直、面与面垂直，如图 6.34 所示。

(a) 垂直前　　　　　　　　　　　　　　(b) 垂直后

图 6.34　垂直配合

4. "相切"配合

"相切"配合可以将所选两个元素处于相切位置，如至少有一个元素为圆柱面、圆锥面或球面，并且可以改变相切的方向，如图 6.35 所示。

5. "同轴心"配合

"同轴心"配合可以将所选两个圆柱面处于同轴心位置，该配合经常用于轴类零件的装配，如图 6.36 所示。

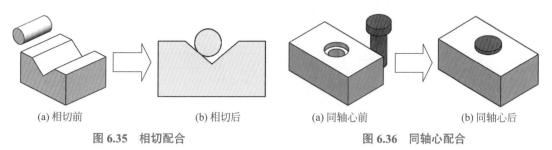

(a) 相切前　　　　　　(b) 相切后　　　　　　(a) 同轴心前　　　　　(b) 同轴心后

图 6.35　相切配合　　　　　　　　　　图 6.36　同轴心配合

6. "距离"配合

"距离"配合可以使两个零部件上的点、线或面建立一定距离来限制零部件的相对位置关系，如图 6.37 所示。

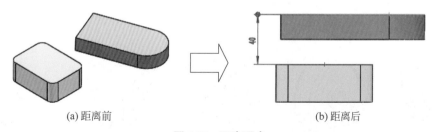

(a) 距离前　　　　　　　　　　　　(b) 距离后

图 6.37　距离配合

7. "角度"配合

"角度"配合可以使两个元件上的线或面建立一定的角度，从而限制部件的相对位置关系，如图 6.38 所示。

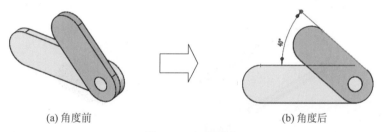

(a) 角度前　　　　　　　　　　　(b) 角度后

图 6.38　角度配合

6.3.2 高级配合

6min

1. "对称"配合

"对称"配合可以添加两个零部件中某两个面关于某个面呈对称的关系，例如要让图 6.39 所示的面 1 与面 2 关于面 3 对称，需要选取面 3 为对称中心面，选取面 1 与面 2 为要对称的面，添加后如图 6.40 所示。

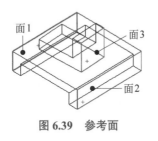

图 6.39 参考面

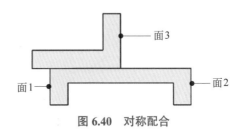

图 6.40 对称配合

2. "宽度"配合

"宽度"配合最常用的是中心类型，此类型可以添加一个零部件中所选的两个平行面的中心面与另外一个零部件中所选的两个平行面的中心面重合，主要实现居中放置，例如要让车轮居中放置到支架中，只需选取如图 6.41 所示车轮零件中的面 1 与面 2，如图 6.42 所示支架零件中的面 3 与面 4，结合宽度配合便可以实现如图 6.43 所示的配合。

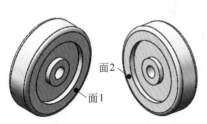
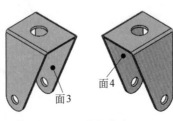

图 6.41 车轮参考面　　图 6.42 支架参考面　　图 6.43 宽度配合

3. "路径"配合

5min

"路径"配合可以将零部件中所选的点约束到某个曲线路径上。下面以装配如图 6.44 所示的产品为例，模拟滑块在轨道内可以运动，以此介绍路径配合添加的一般过程。

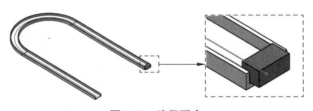

图 6.44 路径配合

○步骤 1 新建装配文件。选择“快速访问工具栏”中的 命令，系统弹出“新建 SolidWorks 文件”对话框，在“新建 SolidWorks 文件”对话框中选择“装配体”模板，单击“确定”按钮进入装配环境。

○步骤 2 引入并定位第 1 个零部件。在“打开”对话框中选择 D:\sw21\work\ch06.03\02 中的轨道 .SLDPRT，然后单击“打开”按钮，直接单击“开始装配体”对话框中的 ✓ 按钮，即可把零部件固定到装配原点处（零件的 3 个默认基准面与装配体的 3 个默认基准面分别重合），如图 6.45 所示。

○步骤 3 引入第 2 个零部件。单击 装配体 功能选项卡 下的 按钮，选择 插入零部件 命令，系统弹出“插入零部件”对话框及“打开”对话框，在“打开”对话框中选择 D:\sw21\work\ch06.03\02\滑块 .SLDPRT，然后单击“打开”按钮，在图形区合适位置单击放置第 2 个零件，如图 6.46 所示。

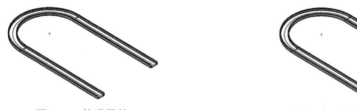

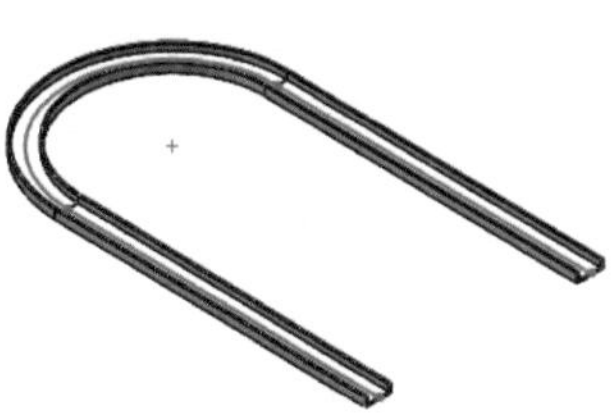
图 6.45 轨道零件

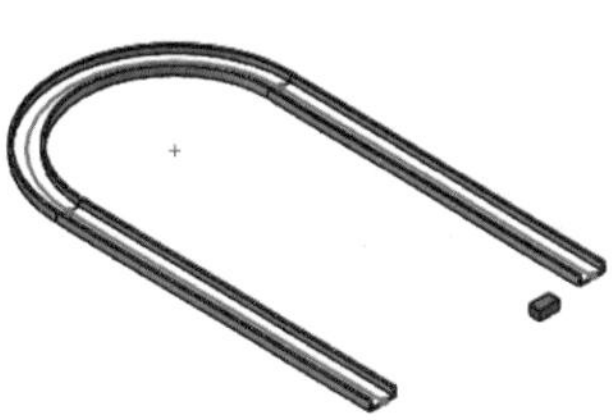
图 6.46 引入滑块零件

○步骤 4 添加第 2 个零部件的重合配合。单击 装配体 功能选项卡中的 命令，系统弹出“配合”对话框，在绘图区域中分别选取如图 6.47 所示的面 1 与面 2 为配合面，系统会自动在“配合”对话框的标准选项卡中选中 重合(C)，单击“配合”对话框中的 ✓ 按钮，完成重合配合的添加，效果如图 6.48 所示。

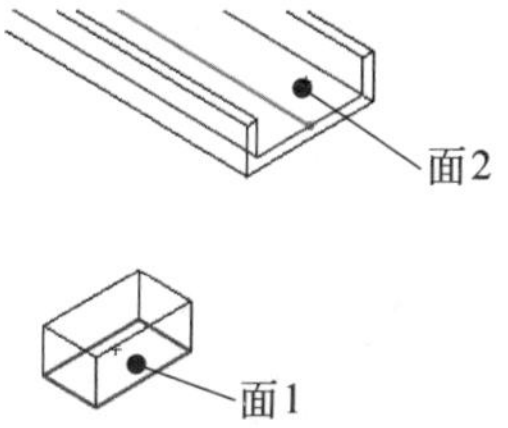

图 6.47 配合面

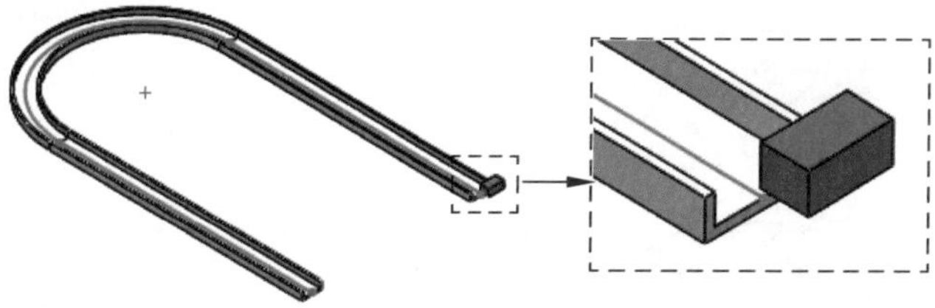
图 6.48 重合配合

○步骤 5 添加第 2 个零部件的路径配合。在“配合”对话框的高级选项卡中单击 路径配合(P) 按钮，选取如图 6.49 所示的点作为零部件顶点参考，单击“配合”对话框配合选择区域中的 SelectionManager 按钮，在系统弹出的如图 6.50 所示的选择对话框中选中 （选择组）单选项。

然后在绘图区依次选取如图 6.51 所示的对象（3 个对象），单击“选择”对话框中的 ✓ 按钮，完成路径的选取。

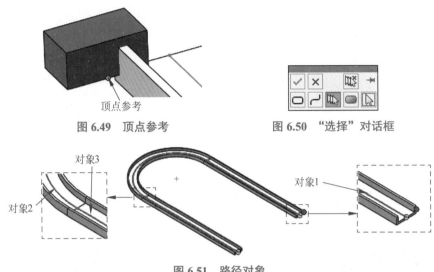

图 6.49　顶点参考　　　　　　图 6.50　"选择"对话框

图 6.51　路径对象

在"配合"对话框的 俯仰/偏航控制 下拉列表中选择随路径变化，选中 ⊙Z 单选按钮，其他参数采用默认，单击"配合"对话框中的 ✓ 按钮，完成路径配合的添加，效果如图 6.52 所示。

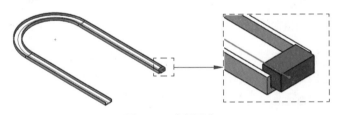

图 6.52　路径配合

◎步骤6 完成定位。再次单击"配合"对话框中的 ✓ 按钮，完成滑块零件的定位。

◎步骤7 验证路径配合。在绘图区域中将鼠标放置到滑块路径表面，按住鼠标左键拖动滑块，此时可以看到滑块沿着曲线路径在轨道中滑动，如图 6.53 所示。

图 6.53　验证路径配合

路径配合与重合配合的区别：路径配合可以限制一个方向与曲线的相切，从而可以限制零件的旋转自由度，例如图 6.54 所示的路径配合中，将 俯仰/偏航控制 设置为随路径变化，并且选中 ⊙Z ，表示 Z 轴将保持与曲线的相切，此时滑块零件沿 Y 轴的旋转自由度将被限制，重合约束是不能限制旋转自由度的，这将导致在沿曲线运动时滑块会沿 Y 轴转动，出现如图 6.55

所示的不良结果。

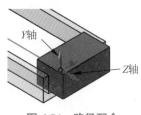

图 6.54　路径配合

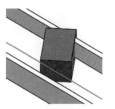

图 6.55　重合配合

○步骤 8 保存文件。选择"快速访问工具栏"中的"保存" 💾 保存(S) 命令，系统弹出"另存为"对话框，在 文件名(N): 文本框输入"路径配合"，单击"保存"按钮，完成保存操作。

4. "限制距离"配合

5min

"限制距离"配合可以添加两个零部件点、线或者面中任意两个对象，它们可在一定间距范围内活动。下面以装配如图 6.56 所示的产品为例，模拟零件 2 可以在零件 1 槽中一定范围内活动，以此介绍限制距离配合添加的一般过程。

○步骤 1 新建装配文件。选择"快速访问工具栏"中的 □· 命令，系统弹出"新建 SolidWorks 文件"对话框，在"新建 SolidWorks 文件"对话框中选择"装配体"模板，单击"确定"按钮进入装配环境。

○步骤 2 引入并定位第 1 个零部件。在"打开"对话框中选择 D:\sw21\work\ch06.03\02\ 限制距离 01.SLDPRT，然后单击"打开"按钮，直接单击"开始装配体"对话框中的 ✓ 按钮，即可把零部件固定到装配原点处（零件的 3 个默认基准面与装配体的 3 个默认基准面分别重合），如图 6.57 所示。

○步骤 3 引入第 2 个零部件。单击 装配体 功能选项卡 🐾 下的 ▾ 按钮，选择 🗗 插入零部件 命令，系统弹出"插入零部件"对话框及"打开"对话框，在"打开"对话框中选择 D:\sw21\work\ch06.03\02\ 限制距离 02.SLDPRT，然后单击"打开"按钮，在图形区合适位置单击放置第 2 个零件，按住鼠标后右击并旋转至如图 6.58 所示的方位。

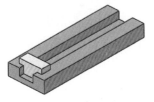

图 6.56　限制距离

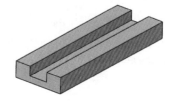

图 6.57　限制距离 01 零件

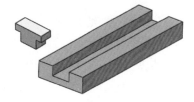

图 6.58　引入限制距离 02 零件

○步骤 4 添加第 2 个零部件的重合配合。单击 装配体 功能选项卡中的 🔊 命令，系统弹出"配合"对话框，在绘图区域中分别选取如图 6.59 所示的面 1 与面 2 为配合面，系统会自动在"配合"对话框的标准选项卡中选中 🗾 重合(C)，单击"配合"对话框中的 ✓ 按钮，完成重合配合的添加，效果如图 6.60 所示。

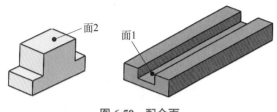
图 6.59　配合面

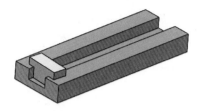
图 6.60　重合配合

〇步骤 5　添加第 2 个零部件的宽度配合。在"配合"对话框的高级选项卡中单击 [宽度(I)] 按钮，选取如图 6.61 所示的面 1 与面 2 为宽度选择参考，选取如图 6.62 所示的面 3 与面 4 为薄片选择参考，单击"配合"对话框中的 ✓ 按钮，完成宽度配合的添加，效果如图 6.63 所示。

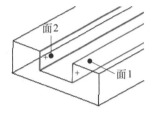
图 6.61　宽度选择参考

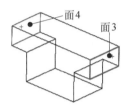
图 6.62　薄片选择参考

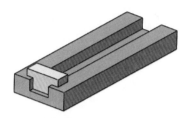
图 6.63　宽度配合

〇步骤 6　添加第 2 个零部件的限制距离配合。在"配合"对话框的高级选项卡中单击 [H] 按钮，选取如图 6.64 所示的面 1 与面 2 为配合参考，在 [H] 后的文本框中输入当前距离 10，在 ÷ 文本框中输入最小间距 0，在 I 文本框中输入最大间距 150，单击"配合"对话框中的 ✓ 按钮，完成限制距离配合的添加，效果如图 6.65 所示。

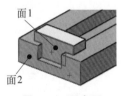
图 6.64　配合面

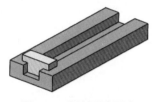
图 6.65　限制距离配合

〇步骤 7　完成定位。再次单击"配合"对话框中的 ✓ 按钮，完成第 2 个零件的定位。

〇步骤 8　验证限制距离配合。在绘图区域中将鼠标放置到限制距离 02 表面，按住鼠标左键拖动，此时会看到限制距离 02 会在轨道中滑动，并且其滑动范围是 0~150，如图 6.66 所示。

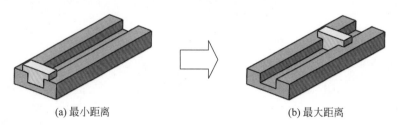
(a) 最小距离　　　(b) 最大距离
图 6.66　验证限制距离配合

◯步骤9 保存文件。选择"快速访问工具栏"中的 🖫 保存(S) 命令，系统弹出"另存为"对话框，在 文件名(N): 文本框输入"限制距离配合"，单击"保存"按钮，完成保存操作。

5. "限制角度"配合

▶ 4min

"限制角度"配合可以添加两个零部件的线或者面中的任意两个对象，这两个对象可在一定角度范围内摆动。下面以装配如图 6.67 所示的门产品为例，模拟门的打开与关闭，以此介绍限制角度配合添加的一般过程。

◯步骤1 新建装配文件。选择"快速访问工具栏"中的 □· 命令，系统弹出"新建SolidWorks 文件"对话框，在"新建 SolidWorks 文件"对话框中选择"装配体"模板，单击"确定"按钮进入装配环境。

◯步骤2 引入并定位第 1 个零部件。在"打开"对话框中选择 D:\sw21\work\ch06.03\02\门框 .SLDPRT，然后单击"打开"按钮，直接单击"开始装配体"对话框中的 ✓ 按钮，即可把零部件固定到装配原点处（零件的 3 个默认基准面与装配体的 3 个默认基准面分别重合），如图 6.68 所示。

◯步骤3 引入第 2 个零部件。单击 装配体 功能选项卡 🔩 下的 · 按钮，选择 插入零部件 命令，系统弹出"插入零部件"对话框及"打开"对话框，在"打开"对话框中选择 D:\sw21\work\ch06.03\02\门 .SLDPRT，然后单击"打开"按钮，在图形区合适位置单击放置第 2 个零件，按住鼠标后右击并旋转至如图 6.69 所示方位。

图 6.67 限制角度　　　　图 6.68 门框零件　　　　图 6.69 引入门零件

◯步骤4 添加第 2 个零部件的重合配合 1。单击 装配体 功能选项卡中的 🔧 命令，系统弹出"配合"对话框，在绘图区域中分别选取如图 6.70 所示的面 1 与面 2 为配合面，系统会自动在"配合"对话框的标准选项卡中选中 人 重合(C)，单击配合对话框中的 ✓ 按钮，完成重合配合的添加，效果如图 6.71 所示。

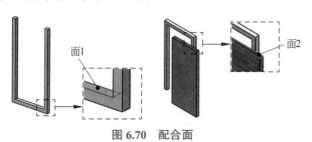

图 6.70 配合面　　　　　　　　　　　　图 6.71 重合配合 1

○步骤 5 添加第 2 个零部件的重合配合 2。在绘图区域中分别选取如图 6.72 所示的边线 1 与边线 2 为配合边线，系统会自动在"配合"对话框的标准选项卡中选中 重合(c) ，单击"配合"对话框中的 ✓ 按钮，完成重合配合的添加，效果如图 6.73 所示。

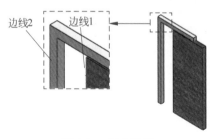

图 6.72　配合边线　　　　　　　　　　　图 6.73　重合配合 2

○步骤 6 添加第 2 个零部件的限制角度配合。在"配合"对话框的高级选项卡中单击 按钮，选取如图 6.74 所示的面 1 与面 2 为配合参考，在 后的文本框中输入当前距 30，在 文本框中输入最小间距 0，在 文本框中输入最大间距 90，单击"配合"对话框中的 ✓ 按钮，完成限制角度配合的添加，效果如图 6.75 所示。

○步骤 7 完成定位。再次单击"配合"对话框中的 ✓ 按钮，完成第 2 个零件的定位。

○步骤 8 验证限制角度配合。在绘图区域中将鼠标放置到门零件表面，按住鼠标左键拖动门零件，此时会看到门可以随着鼠标转动，如图 6.76 所示。

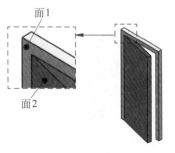

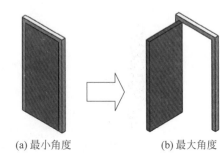

(a) 最小角度　　　　　　(b) 最大角度

图 6.74　配合面　　　　　图 6.75　限制角度配合　　　　　图 6.76　验证限制角度配合

○步骤 9 保存文件。选择"快速访问工具栏"中的"保存" 保存(S) 命令，系统弹出"另存为"对话框，在 文件名(N): 文本框输入"限制角度配合"，单击"保存"按钮，完成保存操作。

6.3.3　机械配合

1. "凸轮"配合

"凸轮"配合可以添加圆柱、基准面或点并与一系列相切的拉伸面重合或相切。下面以装配如图 6.77 所示的凸轮机构为例，介绍凸轮配合添加的一般过程。

图 6.77　凸轮机构

步骤 1 新建装配文件。选择"快速访问工具栏"中的 □· 命令，系统弹出"新建 SolidWorks 文件"对话框，在"新建 SolidWorks 文件"对话框中选择"装配体"模板，单击"确定"按钮进入装配环境。

步骤 2 引入并定位第 1 个零部件。在"打开"对话框中选择 D:\sw21\work\ch06.03\03\ 凸轮机构 \ 固定板 .SLDPRT，然后单击"打开"按钮，直接单击"开始装配体"对话框中的 ✓ 按钮，即可把零部件固定到装配原点处，如图 6.78 所示。

步骤 3 创建如图 6.79 所示基准面 1。单击 装配体 功能选项卡 ▪🖢 下的 ·· 按钮，选择 ▦ 基准面 命令。选取上视基准面为第一参考，然后在 🔂 文本框中输入间距 200，取消选中 □反转等距 复选框，单击 ✓ 按钮完成创建。

步骤 4 创建如图 6.80 所示基准轴 1。单击 装配体 功能选项卡 ▪🖢 下的 ·· 按钮，选择 ▦ 基准面 命令。选取右视基准面与基准面 1 为参考，系统自动选择 ▨ 两平面(T) 类型，单击 ✓ 按钮完成创建。

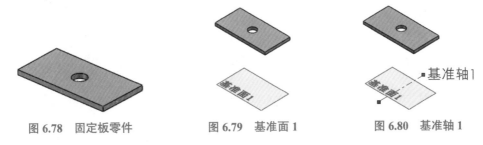

图 6.78　固定板零件　　　　　图 6.79　基准面 1　　　　　图 6.80　基准轴 1

步骤 5 引入第 2 个零部件。单击 装配体 功能选项卡 🔩 下的 ·· 按钮，选择 🗗 插入零部件 命令，系统弹出"插入零部件"对话框及"打开"对话框，在"打开"对话框中选择 D:\sw21\work\ch06.03\03\ 凸轮机构 \ 凸轮 .SLDPRT，然后单击"打开"按钮，在图形区合适位置单击放置第 2 个零件，如图 6.81 所示。

步骤 6 添加第 2 个零部件的同轴心配合。单击 装配体 功能选项卡中的 🔩 命令，在绘图区域中分别选取如图 6.82 所示的面 1 与如图 6.83 所示的基准轴 1 为配合参考，系统会自动在"配合"对话框的标准选项卡中选中 ◎ 同轴心(N) ，单击"配合"对话框中的 ✓ 按钮，完成同轴心配合的添加，效果如图 6.83 所示。

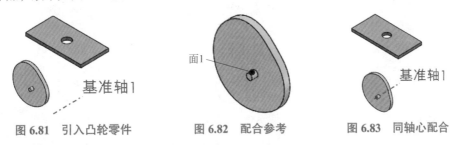

图 6.81　引入凸轮零件　　　　图 6.82　配合参考　　　　图 6.83　同轴心配合

步骤 7 添加第 2 个零部件的重合配合。在绘图区域中分别选取凸轮零件的前视基准面与装配体的前视基准面为配合面，系统会自动在"配合"对话框的标准选项卡中选中 ⟂ 重合(C) ，单击"配合"对话框中的 ✓ 按钮，完成重合配合的添加，效果如图 6.84 所示，再次单击"配合"对话框中的 ✓ 按钮，完成第 2 个零件的定位。

○步骤 8 引入第 3 个零部件。单击 装配体 功能选项卡 🗇 下的 ▾ 按钮，选择 🗊 插入零部件 命令，系统弹出"插入零部件"对话框及"打开"对话框，在"打开"对话框中选择 D:\sw21\work\ch06.03\03\ 凸轮机构 \ 滚子 .SLDPRT，然后单击"打开"按钮，在图形区合适位置单击放置第 3 个零件，如图 6.85 所示。

○步骤 9 添加第 3 个零部件的重合配合。单击 装配体 功能选项卡中的 🗇 命令，在设计树中分别选取滚子零件的前视基准面与装配体的前视基准面为配合面，系统会自动在"配合"对话框的标准选项卡中选中 人 重合(C) ，单击"配合"对话框中的 ✓ 按钮，完成重合配合的添加，效果如图 6.86 所示。

图 6.84 重合配合　　　　图 6.85 滚子零件　　　　图 6.86 重合配合

○步骤 10 添加第 3 个零部件的凸轮配合。在配合对话框的机械选项卡中单击 🗇 凸轮(M) 按钮，选取如图 6.87 所示的面 1 为凸轮槽参考，选购面 2 为凸轮推杆参考，确认 🗇 按钮被按下，保证是外切方向，单击"配合"对话框中的 ✓ 按钮，完成重合配合的添加，效果如图 6.88 所示，再次单击"配合"对话框中的 ✓ 按钮，完成第 3 个零件的定位。

○步骤 11 引入第 4 个零部件。单击 装配体 功能选项卡 🗇 下的 ▾ 按钮，选择 🗊 插入零部件 命令，系统弹出"插入零部件"对话框及"打开"对话框，在"打开"对话框中选择 D:\sw21\work\ch06.03\03\ 凸轮机构 \ 连杆 .SLDPRT，然后单击"打开"按钮，在图形区合适位置单击放置第 4 个零件，按住鼠标后右击并旋转模型至如图 6.89 所示的效果。

面 2　面 1

图 6.87 配合参考　　　　图 6.88 凸轮配合　　　　图 6.89 连杆零件

○步骤 12 添加第 4 个零部件的重合配合。单击 装配体 功能选项卡中的 🗇 命令，在设计树中分别选取连杆零件的右视基准面与装配体的前视基准面为配合面，系统会自动在"配合"

对话框的标准选项卡中选中 人 重合(C)，单击"配合"对话框中的 ✓ 按钮，完成重合配合的添加，效果如图 6.90 所示。

○步骤13 添加第 4 个零部件的同轴心配合 1。在绘图区域中分别选取如图 6.91 所示的面 1 与面 2 为配合参考，系统会自动在"配合"对话框的标准选项卡中选中 ◎ 同轴心(N)，单击"配合"对话框中的 ✓ 按钮，完成同轴心配合的添加，效果如图 6.92 所示。

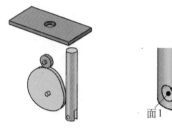

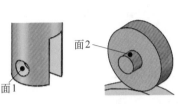

图 6.90　重合配合　　　　图 6.91　配合参考　　　　图 6.92　同轴心配合 1

○步骤14 添加第 4 个零部件的同轴心配合 2。在绘图区域中分别选取如图 6.93 所示的面 1 与面 2 为配合参考，系统会自动在"配合"对话框的标准选项卡中选中 ◎ 同轴心(N)，单击"配合"对话框中的 ✓ 按钮，完成同轴心配合的添加，效果如图 6.94 所示，再次单击"配合"对话框中的 ✓ 按钮，完成第 4 个零件的定位。

图 6.93　配合参考　　　　　　　　图 6.94　同轴心配合 2

○步骤15 保存文件。选择"快速访问工具栏"中的"保存" 💾 保存(S) 命令，系统弹出"另存为"对话框，在 文件名(N): 文本框输入"凸轮机构"，单击"保存"按钮，完成保存操作。

2. "槽口"配合

"槽口"配合可以将一个零件的圆柱运动约束至另外一个零件的槽口孔内。下面以装配图 6.95 所示的装配为例，介绍槽口配合添加的一般过程。

○步骤1 新建装配文件。选择"快速访问工具栏"中的 📄· 命令，系统弹出"新建 SolidWorks 文件"对话框，在"新建 SolidWorks 文件"对话框中选择"装配体"模板，单击"确定"按钮进入装配环境。

○步骤2 引入并定位第 1 个零部件。在"打开"对话框中选择 D:\sw21\work\ch06.03\03\ 槽口配合 \ 槽口配合 01.SLDPRT，然后单击"打开"按钮，直接单击"开始装配体"对话框中的 ✓ 按钮，即可把零部件固定到装配原点处，如图 6.96 所示。

○步骤3 引入第2个零部件。单击 装配体 功能选项卡 插入零部件 下的 ▼ 按钮，选择 插入零部件 命令，系统弹出"插入零部件"对话框及"打开"对话框，在"打开"对话框中选择 D:\sw21\ work\ch06.03\03\ 槽口配合 \ 槽口配合 02.SLDPRT，然后单击"打开"按钮，在图形区合适位置单击放置第2个零件，如图 6.97 所示的效果。

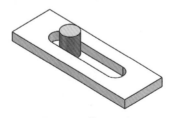

图 6.95　槽口配合

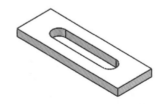

图 6.96　引入槽口配合 1 零件

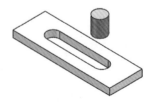

图 6.97　引入槽口配合 2 零件

○步骤4 添加第2个零部件的重合配合。单击 装配体 功能选项卡中的 配合 命令，在绘图区域中选取如图 6.98 所示的面 1 与面 2 为配合面，系统会自动在"配合"对话框的标准选项卡中选中 重合(C)，单击"配合"对话框中的 ✔ 按钮，完成重合配合的添加，效果如图 6.99 所示。

○步骤5 添加第2个零部件的槽口配合。在配合对话框的机械选项卡中单击 槽口(L) 按钮，选取如图 6.100 所示的面 1 与面 2（选取面 2 后系统自动链选整个槽口的面）为配合槽参考，单击"配合"对话框中的 ✔ 按钮，完成重合配合的添加，效果如图 6.101 所示，再次单击"配合"对话框中的 ✔ 按钮，完成第2个零件的定位。

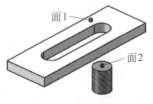

图 6.98　连杆零件

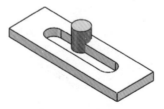

图 6.99　重合配合

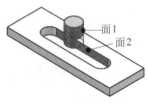

图 6.100　配合参考

○步骤6 验证槽口配合。在绘图区域中将鼠标放置到槽口配合 2 零件表面，按住鼠标左键拖动零件，此时会看到零件随着鼠标在槽口内滑动，如图 6.102 所示。

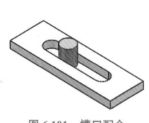

图 6.101　槽口配合

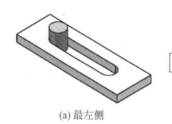

(a) 最左侧

(b) 最右侧

图 6.102　验证槽口配合

○步骤7 保存文件。选择"快速访问工具栏"中的"保存" 保存(S) 命令，系统弹出"另存为"对话框，在 文件名(N): 文本框输入"槽口配合"，单击"保存"按钮，完成保存操作。

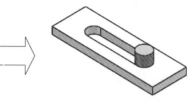

3. "铰链"配合

"铰链"配合是指将两个零部件之间的移动限制在一定的旋转范围内。下面以装配如图 6.103 所示的装配为例，介绍铰链配合添加的一般过程。

◯ 步骤 1 　新建装配文件。选择"快速访问工具栏"中的 □· 命令，系统弹出"新建 SolidWorks 文件"对话框，在"新建 SolidWorks 文件"对话框中选择"装配体"模板，单击"确定"按钮进入装配环境。

◯ 步骤 2 　引入并定位第 1 个零部件。在"打开"对话框中选择 D:\sw21\work\ch06.03\03\ 铰链配合 \ 铰链 1.SLDPRT，然后单击"打开"按钮，直接单击"开始装配体"对话框中的 ✓ 按钮，即可把零部件固定到装配原点处，如图 6.104 所示。

◯ 步骤 3 　引入第 2 个零部件。单击 装配体 功能选项卡 ⚙ 下的 · 按钮，选择 ⚙ 插入零部件 命令，系统弹出"插入零部件"对话框及"打开"对话框，在"打开"对话框中选择 D:\sw21\work\ch06.03\03\ 铰链配合 \ 铰链 2.SLDPRT，然后单击"打开"按钮，在图形区合适位置单击放置第 2 个零件，如图 6.105 所示的效果。

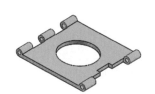

图 6.103　槽铰链配合　　　　图 6.104　引入铰链 1 零件　　　　图 6.105　引入铰链 2 零件

◯ 步骤 4 　添加第 2 个零部件的铰链配合。单击 装配体 功能选项卡中的 ⚙ 命令，在配合对话框中的机械选项卡中单击 ⚙ 铰链(H) 按钮，选取如图 6.106 所示的面 1 与面 2 为同轴心配合参考，选取面 3 与面 4 为重合配合参考，单击"配合"对话框中的 ✓ 按钮，完成铰链配合的添加，效果如图 6.107 所示，再次单击"配合"对话框中的 ✓ 按钮，完成第 2 个零件的定位。

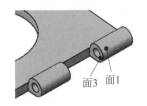

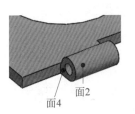

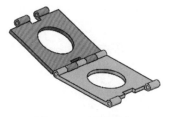

图 6.106　配合参考　　　　　　　　　　　　　图 6.107　铰链配合

◯ 步骤 5 　保存文件。选择"快速访问工具栏"中的"保存" 💾 保存(S) 命令，系统弹出"另存为"对话框，在 文件名(N): 文本框输入"铰链配合"，单击"保存"按钮，完成保存操作。

4. "齿轮"配合

"齿轮"配合可以强迫两个零部件绕所选轴彼此相对旋转。下面以装配如图 6.108 所示的

▶ 9min

装配为例，介绍齿轮配合添加的一般过程。

○步骤1　新建装配文件。选择"快速访问工具栏"中的 ▣· 命令，系统弹出"新建 SolidWorks 文件"对话框，在"新建 SolidWorks 文件"对话框中选择"装配体"模板，单击"确定"按钮进入装配环境，关闭"打开"对话框与"开始装配体"对话框。

○步骤2　创建如图 6.109 所示基准轴 1。单击 装配体 功能选项卡 ▮ 下的 · 按钮，选择 ▱ 基准轴 命令。选取右视基准面与上视基准面为参考，系统自动选择 ▱两平面(T) 类型，单击 ✔ 按钮完成创建。

○步骤3　创建如图 6.110 所示基准面 1。单击 装配体 功能选项卡 ▮ 下的 · 按钮，选择 ▱ 基准轴 命令。选取右视基准面为第一参考，然后在 ▤ 文本框中输入间距 30，取消选中 □反转等距 复选框，单击 ✔ 按钮完成创建。

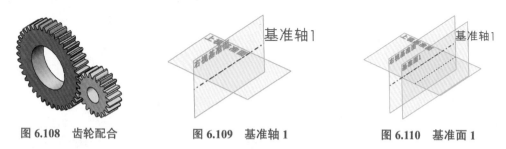

图 6.108　齿轮配合　　　　图 6.109　基准轴 1　　　　图 6.110　基准面 1

○步骤4　创建如图 6.111 所示基准轴 2。单击 装配体 功能选项卡 ▮ 下的 · 按钮，选择 ▱ 基准轴 命令。选取上视基准面与基准面 1 为参考，系统自动选择 ▱两平面(T) 类型，单击 ✔ 按钮完成创建。

○步骤5　引入第 1 个零部件。单击 装配体 功能选项卡 ▱ 下的 · 按钮，选择 ▱ 插入零部件 命令，系统弹出"插入零部件"对话框及"打开"对话框，在"打开"对话框中选择 D:\sw21\work\ch06.03\03\ 齿轮配合 \ 齿轮 1.SLDPRT，然后单击"打开"按钮，在图形区合适位置单击放置第 1 个零件，如图 6.112 所示的效果。

○步骤6　设置齿轮 1 的浮动。在设计树中右击 ⑤ (固定) 齿轮1<1> 选择 浮动 (R) 命令，此时设计树中齿轮 1 前出现"-"号。

○步骤7　添加第 1 个零部件的重合配合。单击 装配体 功能选项卡中的 ▱ 命令，在设计树中选取齿轮 1 的前视与装配体的前视基准面为配合面，系统会自动在"配合"对话框的标准选项卡中选中 ⅄ 重合(C)，单击"配合"对话框中的 ✔ 按钮，完成重合配合的添加，效果如图 6.113 所示。

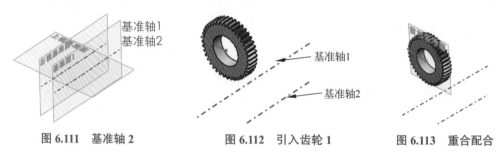

图 6.111　基准轴 2　　　　图 6.112　引入齿轮 1　　　　图 6.113　重合配合

◎步骤 8） 添加第 1 个零部件的同轴心配合。在绘图区域中分别选取如图 6.114 所示的面 1 与基准轴 1 为配合参考，系统会自动在"配合"对话框的标准选项卡中选中 ◎ 同轴心(N) ，单击"配合"对话框中的 ✓ 按钮，完成同轴心配合的添加，效果如图 6.115 所示，再次单击"配合"对话框中的 ✓ 按钮，完成第一个零件的定位。

◎步骤 9） 引入第 2 个零部件。单击 装配体 功能选项卡 🔧 下的 ▾ 按钮，选择 📦 插入零部件 命令，系统弹出"插入零部件"对话框及"打开"对话框，在"打开"对话框中选择 D:\sw21\ work\ch06.03\03\ 齿轮配合 \ 齿轮 2.SLDPRT，然后单击"打开"按钮，在图形区合适位置单击放置第 2 个零件，如图 6.116 所示的效果。

图 6.114 配合参考

图 6.115 同轴心配合

图 6.116 引入第 2 个零件

◎步骤 10） 添加第 2 个零部件的重合配合。单击 装配体 功能选项卡中的 🔩 命令，在设计树中选取齿轮 2 的前视与装配体的前视基准面为配合面，系统会自动在"配合"对话框的标准选项卡中选中 ⎅ 重合(C) ，单击"配合"对话框中的 ✓ 按钮，完成重合配合的添加，效果如图 6.117 所示。

◎步骤 11） 添加第 2 个零部件的同轴心配合。在绘图区域中分别选取如图 6.118 所示的面 1 与基准轴 2 为配合参考，系统会自动在"配合"对话框的标准选项卡中选中 ◎ 同轴心(N) ，单击"配合"对话框中的 ✓ 按钮，完成同轴心配合的添加，效果如图 6.119 所示，再次单击"配合"对话框中的 ✓ 按钮，完成第 2 个零件的初步定位。

图 6.117 重合配合

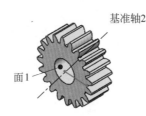
图 6.118 配合参考

图 6.119 同轴心配合

◎步骤 12） 添加两个齿轮的齿轮配合。单击 装配体 功能选项卡中的 🔩 命令，在"配合"对话框中的机械选项卡中单击 ⚙ 齿轮(G) 按钮，选取如图 6.120 所示的面 1 与面 2 为配合参考，在比率文本框输入 2：1，单击"配合"对话框中的 ✓ 按钮，完成齿轮配合的添加。

◎步骤 13） 精准确定两个齿轮的相对位置。在配合对话框的标准选项卡中单击 ⎅ 重合(C) 按钮，选取如图 6.121 所示的直线 1 与直线 2 为配合参考，单击"配合"对话框中的 ✓ 按钮，完成重合配合的添加，如图 6.122 所示。

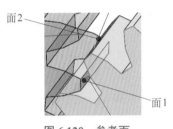

图 6.120　参考面

图 6.121　配合参考

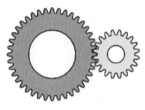

图 6.122　重合配合

○步骤 14　压缩精准确定两个齿轮的重合配合。在设计树中右击重合 3 并选择 🔛 命令即可压缩重合配合。

○步骤 15　验证齿轮配合。在绘图区域中将鼠标放置到齿轮 1 零件表面，按住鼠标左键后拖动，此时会看到齿轮 1 会随着鼠标转动，同时也会带着齿轮 2 进行转动。

○步骤 16　保存文件。选择"快速访问工具栏"中的"保存" 📄 保存(S) 命令，系统弹出"另存为"对话框，在 文件名(N): 文本框输入"齿轮配合"，单击"保存"按钮，完成保存操作。

5. "齿轮齿条"配合

7min

"齿轮齿条"配合可以由一个零件（齿条）的线性平移引起另一个零件（齿轮）的周转，反之亦然，如图 6.123 所示

6. "螺旋"配合

"螺旋"配合可以将两个零部件约束为同心，并在一个零部件的旋转和另一个零部件的平移之间添加螺距几何关系。下面以装配如图 6.124 所示的装配为例，介绍螺旋配合添加的一般过程。

图 6.123　齿轮齿条配合

图 6.124　螺旋配合

○步骤 1　新建装配文件。选择"快速访问工具栏"中的 📄 命令，系统弹出"新建 SolidWorks 文件"对话框，在"新建 SolidWorks 文件"对话框中选择"装配体"模板，单击"确定"按钮进入装配环境，关闭"打开"对话框与"开始装配体"对话框。

○步骤 2　创建如图 6.125 所示的基准轴 1。单击 装配体 功能选项卡 🖊 下的 ▾ 按钮，选择 ✏ 基准轴 命令。选取右视基准面与上视基准面为参考，系统自动选择 🗗 两平面(T) 类型，单击 ✔ 按钮完成创建。

○步骤 3　引入第 1 个零部件。单击 装配体 功能选项卡 🔩 下的 ▾ 按钮，选择 🖊 插入零部件 命令，系统弹出"插入零部件"对话框及"打开"对话框，在"打开"对话框中选择 D:\sw21\

work\ch06.03\03\ 螺旋配合 \ 螺杆 .SLDPRT，然后单击"打开"按钮，在图形区合适位置单击放置第 1 个零件，如图 6.126 所示的效果。

（步骤 4） 设置螺杆的浮动。在设计树中右击 🔩 (固定) 螺杆<1> 选择 浮动(B) 命令，此时设计树中螺杆前出现"-"号，旋转移动模型至如图 6.127 所示的角度。

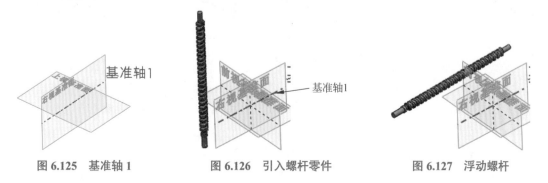

图 6.125　基准轴 1　　　图 6.126　引入螺杆零件　　　图 6.127　浮动螺杆

（步骤 5） 添加第 1 个零部件的重合配合。单击 装配体 功能选项卡中的 🔩 命令，在设计树中选取螺杆的上视基准面与装配体的前视基准面为配合面，系统会自动在"配合"对话框的标准选项卡中选中 ⊼ 重合(C) ，单击"配合"对话框中的 ✓ 按钮，完成重合配合的添加，效果如图 6.128 所示。

（步骤 6） 添加第 1 个零部件的同轴心配合。在绘图区域中分别选取如图 6.129 所示的面 1 与基准轴 1 为配合参考，系统会自动在"配合"对话框的标准选项卡中选中 ◎ 同轴心(N) ，单击"配合"对话框中的 ✓ 按钮，完成同轴心配合的添加，效果如图 6.130 所示，再次单击"配合"对话框中的 ✓ 按钮，完成第 1 个零件的定位。

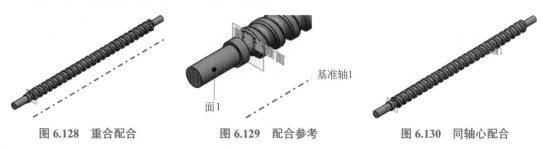

图 6.128　重合配合　　　图 6.129　配合参考　　　图 6.130　同轴心配合

（步骤 7） 引入第 2 个零部件。单击 装配体 功能选项卡 🔩 下的 ▾ 按钮，选择 📁 插入零部件 命令，系统弹出"插入零部件"对话框及"打开"对话框，在"打开"对话框中选择 D:\sw21\work\ch06.03\03\ 螺旋配合 \ 工作台 .SLDPRT，然后单击"打开"按钮，在图形区合适位置单击放置第 2 个零件，如图 6.131 所示的效果。

（步骤 8） 添加第 2 个零部件的同轴心配合。单击 装配体 功能选项卡中的 🔩 命令，在绘图区域中分别选取如图 6.132 所示的面 1 与基准轴 2 为配合参考，系统会自动在"配合"对话框的标准选项卡中选中 ◎ 同轴心(N) ，单击"配合"对话框中的 ✓ 按钮，完成同轴心配合的添加，效果如图 6.133 所示。

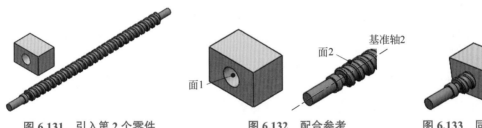

图 6.131　引入第 2 个零件　　　　图 6.132　配合参考　　　　图 6.133　同轴心配合

○步骤 9　添加第 2 个零部件的重合配合。在设计树中选取工作台的上视基准面与装配体的上视基准面为配合面，系统会自动在"配合"对话框的标准选项卡中选中 ⚓ 重合(C)，单击"配合"对话框中的 ✓ 按钮，完成重合配合的添加，效果如图 6.134 所示，再次单击"配合"对话框中的 ✓ 按钮，完成第 2 个零件的初步定位。

○步骤 10　添加两个零件的螺旋配合。选择 装配体 功能选项卡中的 🖋 命令，在配合对话框的机械选项卡中单击 🔩 螺旋(S) 按钮，选取如图 6.135 所示的面 1 与面 2 为配合参考，选中 ◉ 距离/圈数 单选按钮，在"距离"文本框输入 10，单击两次"配合"对话框中的 ✓ 按钮，完成螺旋配合的添加。

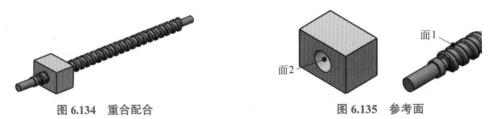

图 6.134　重合配合　　　　　　　　　图 6.135　参考面

说明

◉ 距离/圈数 单选按钮：用于设置螺杆旋转一圈工作台移动多少距离。

◉ 圈数/mm 单选按钮：用于设置工作台移动 1mm 螺杆旋转多少圈。

○步骤 11　验证螺旋配合。在绘图区域中将鼠标放置到工作台零件表面，按住鼠标左键后拖动，此时会看到工作台会随着鼠标滑动，同时也会带着螺杆进行转动。在绘图区域中将鼠标放置到螺杆零件表面，按住鼠标左键后拖动，此时会看到螺杆会随着鼠标转动，同时也会带着工作台进行滑动。

○步骤 12　保存文件。选择"快速访问工具栏"中的 💾 保存(S) 命令，系统弹出"另存为"对话框，在 文件名(N): 文本框输入"螺旋配合"，单击"保存"按钮，完成保存操作。

7."万向节"配合

"万向节"配合：一个零部件（输出轴）绕自身轴的旋转是由另一个零部件（输入轴）绕其轴的旋转所驱动，效果如图 6.136 所示。

图 6.136　槽口配合

6.4　零部件的复制

6.4.1　镜像复制

5min

在装配体中，经常会出现两个零部件关于某一平面对称的情况，此时，不需要再次为装配体添加相同的零部件，只需将原有零部件进行镜像复制。下面以图 6.137 所示的产品为例介绍镜像复制的一般操作过程。

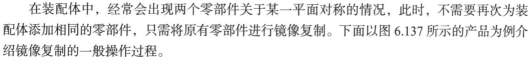

(a) 复制前　　　　　(b) 复制后

图 6.137　镜像复制

步骤1　打开文件 D:\sw21\work\ch06.04\01\ 镜像复制 -ex.SLDPRT。

步骤2　选择命令。单击 装配体 功能选项卡 下的 ▼ 按钮，选择 镜像零部件 命令（或者选择下拉菜单"插入"→"镜像零部件"命令），系统弹出如图 6.138 所示的"镜像零部件"对话框。

步骤3　选择镜像中心面。在设计树中选取右视基准面为镜像中心面。

步骤4　选择要镜像的零部件。选取如图 6.139 所示的零件为要镜像的零件。

步骤5　设置方位。单击"镜像零部件"对话框中的 ⊕ 按钮，设置如图 6.140 所示的方位参数。

图 6.138　"镜像零部件"对话框

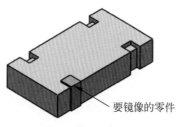

图 6.139　要镜像的零部件

图 6.140　设置方位

○步骤 6 单击"镜像零部件"对话框中的 ✓ 按钮，完成如图 6.141 所示的镜像操作。

○步骤 7 选择命令。单击 装配体 功能选项卡 ⬚ 下的 ⬚ 按钮，选择 ⬚ 镜像零部件 命令，系统弹出"镜像零部件"对话框。

○步骤 8 选择镜像中心面。在设计树中选取前视基准面为镜像中心面。

○步骤 9 选择要镜像的零部件。选取如图 6.142 所示的零件为镜像的零件。

○步骤 10 设置方位。单击"镜像零部件"对话框中的 ◉ 按钮，全部采用系统默认的参数。

○步骤 11 单击"镜像零部件"对话框中的 ✓ 按钮，完成如图 6.143 所示的镜像操作。

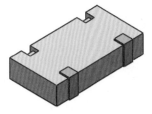

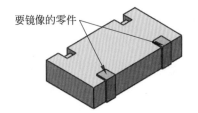
要镜像的零件

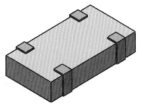

图 6.141　镜像复制　　　　图 6.142　镜像零部件　　　　图 6.143　镜像复制

6.4.2　阵列复制

▶ 6min

1. 线性阵列

"线性阵列"可以将零部件沿着一个或者两个线性方向进行规律性复制，从而得到多个副本。下面以如图 6.144 所示的装配为例，介绍线性阵列的一般操作过程。

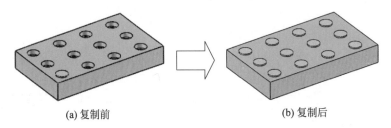

(a) 复制前　　　　　　　　　　　　(b) 复制后

图 6.144　线性阵列

○步骤 1 打开文件 D:\sw21\work\ch06.04\02\ 线性阵列 -ex.SLDPRT。

○步骤 2 选择命令。单击 装配体 功能选项卡 ⬚ 下的 ⬚ 按钮，选择 ⬚ 线性零部件阵列 命令（或者选择下拉菜单"插入"→"零部件阵列"→"线性阵列"命令），系统弹出如图 6.145 所示的"线性阵列"对话框。

○步骤 3 定义要阵列的零部件。在"线性阵列"对话框的"要阵列的零部件"区域中单击 ⬚ 后的文本框，选取如图 6.146 所示的零件 1 作为要阵列的零部件。

○步骤 4 确定阵列方向 1。在"线性阵列"对话框的 方向 1(1) 区域中单击 ⬚ 后的文本框，在图形区选取如图 6.147 所示的边线为阵列参考方向。

○步骤 5 设置间距及个数。在"线性阵列"对话框的 方向 1(1) 区域的 ⬚ 后的文本框中输入 50，在 ⛓ 后的文本框中输入 4。

○步骤6 确定阵列方向 2。在"线性阵列"对话框的 **方向2(2)** 区域中单击 ↗ 后的文本框，在图形区选取如图 6.148 所示的边线为阵列参考方向，然后单击 ↗ 按钮。

图 6.145　"线性阵列"对话框

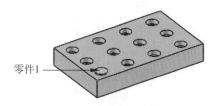

图 6.146　要阵列的零部件

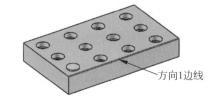

图 6.147　阵列方向 1

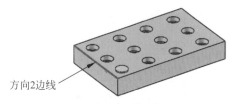

图 6.148　阵列方向 2

○步骤7 设置间距及个数。在"线性阵列"对话框的 **方向2(2)** 区域的 ⛓ 后的文本框中输入 40，在 ⛓ 后的文本框中输入 3。

○步骤8 单击 ✓ 按钮，完成线性阵列的操作。

2. 圆周阵列

"圆周阵列"可以将零部件绕着一根中心轴进行圆周规律性复制，从而得到多个副本。下面以如图 6.149 所示的装配为例，介绍圆周阵列的一般操作过程。

▶4min

(a) 复制前　　　　　　　(b) 复制后

图 6.149　圆周阵列

○步骤1 打开文件 D:\sw21\work\ch06.04\03\ 圆周阵列 -ex.SLDPRT。

○步骤2 选择命令。单击 装配体 功能选项卡 下的 · 按钮，选择 圆周零部件阵列 命令（或者选择下拉菜单"插入"→"零部件阵列"→"圆周阵列"命令），系统弹出如图 6.150 所示的"圆周阵列"对话框。

○步骤3 定义要阵列的零部件。在"圆周阵列"对话框的"要阵列的零部件"区域中单击 后的文本框，选取如图 6.151 所示的零件 1 作为要阵列的零部件。

○步骤4 确定阵列中心轴。在"圆周阵列"对话框的方向 1 区域中单击 后的文本框，在图形区选取如图 6.152 所示的圆柱面为阵列方向。

图 6.150 "圆周阵列"对话框

图 6.151 要阵列的零部件

图 6.152 阵列中心轴

○步骤5 设置角度间距及个数。在"圆周阵列"对话框的方向 1 区域的 后的文本框中输入 360，在 后的文本框中输入 3，选中 等间距 复选框。

○步骤6 单击 ✓ 按钮，完成圆周阵列的操作。

3. 特征驱动零部件阵列

5min

"特征驱动阵列"是以装配体中某个零部件的阵列特征为参照进行零部件的复制，从而得到多个副本。下面以如图 6.153 所示的装配为例，介绍特征驱动阵列的一般操作过程。

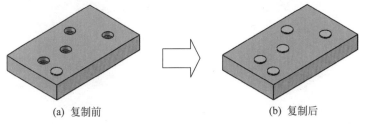

(a) 复制前　　　　(b) 复制后

图 6.153 特征驱动阵列

步骤1　打开文件 D:\sw21\work\ch06.04\04\ 特征驱动阵列 -ex.SLDPRT。

步骤2　选择命令。单击 装配体 功能选项卡 🔧 下的 · 按钮，选择 阵列驱动零部件阵列 命令（或者选择下拉菜单"插入"→"零部件阵列"→"图案驱动"命令），系统弹出如图 6.154 所示的阵列驱动对话框。

步骤3　定义要阵列的零部件。在图形区选取如图 6.155 所示的零件 1 为要阵列的零部件。

图 6.154　"阵列驱动"对话框

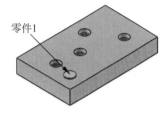

图 6.155　定义阵列零部件

步骤4　确定驱动特征。单击"阵列驱动"窗口的"驱动特征或零部件"区域中的 🔧 文本框，然后展开 01 的设计树，选取草图阵列 1 为驱动特征。

步骤5　单击 ✓ 按钮，完成阵列驱动操作。

6.5　零部件的编辑

在装配体中，可以对该装配体中的任何零部件进行下面的操作：零部件的打开与删除、零部件尺寸的修改、零部件装配配合的修改（如距离配合中距离值的修改）及部件装配配合的重定义等。完成这些操作一般要从特征树开始。

6.5.1　更改零部件名称

5min

在一些比较大型的装配体中，通常会包含几百甚至几千个零件，如果我们需要选取其中的一个零部件，则一般需要在设计树中进行选取，此时设计树中模型显示的名称就非常重要了。下面以如图 6.156 所示的设计树为例，介绍在设计树中更改零部件名称的一般操作过程。

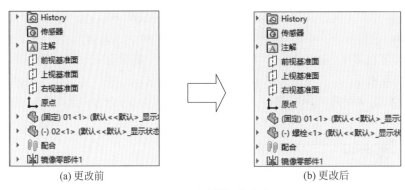

(a) 更改前　　　　　　　　　　　　(b) 更改后

图 6.156　更改零部件名称

○步骤1 打开文件 D:\sw21\work\ch06.05\01\ 更改名称 -ex.SLDPRT。

○步骤2 更改名称前的必要设置。选择"快速访问工具栏"中的 ⊙· 命令，系统弹出"系统选项（S）- 外部参考"对话框，在"系统选项（S）"选项卡左侧的列表中选中"外部参考"节点，在装配体区域中取消选中 □当文件被替换时更新零部件名称(C)，如图 6.157 所示，单击"确定"按钮，关闭"系统选项（S）- 外部参考"对话框，完成基本设置。

图 6.157　"系统选项（S）- 外部参考"对话框

（步骤 3）在设计树中右击 02 零件作为要修改名称的零部件，在弹出的快捷菜单中选择
▤ 命令，系统弹出如图 6.158 所示的"零部件属性"对话框。

图 6.158　"零部件属性"对话框

（步骤 4）在"零部件属性"对话框"一般属性"区域的"零部件名称"文本框中输入新
的名称"螺栓"。

（步骤 5）在"零部件属性"对话框中单击"确定"按钮，完成名称的修改。

6.5.2　修改零部件尺寸

下面以如图 6.159 所示的装配体模型为例，介绍修改装配体中零部件尺寸的一般操作过程。

7min

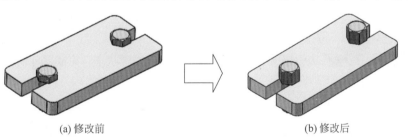

(a) 修改前　　　　　　　　　　　(b) 修改后

图 6.159　修改零部件尺寸

1. 单独打开修改零部件尺寸

（步骤 1）打开文件 D:\sw21\work\ch06.05\02\ 修改零部件尺寸 -ex.SLDPRT。

（步骤 2）单独打开零部件。在设计树中右击 02 零件，在系统弹出的快捷菜单中选择 ▣
命令。

（步骤 3）定义修改特征。在设计树中右击凸台 - 拉伸 2，在弹出的快捷菜单中选择 ▣ 命
令，系统弹出凸台 - 拉伸 2 对话框。

🔘步骤 4 更改尺寸。在"凸台 - 拉伸 2"对话框 方向1(1) 区域的 🔧 文本框将尺寸修改为 20，单击对话框中的 ✓ 按钮完成修改。

🔘步骤 5 将窗口切换到总装配。选择下拉菜单"窗口"→"零部件修改 -ex"命令，即可切换到装配环境。

🔘步骤 6 在系统弹出的如图 6.160 所示的"SOLIDWORKS 2021"对话框中单击"是"按钮，完成尺寸的修改。

2. 装配中直接编辑修改

🔘步骤 1 打开文件 D:\sw21\work\ch06.05\02\ 修改零部件尺寸 -ex.SLDPRT。

🔘步骤 2 定义要修改的零部件。在设计树中选中 02 零件节点。

🔘步骤 3 选中命令。选择 装配体 功能选项卡中的 🔧（编辑零部件）命令，此时进入编辑零部件的环境，如图 6.161 所示。

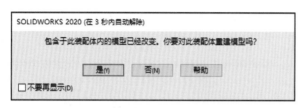

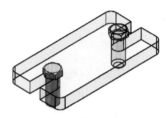

图 6.160 "SOLIDWORKS 2021"对话框　　　　图 6.161 编辑零部件环境

🔘步骤 4 定义修改特征。在设计树中单击 02 零件前的 ▶ ，展开 02 零件的设计树，在设计树中右击凸台 - 拉伸 2，在弹出的快捷菜单中选择 🔧 命令，系统弹出"凸台 - 拉伸 2"对话框。

🔘步骤 5 更改尺寸。在"凸台 - 拉伸 2"对话框 方向1(1) 区域的 🔧 文本框将尺寸修改为 20，单击对话框中的 ✓ 按钮完成修改。

🔘步骤 6 单击 装配体 功能选项卡中的 🔧 按钮，退出编辑状态，完成尺寸的修改。

9min

6.5.3 添加装配特征

下面以如图 6.162 所示的装配体模型为例，介绍添加装配特征的一般操作过程。

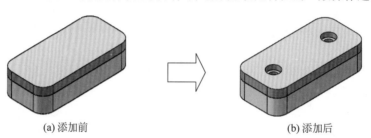

(a) 添加前　　　　　　　　　　　　　(b) 添加后

图 6.162 添加装配特征

步骤1　打开文件 D:\sw21\work\ch06.05\03\ 添加装配特征 -ex.SLDPRT。

步骤2　选择命令。单击 装配体 功能选项卡 🔟（装配体特征）下的 · 按钮，选择 异型孔向导 命令，系统弹出如图 6.163 所示的"孔规格"对话框。

步骤3　定义打孔面。在"孔规格"对话框中单击 位置 选项卡，选取如图 6.164 所示的模型表面为打孔平面。

步骤4　定义孔位置。在打孔面上任意位置单击，以确定打孔的初步位置，如图 6.165 所示。

步骤5　定义孔类型。在"孔位置"对话框中单击 类型 选项卡，在 孔类型(T) 区域中选中"柱形沉头孔" 🔟，在 标准 下拉列表中选择 GB，在 类型 下拉列表中选择"内六角花形圆柱头螺钉"类型。

步骤6　定义孔参数。在"孔规格"对话框中 孔规格 区域的 大小 下拉列表中选择"M14"，在 终止条件(C) 区域的下拉列表中选择"完全贯穿"，单击 ✓ 按钮完成孔的初步创建。

步骤7　精确定义孔位置。在设计树中右击 打孔尺寸(%根编)内六角花形圆柱头 下的定位草图，选择 ☑ 命令，系统进入草图环境，添加约束至如图 6.166 所示的效果，单击 ↳ 按钮完成定位。

图 6.163　"孔规格"对话框

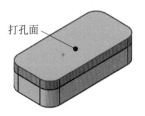

图 6.164　打孔平面

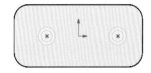

图 6.165　定义孔位置

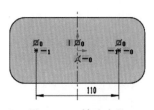

图 6.166　精确定位

说明

- 🎵 装配体特征一般只有除料（皮带除外）及阵列特征，如图 6.167 所示。
- 默认情况下装配中创建的特征只在装配中才可以看到，单独打开零件是没有出料特征的，如图 6.168 所示。如果想在零件中看到除料效果，则可以在孔规格对话框的特征范围区域中选中 ☑将特征传播到零件，效果如图 6.169 所示。

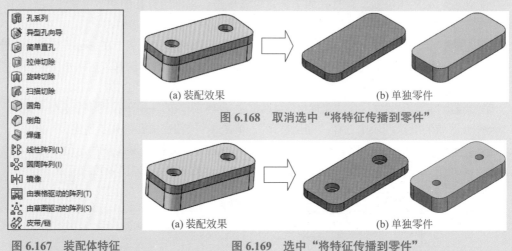

图 6.167 装配体特征

(a) 装配效果   (b) 单独零件

图 6.168 取消选中"将特征传播到零件"

(a) 装配效果   (b) 单独零件

图 6.169 选中"将特征传播到零件"

- 当选中 ☑将特征传播到零件 后，在独立零件中可以看到切除效果并且有对应的特征，但是如果要修改孔，则只可以在装配中通过修改孔特征实现，零件中的孔特征不支持编辑修改。

6.5.4 添加零部件

▶ 7min

下面以如图 6.170 所示的装配体模型为例，介绍添加零部件的一般操作过程。

◯步骤 1 打开文件 D:\sw21\work\ch06.05\04\添加零部件 -ex.SLDPRT。

◯步骤 2 选择命令。单击 装配体 功能选项卡 🖉 （插入零部件）下的 ▾ 按钮，选择

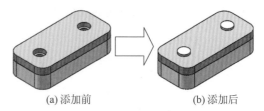

(a) 添加前   (b) 添加后

图 6.170 添加零部件

🖋 新零件 命令，在绘图区任意位置单击即可完成零件的添加，设计树如图 6.171 所示。

◯步骤 3 修改新建零件的名称。在设计树右击先添加的零件，在弹出的快捷菜单中选择 ▤ 命令，系统弹出"零部件属性"对话框，在一般属性区域的零部件名称文本框中将新的名称修改为"螺栓"，设计树如图 6.172 所示。

◯步骤 4 编辑零部件。在设计树中右击螺栓零件并在弹出的快捷菜单中选择 ▨ ，系统进入编辑零部件的环境，如图 6.173 所示。

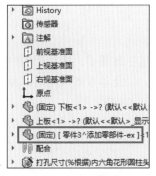

图 6.171　设计树

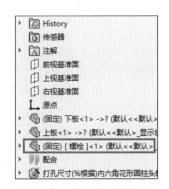

图 6.172　修改零部件名称

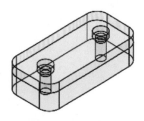

图 6.173　编辑零部件

⊙步骤5 创建旋转特征。选择 特征 功能选项卡中的旋转凸台基体 🝈 命令，在系统提示"选择一基准面来绘制特征横截面"下，选取螺栓零件的"前视基准面"作为草图平面，绘制如图 6.174 所示的截面轮廓，在"旋转"对话框的 旋转轴(A) 区域中选取如图 6.174 所示的竖直中心线作为旋转轴，采用系统默认的旋转方向，在"旋转"对话框的 方向1(1) 区域的下拉列表中选择 给定深度 ，在 🝈 文本框输入旋转角度 360，单击"旋转"对话框中的 ✓ 按钮，完成特征的创建，如图 6.175 所示。

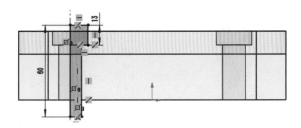

图 6.174　截面轮廓

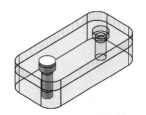

图 6.175　旋转特征

⊙步骤6 单击 特征 功能选项卡中的 🝈 按钮，退出编辑状态，完成零部件的创建。

⊙步骤7 镜像零部件。单击 装配体 功能选项卡 🝈 下的 ▾ 按钮，选择 🝈 镜像零部件 命令，系统弹出"镜像零部件"对话框，在设计树中选取右视基准面为镜像中心面，选取如图 6.176 所示的零件 1 为要镜像的零件，单击"镜像零部件"中的 ➡ 按钮，采用系统默认的方位参数，单击"镜像零部件"中的 ✓ 按钮，完成如图 6.177 所示的镜像操作。

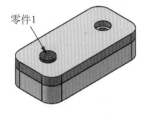

零件1

图 6.176　镜像的零件

图 6.177　镜像零部件

6.6 爆炸视图设计

装配体中的爆炸视图就是将装配体中的各零部件沿着直线或坐标轴移动，使各个零件从装配体中分离出来。爆炸视图对于表达装配体中所包含的零部件，以及各零部件之间的相对位置关系非常有帮助，实际中的装配工艺卡片可以通过爆炸视图来具体制作。

6.6.1 爆炸视图

8min

下面以如图 6.178 所示的爆炸视图为例，介绍制作爆炸视图的一般操作过程。

○步骤 1 打开文件 D:\sw21\work\ch06.06\01\ 爆炸视图 -ex.SLDPRT。

○步骤 2 选择命令。选择 装配体 功能选项卡中的 🖋（爆炸视图）命令，系统弹出如图 6.179 所示的"爆炸"对话框。

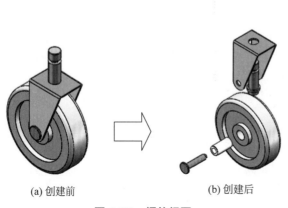

(a) 创建前　　　　　(b) 创建后

图 6.178　爆炸视图

图 6.179　"爆炸"对话框

○步骤 3 创建爆炸步骤 1。

（1）定义要爆炸的零件。在图形区选取如图 6.180 所示的固定螺钉。

（2）确定爆炸方向。激活 ↗ 后的文本框，选取 Z 轴为移动方向。

注意

如果想沿着 Z 轴负方向移动，则可以单击 ⇄ 按钮。

（3）定义移动距离。在"爆炸"对话框添加阶梯区域的"爆炸距离" ⬚ 后输入 100。

（4）存储爆炸步骤 1。在"爆炸"对话框的添加阶梯区域中单击 添加阶梯(A) 按钮，如图 6.181 所示。

图 6.180　爆炸零件

图 6.181　爆炸步骤 1

〇步骤 4　创建爆炸步骤 2。

（1）定义要爆炸的零件。在图形区选取如图 6.182 所示的支架与连接轴零件。

（2）确定爆炸方向。激活 🔾 后的文本框，选取 Y 轴为移动方向。

（3）定义移动距离。在"爆炸"对话框添加阶梯区域的"爆炸距离"🔾 后输入 85。

（4）存储爆炸步骤 2。在"爆炸"对话框的添加阶梯区域中单击 添加阶梯(A) 按钮，如图 6.183
所示。

〇步骤 5　创建爆炸步骤 3。

（1）定义要爆炸的零件。在图形区选取如图 6.184 所示的连接轴零件。

（2）确定爆炸方向。激活 🔾 后的文本框，选取 Y 轴为移动方向，单击 🔾 按钮并调整到
反方向。

（3）定义移动距离。在"爆炸"对话框添加阶梯区域的"爆炸距离"🔾 后输入 70。

（4）存储爆炸步骤 3。在"爆炸"对话框的添加阶梯区域中单击 添加阶梯(A) 按钮，如图 6.185
所示。

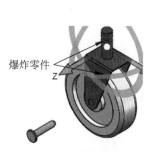

图 6.182　爆炸零件

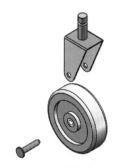

图 6.183　爆炸步骤 2

图 6.184　爆炸零件

图 6.185　爆炸步骤 3

〇步骤 6　创建爆炸步骤 4。

（1）定义要爆炸的零件。在图形区选取如图 6.186 所示的定位销零件。

（2）确定爆炸方向。激活 🔾 后的文本框，选取 Z 轴为移动方向。

（3）定义移动距离。在"爆炸"对话框添加阶梯区域的"爆炸距离"🔾 后输入 50。

（4）存储爆炸步骤 4。在"爆炸"对话框的添加阶梯区域中单击 添加阶梯(A) 按钮，如图 6.187
所示。

图 6.186　爆炸零件

图 6.187　爆炸步骤 4

○步骤 7　完成爆炸。单击"爆炸"对话框中的 ✓ 按钮，完成爆炸的创建。

4min

6.6.2　步路线

下面以如图 6.188 所示的爆炸步路线为例，介绍制作步路线的一般操作过程。

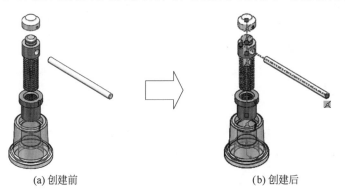

(a) 创建前　　　　　　　　　　　　(b) 创建后

图 6.188　步路线

○步骤 1　打开文件 D:\sw21\work\ch06.06\02\ 步路线 -ex.SLDPRT。

○步骤 2　选择命令。单击 装配体 功能选项卡 爆炸视图 下的 ▾ 按钮，选择 （爆炸直线草图）命令，系统弹出如图 6.189 所示的"步路线"对话框。

○步骤 3　定义连接项目。依次选取如图 6.190 所示的圆柱面 1、圆柱面 2，确认方向均向上，如图 6.191 所示。

图 6.189　"步路线"对话框

圆柱面2

圆柱面1

图 6.190　定义连接项目

图 6.191　连接方向

注意

如果方向不正确，则会出现带有转折的步路线，如图 6.192 所示，此时只需要在方向错误的相应圆柱面选中 ☑反转(R) 复选框或者取消选中 ☑反转(R) 复选框。

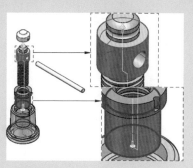

图 6.192 步路线方向

步骤 4 完成步路线 1。单击"步路线"对话框中的 ✓ 按钮，完成步路线 1 的操作。

步骤 5 创建步路线 2。依次选取如图 6.193 所示的圆柱面 1、圆柱面 2，确认方向均向上，如图 6.194 所示，单击"步路线"对话框中的 ✓ 按钮，完成步路线 2 的创建。

步骤 6 创建步路线 3。依次选取如图 6.195 所示的圆柱面 1、圆柱面 2，确认方向均向右，如图 6.196 所示，单击"步路线"对话框中的 ✓ 按钮，完成步路线 3 的创建。

步骤 7 完成步路线。再次单击"步路线"对话框中的 ✓ 按钮，完成步路线的操作。

图 6.193 定义连接项目

图 6.194 连接方向

图 6.195 定义连接项目

图 6.196 连接方向

6.6.3 拆卸组装动画

下面以如图 6.197 所示的装配图为例，介绍制作拆卸组装动画的一般操作过程。

9min

○步骤 1 打开文件 D:\sw21\work\ch06.06\03\ 拆卸组装动画 -ex.SLDPRT。

○步骤 2 制作拆卸动画。

（1）选择命令。单击绘图区域中左下角的运动算例 1 节点，如图 6.198 所示，系统弹出如图 6.199 所示的"运动算例"对话框，在"运动算例"对话框中选择 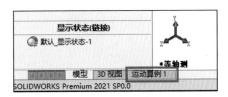（动画向导）命令，系统弹出如图 6.200 所示的"选择动画类型"对话框。

图 6.197　拆卸组装动画

图 6.198　运动算例 1 节点

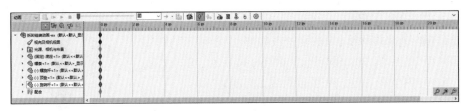

图 6.199　"运动算例"对话框

图 6.200　"选择动画类型"对话框

（2）定义动画类型。在"选择动画类型"对话框中选中 ⊙爆炸(E) 单选按钮，单击"下一步"按钮，系统弹出如图 6.201 所示的"动画控制选项"对话框。

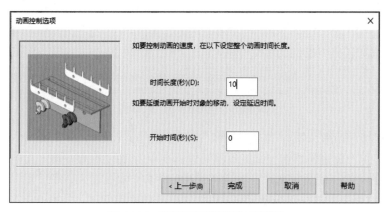

图 6.201　"动画控制选项"对话框

（3）定义动画控制选项。在 时间长度(秒)(D): 文本框输入爆炸动画（拆卸动画）时间 10，在 开始时间(秒)(S): 文本框输入爆炸动画（拆卸动画）开始时间 0。

（4）完成拆卸动画。在"动画控制选项"对话框中单击"完成"按钮，完成拆卸动画制作，系统自动在"运动算例"对话框添加了运动键码，如图 6.202 所示。

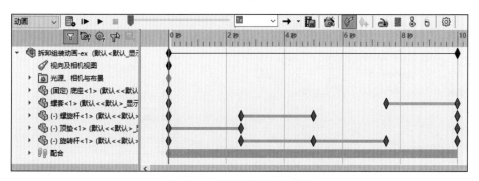

图 6.202　"运动算例"对话框

◎步骤3 制作组装动画。

（1）选择命令。在"运动算例"对话框中选择 ▣（动画向导）命令，系统弹出"选择动画类型"对话框。

（2）定义动画类型。在"选择动画类型"对话框中选中 ⊙解除爆炸(C) 单选项，单击"下一步"按钮，系统弹出"动画控制选项"对话框。

（3）定义动画控制选项。在 时间长度(秒)(D): 文本框输入解除爆炸动画（组装动画）时间 10，在 开始时间(秒)(S): 文本框输入爆炸动画（拆卸动画）开始时间 12。

（4）完成组装动画。在"动画控制选项"对话框中单击"完成"按钮，完成组装动画制作，系统自动在"运动算例"对话框添加了运动键码，如图 6.203 所示。

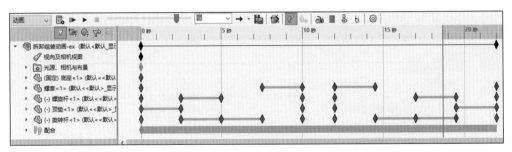

图 6.203 "运动算例"对话框

○步骤4 播放动画。单击"运动算例"对话框中的 ▶（从头播放）按钮，即可播放动画。

○步骤5 保存动画。单击"运动算例"对话框中的 📷（保存动画）按钮，系统弹出如图 6.204 所示的"保存动画到文件"对话框，在文件名文本框输入"千斤顶拆卸组装动画"，在保存类型下拉列表中选择 Microsoft AVI 文件 (*.avi) ，其他参数采用默认，单击"保存"按钮，系统弹出如图 6.205 所示的"视频压缩"对话框，单击"确定"按钮即可。

图 6.204 "保存动画到文件"对话框

图 6.205 "视频压缩"对话框

注意

如果在"视频压缩"对话框中单击"确定"后弹出如图 6.206 所示的 SOLIDWORKS 对话框，则需要单击对话框中的"是（Y）"按钮即可。

图 6.206 SOLIDWORKS 对话框

第 7 章

SolidWorks 模型的测量与分析

7.1 模型的测量

7.1.1 基本概述

产品的设计离不开模型的测量与分析，这节主要介绍空间点距离的测量、线距离的测量、面距离的测量、角度的测量、曲线长度的测量、面积的测量等，这些测量工具在产品零件设计及装配设计中经常用到。

7.1.2 测量距离

▶ 14min

SolidWorks 中可以测量的距离包括点到点的距离、点到线的距离、点到面的距离、线到线的距离、面到面的距离等。下面以如图 7.1 所示的模型为例，介绍测量距离的一般操作过程。

步骤 1 打开文件 D:\sw21\work\ch07.01\ 模型测量 01.SLDPRT。

步骤 2 选择命令。选择 评估 功能选项卡中的 📐 命令，或者选择下拉菜单"工具"→"评估"→"测量"命令，系统弹出如图 7.2 所示的"测量"对话框。

图 7.1 测量距离

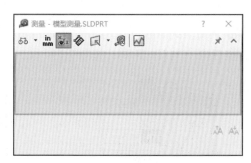

图 7.2 "测量"对话框

步骤 3 测量面到面的距离。依次选取如图 7.3 所示的面 1 与面 2，在图形区及如图 7.4 所示的"测量"对话框中会显示测量结果。

图 7.3 测量面

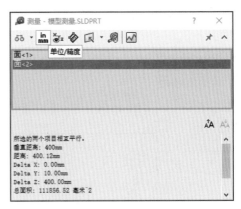

图 7.4 "测量"对话框

　　在开始新的测量前需要在如图 7.5 所示的区域右击并选择"消除选择"命令将之前对象清空，然后选取新的对象。

图 7.5 清空之前对象

（步骤 4）测量点到面的距离，如图 7.6 所示。

（步骤 5）测量点到线的距离，如图 7.7 所示。

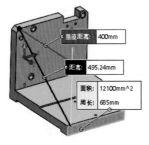

图 7.6 测量点到面的距离

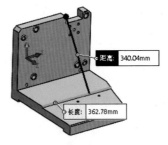

图 7.7 测量点到线的距离

◎步骤 6 测量点到点的距离，如图 7.8 所示。

◎步骤 7 测量线到线的距离，如图 7.9 所示。

◎步骤 8 测量线到面的距离，如图 7.10 所示。

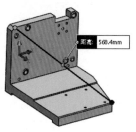

图 7.8 测量点到点的距离　　图 7.9 测量线到线的距离

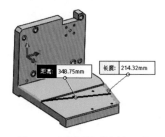

图 7.10 测量线到面的距离

◎步骤 9 测量点到点的投影距离，如图 7.11 所示。选取图 7.11 所示的点 1 与点 2，在"测量"对话框中单击 🔲 后的 ▾，在弹出的下拉菜单中选择 ⎣ 选择面/基准面 命令，选取如图 7.11 所示的面 1 为投影面，此时两点的投影距离将在对话框显示，如图 7.12 所示。

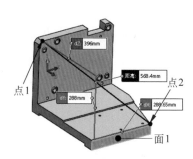

图 7.11 测量点到点的投影距离

图 7.12 投影距离数据显示

图 7.4 所示的"测量"对话框中部分选项的说明如下。

- 🔗 ▾：用于测量圆弧之间的距离，主要包含 4 种类型，🔗 中心到中心（用于测量圆弧中心到圆弧中心的距离，如图 7.13 所示）、🔗 最小距离（用于测量两个圆弧对象的最小距离，如图 7.14 所示）、🔗 最大距离（用于测量两个圆弧对象的最大距离，如图 7.15 所示）、🔗 自定义距离（用于测量第一个圆弧的最小、中心或者最大到第二个圆弧的最小、中心或者最大的距离，如图 7.16 所示为中心到最小的距离）。

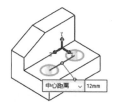

图 7.13 中心距离

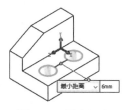

图 7.14 最小距离

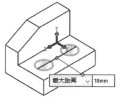

图 7.15 最大距离

图 7.16 自定义距离

-  单位精度：用于设置测量时所采用的单位及精度，单击后会弹出如图 7.17 所示的对话框。
- 显示 XYZ 测量：用于设置是否显示 X、Y、Z 3 个方向上的距离，这 3 个方向是由 中设置的坐标系而决定的，效果如图 7.18 所示。

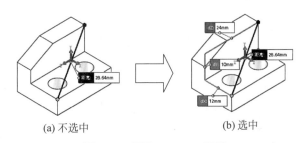

图 7.17　"测量单位 / 精度" 对话框

(a) 不选中　　　　　　(b) 选中

图 7.18　显示 X、Y、Z 测量

- 投影于：为测量对象设置一个投影面，测量此对象投影到平面上之后的距离。可不选，还可选择屏幕或一个现有的平面来做投影平面。

7.1.3　测量角度

⏱ 4min

SolidWorks 中可以测量的角度包括线与线的角度、线与面的角度、面与面的角度等。下面以如图 7.19 所示的模型为例，介绍测量角度的一般操作过程。

步骤 1　打开文件 D:\sw21\work\ch07.01\ 模型测量 03.SLDPRT。

步骤 2　选择命令。选择 评估 功能选项卡中的 命令，系统弹出 "测量" 对话框。

步骤 3　测量面与面的角度。依次选取如图 7.20 所示的面 1 与面 2，在如图 7.21 所示的 "测量" 对话框中会显示测量结果。

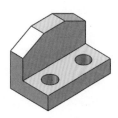

图 7.19　测量角度

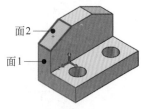

面 2

面 1

图 7.20　测量面与面角度

图 7.21　"测量" 对话框显示的结果

◎步骤 4　测量线与面的角度。首先清空上一步所选取的对象，然后依次选取如图 7.22 所示的线 1 与面 1，在如图 7.23 所示的"测量"对话框中会显示测量的结果。

面1

线1

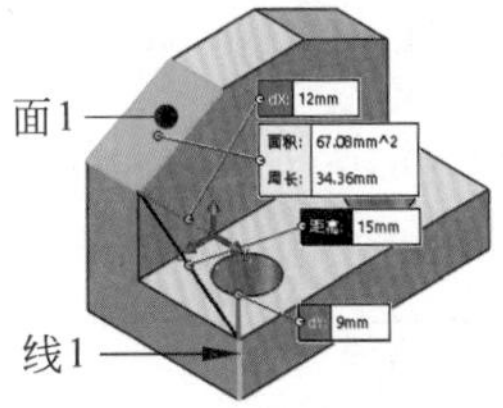

图 7.22　测量线与面角度

图 7.23　"测量"对话框显示的结果

◎步骤 5　测量线与线的角度。首先清空上一步所选取的对象，然后依次选取如图 7.24 所示的线 1 与线 2，在如图 7.25 所示的"测量"对话框中会显示测量的结果。

线2

线1

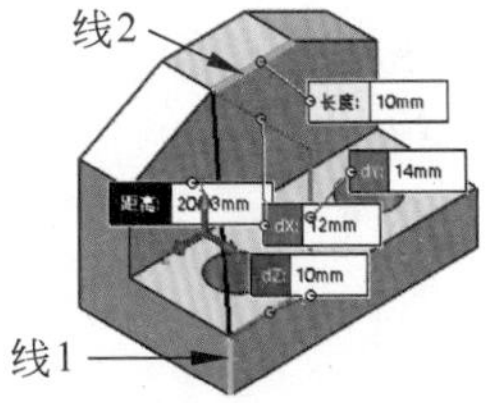

图 7.24　测量线与面角度

图 7.25　"测量"对话框显示的结果

7.1.4　测量曲线长度

下面以如图 7.26 所示的模型为例，介绍测量曲线长度的一般操作过程。

◎步骤 1　打开文件 D:\sw21\work\ch07.01\ 模型测量 04.SLDPRT。

◎步骤 2　选择命令。选择 [评估] 功能选项卡中的 [🔎] 命令，系统弹出"测量"对话框。

◎步骤 3　测量曲线长度。在绘图区选取如图 7.27 所示的样条曲线，在图形区及如图 7.28 所示的"测量"对话框中会显示测量的结果。

▶ 4min

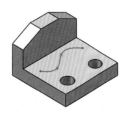
图 7.26 测量曲线长度

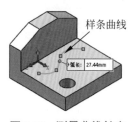
图 7.27 测量曲线长度

图 7.28 "测量"对话框结果

○步骤 4 测量圆的长度。首先清空上一步所选取的对象，然后依次选取如图 7.29 所示的圆形边线，在如图 7.30 所示的"测量"对话框中会显示测量的结果。

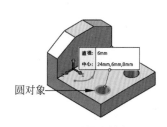
图 7.29 测量圆的长度

图 7.30 "测量"对话框显示的结果

3min

7.1.5 测量面积与周长

下面以如图 7.31 所示的模型为例，介绍测量面积与周长的一般操作过程。

○步骤 1 打开文件 D:\sw21\work\ch07.01\ 模型测量 05.SLDPRT。

○步骤 2 选择命令。选择 评估 功能选项卡中的 命令，系统弹出"测量"对话框。

○步骤 3 测量平面面积与周长。在绘图区选取如图 7.32 所示的平面，在图形区及如图 7.33 所示的"测量"对话框中会显示测量的结果。

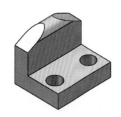
图 7.31 测量面积与周长

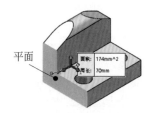
图 7.32 测量平面面积与周长

图 7.33 "测量"对话框显示的结果

○步骤④ 测量曲面面积与周长。在绘图区选取如图 7.34 所示的曲面,在图形区及如图 7.35 所示的"测量"对话框中会显示测量的结果。

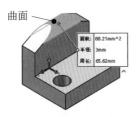

曲面

面积：88.21mm^2
半径：3mm
周长：65.62mm

图 7.34　测量曲面面积与周长

图 7.35　"测量"对话框显示的结果

7.2　模型的分析

这里的分析指的是单个零件或组件的基本分析,获得的分析结果主要是单个模型的物理数据或装配体中元件之间的干涉。这些分析都是静态的,如果需要对某些产品或者机构进行动态分析,就需要用到 SolidWorks 的运动仿真这个高级模块。

7.2.1　质量属性分析

▶ 10min

通过质量属性的分析,可以获得模型的体积、总的表面积、质量、密度、重心位置、惯性力矩和惯性张量等数据,对产品设计有很大参考价值。

○步骤① 打开文件 D:\sw21\work\ch07.02\ 模型分析 .SLDPRT。

○步骤② 设置材料属性。在设计树中右击 材质 <未指定> ,在系统弹出的快捷菜单中选择 编辑材料 (A) ,系统弹出"材料"对话框,依次选择 solidworks materials → 钢 → 合金钢,单击"材料"对话框中的"应用"按钮,单击"关闭"按钮完成材料设置,模型效果如图 7.36 所示。

○步骤③ 选择命令。选择 评估 功能选项卡中的 （质量属性）命令,系统弹出"质量属性"对话框。

○步骤④ 选择对象。在图形区选取整个实体模型。

图 7.36　设置材料属性

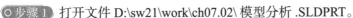
说明

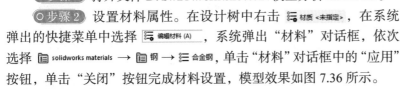
如果图形区只有一个实体,则系统将自动选取该实体作为要分析的项目。

○步骤⑤ 在"质量特性"对话框中单击 选项(O)... 按钮,系统弹出如图 7.37 所示的"质量 / 剖面属性选项"对话框。

○步骤6 设置单位。在"质量属性"对话框中选中 ◉使用自定义设定(U) 单选按钮，然后在 质量(M): 下拉列表中选择 千克 ，在 单位体积(V): 下拉列表中选择 米^3 ，单击 确定 按钮完成设置。

○步骤7 在"质量特性"对话框中单击 重算(R) 按钮，其列表框中将会显示模型的质量属性，如图 7.38 所示。

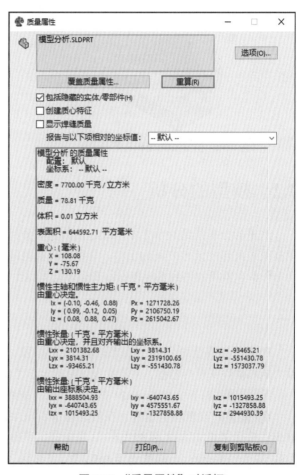

图 7.37 "质量 / 剖面属性选项"对话框   图 7.38 "质量属性"对话框

图 7.38 所示的"质量属性"对话框中部分选项的说明如下。

- 覆盖质量属性... 按钮：用于单独输入模型的质量属性、质心属性及惯性矩。单击该按钮后系统会弹出如图 7.39 所示的"覆盖质量属性"对话框，可以通过选中覆盖质量、覆盖质心及覆盖惯性矩分别设置属性信息，需要注意，当选中覆盖属性并且模型材质发生改变时，质量属性、质心属性及惯性矩属性将不会再发生变化。

- 重算(R) 按钮：用于重新计算模型的质量属性。

- 选项(O)... 按钮：用于打开"质量 / 剖面属性选项"对话框，利用此对话框可设置质量特性数据的单位及查看材料属性等。

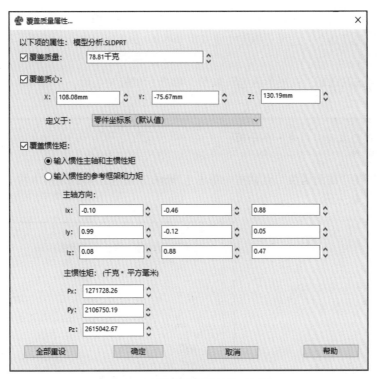

图 7.39　"覆盖质量属性"对话框

- ☑包括隐藏的实体/零部件(H) 复选框：选中该复选框，则在进行质量属性的计算中包括隐藏的实体和零部件。
- ☑创建质心特征 复选框：用于在图形中创建质心特征，绘图区将可以看到重心位置，如图 7.40 所示，同时特征树中也会多出质心特征节点，如图 7.41 所示。

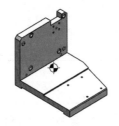

图 7.40　创建质心特征

图 7.41　设计树

- ☑显示焊缝质量 复选框：用于显示焊缝质量。
- 打印(P)... 按钮：用于打印所分析的质量属性数据。

7.2.2　剖面属性分析

通过剖面属性分析，可以获得模型截面的面积、重心位置、惯性矩和惯性二次矩等数据。

○步骤1 打开文件 D:\sw21\work\ch07.02\ 模型分析 .SLDPRT。

○步骤2 选择命令。选择 评估 功能选项卡中的 ♫（剖面属性）命令，系统弹出"截面属性"对话框。

○步骤3 选取截面。在图形区选取如图 7.42 所示的模型表面。

说明

选取的模型表面必须是一个平面。

○步骤4 在"截面属性"对话框中单击 重算(R) 按钮，其列表框中将会显示所选截面的属性，如图 7.43 所示。

截面

图 7.42　截面选取

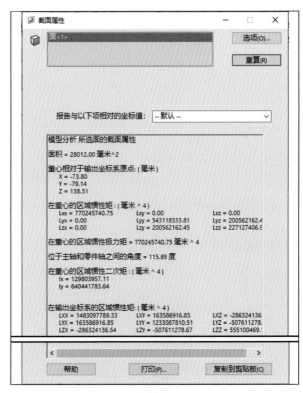

图 7.43　"截面属性"对话框

▶ 5min

7.2.3　检查实体

通过"检查实体"可以检查几何体并识别出不良几何体。

○步骤1 打开文件 D:\sw21\work\ch07.02\ 检查实体 .SLDPRT。

○步骤2 选择命令。选择 评估 功能选项卡中的 检查 命令，系统弹出"检查实体"对话框。

○步骤 3○ 选取项目。在"检查实体"对话框的检查区域选中 所有(A) 单选按钮及 ☑ 实体
和 ☑ 曲面 复选框。

○步骤 4○ 在"检查实体"对话框中单击"检查"按钮，在结果清单列表框中将会显示检
查的结果，如图 7.44 所示，说明模型中有两个打开的曲面。

○步骤 5○ 在结果清单列表框中选中对象也会在绘图区域中加亮并且用黄色箭头指示，如
图 7.45 所示。

图 7.44　"检查实体"对话框

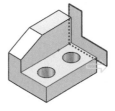

图 7.45　打开曲面显示

图 7.44 所示的"检查实体"对话框中的选项说明如下。

- 检查 区域：用于选择需检查的实体类型。

  - ☑ □严格实体/曲面检查(R) 复选框：进行更广泛的检查，但会使性能下降。

  - ☑ ⊙所有(A) 单选按钮：选中该单选按钮，检查整个模型。

  - ☑ ○所选项(I) 单选按钮：选中该单选按钮，检查在图形区所选的项目。

  - ☑ ○特征(F) 单选按钮：选中该单选按钮，检查模型中的所有特征。

- 查找 区域：用于选择需检查的问题类型。

  - ☑ ☑无效的面(A) 复选框：选中此复选框，则系统会检查无效的面。

  - ☑ ☑无效的边线(E) 复选框：用于控制是否检查无效的边线。

☑ □ 短的边线(S) 复选框：用于控制是否查找短的边线，选中该复选框后，会激活其下方的文本框，该文本框用于定义短的边线。

☑ ☑ 打开曲面 复选框：选中该复选框后，系统会查找模型中所有打开的曲面。

☑ □ 最小曲率半径(M) 复选框：选中该复选框后，系统会查找所选项目的最小曲率半径位置。

☑ □ 最大边线间隙(G) 复选框：用于控制是否检查最大边线间隙。

☑ □ 最大顶点间隙 复选框：用于控制是否检查最大顶点间隙。

7.2.4　干涉检查

▶11min

在产品设计过程中，当各零部件组装完成后，设计者最关心的是各个零部件之间的干涉情况，使用 评估 功能选项卡下 ▧（干涉检查）命令可以帮助用户了解这些信息。

◯步骤1 打开文件 D:\sw21\work\ch07.02\ 干涉检查 \ 车轮 .SLDPRT。

◯步骤2 选择命令。选择 评估 功能选项卡中的 ▧（干涉检查）命令，系统弹出如图 7.46 所示"干涉检查"对话框。

◯步骤3 选择需检查的零部件。采用系统默认的整个装配体。

> **说明**
>
> 选择 ▧ 命令后，系统默认选取整个装配体为需检查的零部件。如果只需检查装配体中的某几个零部件，则可在"干涉检查"窗口所选零部件区域中的列表框中删除系统默认选取的装配体，然后选取需检查的零部件。

◯步骤4 设置参数。在如图 7.46 所示的选项区域选中 ☑ 使干涉零件透明(T) 复选框，在非干涉零件区域选中 ◉ 隐藏(H) 单选项。

◯步骤5 查看检查结果。完成上一步操作后，单击"干涉检查"窗口所选零部件区域中的 计算(C) 按钮，此时在"干涉检查"窗口的结果区域中会显示检查的结果，如图 7.47 所示。同时图形区中发生干涉的面也会高亮显示，如图 7.48 所示。

图 7.46　"干涉检查"对话框

图 7.47　"干涉检查"对话框结果显示

图 7.48　干涉结果图形区显示

图 7.46 所示的"干涉检查"对话框中部分选项的说明如下。

- **所选零部件** 文本框：用于显示选中的干涉检查的零部件。默认情况下，除非预选了其他零部件，否则将显示顶层装配体。当需要检查某个装配体的干涉情况时，会检查其所有零部件。如果选择单个零部件，则仅会报告涉及该零部件的干涉。如果选择两个或两个以上零部件，则仅会报告所选零部件之间的干涉。

- ☑ **排除的零部件** 文本框：用于显示排除的零部件，排除的零件将不会进行干涉检查。

- □ **视重合为干涉(A)** 复选框：选中该复选框，分析时系统将零件重合的部分视为干涉。

- □ **显示忽略的干涉(G)** 复选框：选中该复选框，系统将会在结果清单中以灰色图标显示忽略的干涉。

- □ **视子装配体为零部件(S)** 复选框：选中该复选框，系统将子装配体视为单个零部件，因此不报告子装配体零部件之间的干扰。

- □ **包括多体零件干涉(M)** 复选框：用于报告多实体零件中实体之间的干涉。

- ☑ **使干涉零件透明(T)** 复选框：用于在透明模式下显示所选存在干扰的零部件。

- □ **生成扣件文件夹(F)** 复选框：将扣件（如螺母和螺栓）之间的干涉隔离至结果下命名为扣件的单独文件夹。

- □ **创建匹配的装饰螺纹线文件夹** 复选框：用于在结果下，将带有适当匹配装饰螺纹线的零部件之间的干涉保存至命名为匹配装饰螺纹线的单独文件夹。由于螺纹线不匹配、螺纹线未对齐或其他干涉几何图形造成的干涉将会被列出。

- □ **忽略隐藏实体/零部件(B)** 复选框：用于在结果中排除涉及已隐藏的零部件（包括通过隔离命令隐藏的零部件）的干涉，以及多实体零件的隐藏实体和其他零部件之间的干涉。

- ○ **线架图(W)** 单选按钮：非干涉零部件以线架图模式显示，如图 7.49 所示。

- ◉ **隐藏(H)** 单选按钮：将非干涉零部件隐藏。

- ○ **透明(P)** 单选按钮：非干涉零部件以透明模式显示，如图 7.50 所示。

- ○ **使用当前项(E)** 单选按钮：非干涉零部件以当前模式显示，如图 7.51 所示。

图 7.49　线框图　　　　　图 7.50　透明　　　　　图 7.51　使用当前项

第8章

SolidWorks 工程图设计

8.1 工程图概述

工程图是指以投影原理为基础，用多个视图清晰而详尽地表达出设计产品的几何形状、结构及加工参数的图纸。工程图严格遵守国标的要求，它实现了设计者与制造者之间的有效沟通，使设计者的设计意图能够简单明了地展现在图样上。从某种意义上说，工程图是一门沟通了设计者与制造者之间的语言，在现代制造业中占据着极其重要的位置。

8.1.1 工程图的重要性

工程图非常重要，主要原因有以下几点。

- 立体模型（三维"图纸"）无法像二维工程图那样可以标注完整的加工参数，如尺寸、几何公差、加工精度、基准、表面粗糙度符号和焊缝符号等。
- 不是所有零件都需要采用 CNC 或 NC 等数控机床加工，因而需要出示工程图以便在普通机床上进行传统加工。
- 立体模型（三维"图纸"）仍然存在无法表达清楚的局部结构，如零件中的斜槽和凹孔等，这时可以在二维工程图中通过不同方位的视图来表达局部细节。
- 通常在把零件交给第三方厂家加工生产时，需要出示工程图。

8.1.2 SolidWorks 工程图的特点

使用 SolidWorks 工程图环境中的工具可创建三维模型的工程图，且视图与模型相关联，因此，工程图视图能够反映模型在设计阶段中的更改，可以使工程图视图与装配模型或单个零部件保持同步。其主要特点如下：

- 制图界面直观、简洁、易用，可以快速方便地创建工程图。
- 通过自定义工程图模板和格式文件可以节省大量重复劳动。在工程图模板中添加相应的设置，可创建符合国标和企标的制图环境。

- 可以快速地将视图插入工程图，系统会自动对齐视图。
- 具有从图形窗口编辑大多数工程图项目（如尺寸、符号等）的功能。可以创建工程图项目，并可以对其进行编辑。
- 可以自动创建尺寸，也可以手动添加尺寸。自动创建的尺寸是零件模型中包含的尺寸，为驱动尺寸。修改驱动尺寸可以驱动零件模型做出相应的修改。尺寸的编辑与整理也十分容易，可以统一编辑整理。
- 可以通过各种方式添加注释文本，文本样式可以自定义。
- 可以根据制图需要添加符合国标或企标的基准符号、尺寸公差、形位公差、表面粗糙度符号与焊缝符号等。
- 可以创建普通表格、孔表、材料明细表、修订表及焊件切割清单，也可以将系列零件设计表在工程图中显示。
- 可以自定义工程图模板，并设置文本样式、线型样式及其他与工程图相关设置；利用模板创建工程图可以节省大量重复劳动。
- 可从外部插入工程图文件，也可以导出不同类型的工程图文件，实现对其他软件的兼容。
- 可以快速准确地打印工程图图纸。

8.1.3　工程图的组成

工程图主要由三部分组成，如图 8.1 所示。

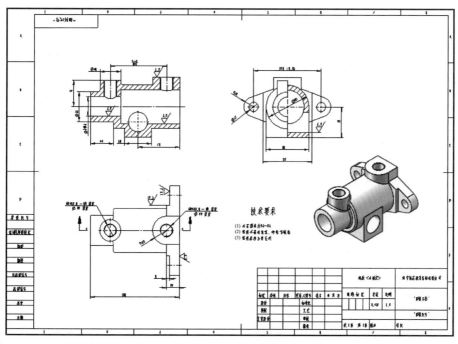

图 8.1　工程图组成

- 图框、标题栏。
- 视图：包括基本视图（前视图、后视图、左视图、右视图、仰视图、俯视图和轴测图）、各种剖视图、局部放大图、折断视图等。在制作工程图时，应根据实际零件的特点，选择不同的视图组合，以便简单清楚地把各个设计参数表达清楚。
- 尺寸、公差、表面粗糙度及注释文本：包括形状尺寸、位置尺寸、尺寸公差、基准符号、形状公差、位置公差、零件的表面粗糙度及注释文本。

3min

8.2 新建工程图

在学习本节前，需先将 D:\sw21\work\ch08.02\ 格宸教育 A3.DRWDOT 文件复制到 C:\ProgramData\SOLIDWORKS\SOLIDWORKS 2021\templates（模板文件目录）文件夹中。

> **说明**
>
> 如果 SolidWorks 软件不是安装在 C:\ ProgramData 目录中，则需要根据用户实际的安装目录找到相应的文件夹。

下面介绍新建工程图的一般操作步骤。

○步骤 1 选择命令。选择"快速访问工具栏"中的 □· 命令，系统弹出"新建 SolidWorks 文件"对话框。

○步骤 2 选择工程图模板。在"新建 SolidWorks 文件"对话框中单击高级按钮，选取如图 8.2 所示的"格宸教育 A3"模板，单击"确定"按钮完成工程图的新建。

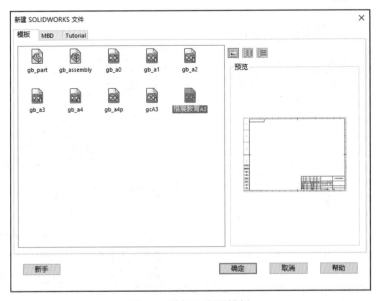

图 8.2 选择工程图模板

8.3　工程图视图

工程图视图是按照三维模型的投影关系生成的，主要用来表达部件模型的外部结构及形状。在 SolidWorks 的工程图模块中，视图包括基本视图、各种剖视图、局部放大图和折断视图等。

8.3.1　基本工程图视图

通过投影法可以直接投影得到的视图就是基本视图，基本视图在 SolidWorks 中主要包括主视图、投影视图和轴测图等，下面分别进行介绍。

1. 创建主视图

下面以创建如图 8.3 所示的主视图为例，介绍创建主视图的一般操作过程。

▶ 8min

（步骤 1）新建工程图文件。选择"快速访问工具栏"中的 □· 命令，系统弹出"新建 SolidWorks 文件"对话框，在"新建 SolidWorks 文件"对话框中切换到高级界面，选取"gb-a3"模板，单击"确定"按钮，进入工程图环境。

（步骤 2）选择零件模型。在系统提示 选择一零件或装配体以从之生成视图，然后单击下一步。 的提示下，单击 要插入的零件/装配体(E) 区域的"浏览"按钮，系统弹出"打开"对话框，在查找范围下拉列表中选择目录 D:\sw21\work\ch08.03\01，然后选择基本视图 .SLDPRT，单击"打开"按钮，载入模型。

> **说明**
>
> 如果在 要插入的零件/装配体(E) 区域的打开文档列表框中已存在该零件模型，此时只需双击该模型或者单击 ⊕ 就可将其载入。当新建工程图时如果已经提前打开了模型，则模型会自动存在于文档列表中。
>
> 如果不小心关闭了模型视图对话框，读者只需单击 视图布局 功能选项卡的 ⊞（模型视图）按钮，就可以再次弹出模型视图对话框了。

（步骤 3）定义视图参数。

（1）定义视图方向。在"模型视图"对话框的方向区域选中"v1"，再选中 ☑预览(P) 复选框，如图 8.4 所示，在绘图区可以预览要生成的视图，如图 8.5 所示。

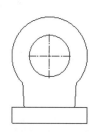
图 8.3　主视图

图 8.4　定义视图方向

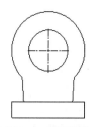
图 8.5　视图预览

（2）定义视图显示样式。在显示样式区域选中 （消除隐藏线）单选项，如图 8.6 所示。

（3）定义视图比例。在比例区域中选中  单选按钮，在其下方的列表框中选择 1：2，如图 8.7 所示。

图 8.6　定义视图显示样式　　　图 8.7　定义视图比例

（4）放置视图。将鼠标放在图形区，会出现视图的预览。选择合适的放置位置并单击，以生成主视图。

（5）单击"工程图视图"窗口中的 ✓ 按钮，完成操作。

说明

如果在生成主视图前，在 选项(N) 区域中选中 ☑ 自动开始投影视图(A) 复选框，如图 8.8 所示，则在生成一个视图之后会继续生成其他投影视图。

图 8.8　视图选项

3min

2. 创建投影视图

投影视图包括仰视图、俯视图、右视图和左视图。下面以如图 8.9 所示的视图为例，说明创建投影视图的一般操作过程。

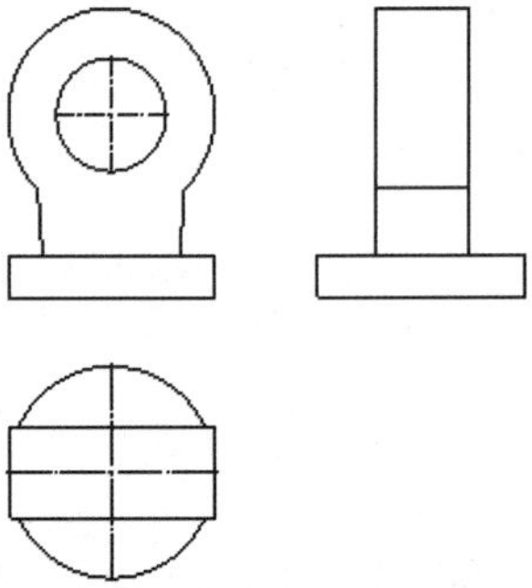

步骤 1　打开文件 D:\sw21\work\ch08.03\01\ 投影视图 -ex. SLDPRT。

步骤 2　选择命令。选择 视图布局 功能选项卡中的 品（投影视图）命令，（或者选择下拉菜单"插入"→"工程图视图"→"投影视图"命令），系统弹出"投影视图"对话框。

步骤 3　定义父视图。采用系统默认的父视图。

图 8.9　投影视图

说明

如果该视图中只有一个视图，系统默认选择该视图为投影的父视图，则此时不需要再选取。如果图纸中含有多个视图，系统会提示 请选择投影所用的工程视图 ，则此时需要手动选取一个视图作为父视图。

步骤 4　放置视图。在主视图的右侧单击，生成左视图，如图 8.10 所示。

步骤 5　选择命令。选择 视图布局 功能选项卡中的 品（投影视图）命令，系统弹出"投影视图"对话框。

步骤 6　定义父视图。选取主视图作为父视图。

步骤 7　放置视图。在主视图的下侧单击，生成俯视图示，单击"投影视图"对话框中

的 ✓ 按钮，完成操作。

3. 等轴测视图

3min

下面以如图 8.11 所示的轴测图为例，说明创建轴测图的一般操作过程。

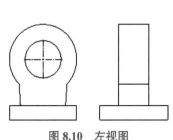

图 8.10　左视图

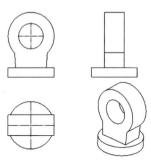

图 8.11　轴测图

步骤 1　打开文件 D:\sw21\work\ch08.03\01\ 轴测图 -ex.SLDPRT。

步骤 2　选择命令。选择 视图布局 功能选项卡中的 ⧉（模型视图）命令，系统弹出"模型视图"对话框。

步骤 3　选择零件模型。采用系统默认的零件模型，单击 ➡ 就可将其载入。

步骤 4　定义视图参数。

（1）定义视图方向。在"模型视图"对话框的方向区域选中"v2"，再选中 ☑预览(P) 复选框，在绘图区可以预览要生成的视图。

（2）定义视图显示样式。在显示样式区域选中 ▣（消除隐藏线）单选项。

（3）定义视图比例。在比例区域中选中 ⦿ 使用自定义比例(C) 单选项，在其下方的列表框中选择 1：2。

（4）放置视图。将鼠标放在图形区，会出现视图的预览。选择合适的放置位置并单击，以生成等轴测视图。

（5）单击"工程图视图"窗口中的 ✓ 按钮，完成操作。

8.3.2　视图常用编辑

1. 移动视图

21min

在创建完主视图和投影视图后，如果它们在图纸上的位置不合适、视图间距太小或太大，则用户可以根据自己的需要移动视图，具体方法为将鼠标停放在视图的虚线框上，此时光标会变成 ✛，按住鼠标左键并移动至合适的位置后放开。

当视图的位置放置好了以后，可以右击该视图，在弹出的快捷菜单中选择 锁住视图位置 (I) 命令，此时视图将不能被移动。再次右击，在弹出的快捷菜单中选择 解除锁住视图位置 (I) 命令，该视图即可正常移动。

- 当将鼠标的光标移动到视图的边线上时，光标显示为 ，此时也可以移动视图。
- 如果移动投影视图的父视图（如主视图），则其投影视图也会随之移动。如果移动投影视图，则只能上下或左右移动，以保证与父视图的对齐关系，除非解除对齐关系。

2. 对齐视图

根据"高平齐、宽相等"的原则（即左、右视图与主视图水平对齐，俯、仰视图与主视图竖直对齐），当用户移动投影视图时，只能横向或纵向移动视图。在特征树中选中要移动的视图并右击（或者在图纸中选中视图并右击），在弹出的快捷菜单中依次选择 视图对齐 → 解除对齐关系(A) 命令，可将视图移动至任意位置，如图 8.12 所示。当用户再次右击并选择 视图对齐 → 默认对齐(E) 命令时，被移动的视图又会自动与主视图默认对齐。

3. 旋转视图

右击要旋转的视图，在弹出的快捷菜单中依次选择 缩放/平移/旋转 → 旋转视图(E) 命令，系统弹出如图 8.13 所示的"旋转工程视图"对话框。

在工程视图角度文本框中输入要旋转的角度值，单击"应用"按钮即可旋转视图，旋转完成后单击"关闭"按钮。也可直接将鼠标移至该视图中，按住鼠标左键并移动以旋转视图，如图 8.14 所示。

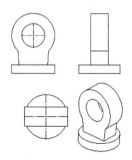

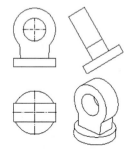

图 8.12　任意移动位置　　　图 8.13　"旋转工程视图"对话框　　　图 8.14　旋转视图

在视图前导栏中单击 按钮，也可旋转视图。

4. 3D 工程图视图

使用"3D 工程图视图"命令，可以暂时改变平面工程图视图的显示角度，也可以永久修改等轴测视图的显示角度，此命令不能在局部视图、断裂视图、剪裁视图、空白视图和分离视图中使用。

选中要调整的平面视图，然后选择下拉菜单"视图"→"修改"→"3D 工程图视图"

🔲 3D 工程图视图(3) 命令（或在视图前导栏中单击 🔲 按钮），此时系统弹出快捷工具条，且默认选中"旋转"按钮 🔄 ，按住鼠标左键在图形区任意位置拖动，以此来旋转视图，如图 8.15 所示。

　　选中要调整的等轴测视图，然后选择下拉菜单"视图"→"修改"→"3D 工程图视图"🔲 3D 工程图视图(3) 命令，此时系统弹出快捷工具条，且默认选中"旋转"按钮 🔄 ，按住鼠标左键在图形区任意位置拖动，来旋转视图，如图 8.16 所示。

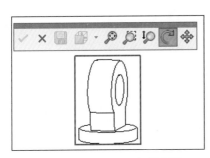

图 8.15　平面 3D 工程图视图

图 8.16　等轴测 3D 工程图视图

5. 隐藏显示视图

工程图中的"隐藏"命令可以隐藏整个视图，选取"显示"命令，可显示隐藏的视图。

　　右击如图 8.17（a）所示的左视图，然后在弹出的快捷菜单中选择 隐藏(R) 命令，完成左视图的隐藏（隐藏的视图在设计树中显示为灰色）。

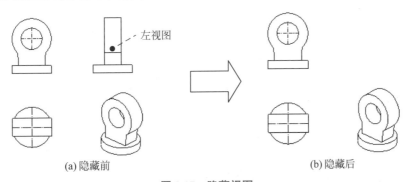

(a) 隐藏前　　　　　　　　　　　　　　　(b) 隐藏后

图 8.17　隐藏视图

> **说明**
>
> 　　也可以在设计树中右击视图名称，在弹出的快捷菜单中选择 隐藏(R) 命令来隐藏视图。
> 　　如果右击视图后没有 隐藏(R) 命令，则可以右击快捷菜单中的 ⌄ 按钮，此时就可以看到隐藏功能了。

　　在左视图的位置单击，可见左视图以虚线框显示，右击该虚线框，在弹出的快捷菜单中选择 显示(K) 命令，完成视图的显示。

说明

当隐藏视图的位置难以确定时，须选择下拉菜单"视图"→"隐藏/显示"→"被隐藏视图"命令，被隐藏的视图将以虚线框的形式显示。

6. 删除视图

要将某个视图删除，可先选中该视图并右击，然后在弹出的快捷菜单中选择 ╳ 删除(D) 命令或直接按 Delete 键，系统弹出如图 8.18 所示的"确认删除"对话框，单击"是"按钮即可删除该视图。

7. 切边显示

切边是两个面在相切处所形成的过渡边线，最常见的切边是圆角过渡形成的边线。在工程视图中，一般轴测视图需要显示切边，而在正交视图中则需要隐藏切边。

系统默认的切边显示状态为"切边可见"，如图 8.19 所示。在图形区选中视图并右击，在弹出的快捷菜单中依次选择 切边 → 切边不可见(C) ，即可隐藏相切边，如图 8.20 所示。

图 8.18 "确认删除"对话框

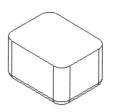

图 8.19 切边可见

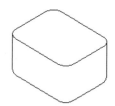

图 8.20 切边不可见

注意

此时选中视图才能选择"切边不可见"命令。

说明

- 右击视图依次选择 切边 → 带线型显示切边(B) 命令，即可以其他形式的线型显示所有可见边线，系统默认的线型为"双点画线"，如图 8.21 所示。改变线型的方法为选择"快速访问工具栏"中的 ◉· 命令，系统弹出"系统选项"对话框，在"文档属性"选项卡中选择线型选项，在如图 8.22 所示的"文件属性-线型"对话框的边线类型区域中选择切边选项，在样式下拉列表中选择切线线型，在线粗下拉列表中选择切线线粗。

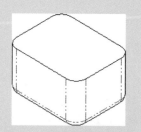

图 8.21 带线型显示切边

图 8.22　"系统选项 – 线型"对话框

- 改变切边显示状态的其他方法：设计树中选中视图，选择下拉菜单"视图"→"显示"，在如图 8.23 所示的下拉列表中选择合适的显示方式即可。

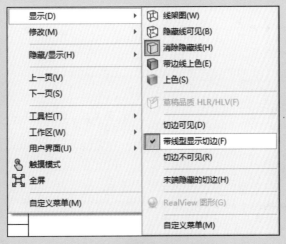

图 8.23　切边显示的其他方法

- 设置默认切边显示状态的方法是：选择"快速访问工具栏"中的 ⚙· 命令，系统弹出"系统选项"对话框，在"系统选项"选项卡中选择显示类型选项，在图 8.24 所示的"系统选项 - 显示类型"对话框相切边线区域中选择所需的切边类型。

图 8.24　"系统选项 - 显示类型"对话框

8.3.3　视图的显示模式

与模型可以设置模型显示方式一样，工程图也可以改变显示方式，SolidWorks 提供了 5 种工程视图显示模式，下面分别进行介绍。

- （线架图）：视图以线框形式显示，所有边线显示为细实线，如图 8.25 所示。
- （隐藏线可见）：视图以线框形式显示，可见边线显示为实线，不可见边线显示为虚线，如图 8.26 所示。

 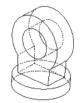

图 8.25　线架图　　　　图 8.26　隐藏线可见

- （消除隐藏线）：视图以线框形式显示，可见边线显示为实线，不可见边线被隐藏，如图 8.27 所示。
- （带边线上色）：视图以上色面的形式显示，显示可见边线，如图 8.28 所示。
- （上色）：视图以上色面的形式显示，隐藏可见边线，如图 8.29 所示。

图 8.27　消除隐藏线　　　　图 8.28　带边线上色　　　　图 8.29　上色

说明

- 用户也可以在插入模型视图时，在"模型视图"窗口的显示样式区域中更改视图样式。还可以单击工程视图，在弹出的"工程视图"窗口中显示样式区域更改视图样式。
- 当生成投影视图时，在显示样式区域选中 ☑使用父关系样式(U) 复选框，当改变父视图的显示状态时，与其保持父子关系的子视图的显示状态也会相应地发生变化，如果不选中 ☑使用父关系样式(U) 复选框，则在改变父视图时，与其保持父子关系的子视图的显示状态不会发生变化。
- 设置默认视图显示样式的方法是：选择"快速访问工具栏"中的 ⚙·命令，系统弹出"系统选项"对话框，在"系统选项"选项卡中选择显示类型节点，在如图 8.30 所示的"系统选项 - 显示类型"对话框的显示样式区域中选择所需的显示样式。

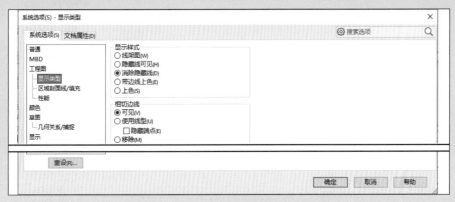

图 8.30 "系统选项 - 显示类型"对话框

下面以如图 8.31 所示的调整显示方式为例，介绍将视图设置为 🔲 的一般操作过程。

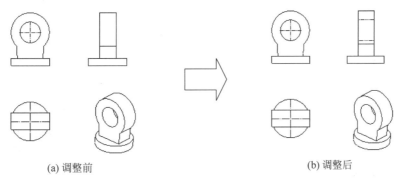

(a) 调整前　　　　　　　　　　(b) 调整后

图 8.31 调整显示方式

○步骤 1 打开文件 D:\sw21\work\ch08.03\03\ 视图显示模式 .SLDPRT。

○步骤 2 选择视图。在图形区选中左视图，系统弹出"工程图视图"对话框。

○步骤 3 选择显示样式。在"工程图视图"窗口的显示样式区域中单击 🔲（隐藏线可见）。

○步骤 4 单击 ✓ 按钮，完成操作。

8.3.4 全剖视图

5min

全剖视图是用剖切面完全地剖开零件所得到的剖视图。全剖视图主要用于表达内部形状比较复杂的不对称机件。下面以创建如图 8.32 所示的全剖视图为例，介绍创建全剖视图的一般操作过程。

○步骤 1 打开文件 D:\sw21\work\ch08.03\04\ 全剖视图 -ex.SLDPRT。

○步骤 2 选择命令。选择 视图布局 功能选项卡中的 🔁 |（剖面视图）命令，系统弹出如图 8.33 所示的"剖面视图辅助"对话框。

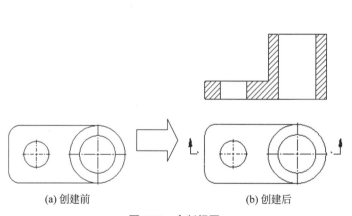

(a) 创建前   (b) 创建后

图 8.32 全剖视图   图 8.33 "剖面视图辅助"对话框

○步骤 3 定义剖切类型。在"剖面视图辅助"对话框中选中剖面视图选项卡，选中切割线区域中的 🔳（水平）。

○步骤 4 定义剖切面位置。在绘图区域中选取如图 8.34 所示的圆心作为水平剖切面的位置，然后单击图 8.35 所示命令条中的 ✓ 按钮，系统弹出如图 8.36 所示的"剖面视图 A-A"对话框。

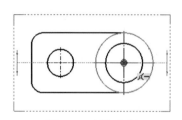

图 8.34 剖切位置   图 8.35 确定命令条   图 8.36 "剖面视图 A-A"对话框

◎步骤 5 定义剖切信息。在"剖面视图 A-A"对话框的 （符号）文本框输入 A，确认剖切方向如图 8.37 所示，如果方向不对，则可以单击反转方向按钮进行调整。

◎步骤 6 放置视图。在主视图上方合适位置单击放置，生成剖视图。

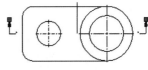

图 8.37　剖切方向

◎步骤 7 单击"剖面视图 A-A"对话框中的 ✔ 按钮，完成操作。

8.3.5　半剖视图

4min

当机件具有对称平面时，以对称平面为界，在垂直于对称平面的投影面上投影得到的由半个剖视图和半个视图合并组成的图形称为半剖视图。半剖视图既充分地表达了机件的内部结构，又保留了机件的外部形状，因此它具有内外兼顾的特点。半剖视图只适宜于表达对称的或基本对称的机件。下面以创建如图 8.38 所示的半剖视图为例，介绍创建半剖视图的一般操作过程。

◎步骤 1 打开文件 D:\sw21\work\ch08.03\05\ 半剖视图 -ex.SLDPRT。

◎步骤 2 选择命令。选择 视图布局 功能选项卡中的 ⏹ |（剖面视图）命令，系统弹出如图 8.39 所示的"剖面视图辅助"对话框。

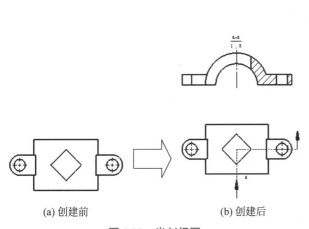

(a) 创建前　　　　　　　(b) 创建后

图 8.38　半剖视图

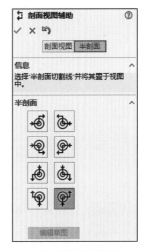

图 8.39　"剖面视图辅助"对话框

◎步骤 3 定义剖切类型。在"剖面视图辅助"对话框中选中半剖面选项卡，在半剖面区域中选中 （右侧向上）类型。

◎步骤 4 定义剖切面位置。在绘图区域中选取如图 8.40 所示的点作为剖切定位点，系统弹出"剖面视图 A-A"对话框。

◎步骤 5 定义剖切信息。在"剖面视图 A-A"对话框的 （符号）文本框输入 A，确认剖切方向如图 8.41 所示，如果方向不对，则可以单击反转方向按钮进行调整。

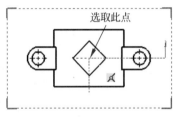

图 8.40　剖切位置

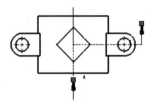

图 8.41　剖切方向

◎步骤6　放置视图。在主视图上方合适位置单击放置，生成半剖视图。

◎步骤7　单击"剖面视图 A-A"对话框中的 ✓ 按钮，完成操作。

10min

8.3.6　阶梯剖视图

用两个或多个互相平行的剖切平面把机件剖开的方法，称为阶梯剖，所画出的剖视图，称为阶梯剖视图。它适宜于表达机件内部结构的中心线排列在两个或多个互相平行的平面内的情况。下面以创建如图 8.42 所示的阶梯剖视图为例，介绍创建阶梯剖视图的一般操作过程。

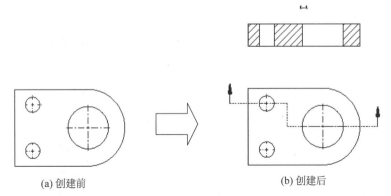

(a) 创建前

(b) 创建后

图 8.42　阶梯剖视图

◎步骤1　打开文件 D:\sw21\work\ch08.03\06\ 阶梯剖视图 -ex.SLDPRT。

◎步骤2　绘制剖面线。选择 草图 功能选项卡中的 ⌐· 命令，绘制如图 8.42 所示的三条直线，水平两根直线需要通过圆 1 与圆 2 的圆心。

◎步骤3　选择命令。选取如图 8.43 所示的直线 1，选择 视图布局 功能选项卡中的 ⇅ （剖面视图）命令，系统弹出如图 8.44 所示的 SOLIDWORKS 对话框。

◎步骤4　定义类型。在 SOLIDWORKS 对话框中选择"创建一个旧制尺寸线打折剖面视图"类型。

◎步骤5　定义剖切信息。在"剖面视图 A-A"对话框的 ⋈（符号）文本框中输入 A，单击"反转方向"按钮将方向调整到如图 8.45 所示的方向。

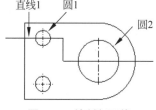

图 8.43　绘制剖面线

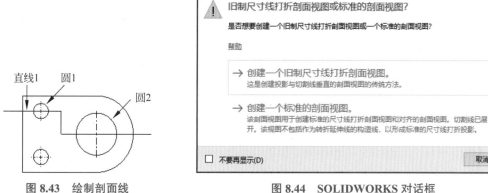

图 8.44　SOLIDWORKS 对话框

⊙步骤⑥　放置视图。在主视图上方合适位置单击放置，生成阶梯剖视图。

⊙步骤⑦　单击"剖面视图 A-A"对话框中的 ✓ 按钮，完成视图初步创建，如图 8.46 所示。

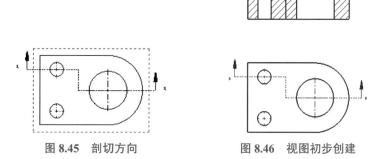

图 8.45　剖切方向　　　　　　　　图 8.46　视图初步创建

⊙步骤⑧　隐藏多余线条。选中如图 8.47 所示的多余线条，在如图 8.48 所示的线型工具条中选择 ⬚（隐藏显示边线）命令。

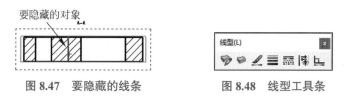

图 8.47　要隐藏的线条　　　　　　图 8.48　线型工具条

说明

　　如果读者的计算机上没有线型工具条，则可以通过右击要隐藏的线条，在系统弹出的快捷菜单中选择 ⬚（隐藏显示边线）命令即可，也可以在功能选项卡的空白区域右击，然后选中 工具栏(B) 节点下的 线型(L) 即可显示线型工具条，如图 8.49 所示。

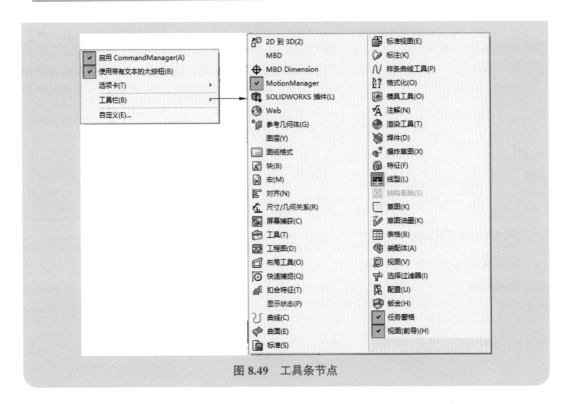

图 8.49   工具条节点

5min

8.3.7   旋转剖视图

用两个相交的剖切平面（交线垂直于某一基本投影面）剖开机件的方法称为旋转剖，所画出的剖视图，称为旋转剖视图。下面以创建如图 8.50 所示的旋转剖视图为例，介绍创建旋转剖视图的一般操作过程。

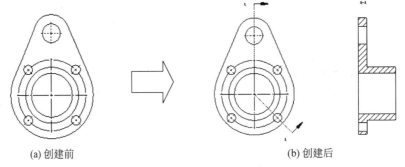

(a) 创建前   (b) 创建后

图 8.50   旋转剖视图

◎步骤 1   打开文件 D:\sw21\work\ch08.03\07\ 旋转剖视图 -ex.SLDPRT。

◎步骤 2   选择命令。选择 视图布局 功能选项卡中的 ⅀｜（剖面视图）命令，系统弹出"剖面视图辅助"对话框。

○步骤 3 　定义剖切类型。在"剖面视图辅助"对话框中选中剖面视图选项卡，在切割线区域中选中 （对齐），如图 8.51 所示。

○步骤 4 　定义剖切面位置。在绘图区域中一次选取如图 8.52 所示的圆心 1、圆心 2 与圆心 3 作为剖切面的位置参考，然后单击命令条中的 ✓ 按钮，系统弹出"剖面视图 A-A"对话框。

○步骤 5 　定义剖切信息。在"剖面视图 A-A"对话框的 （符号）文本框输入 A，确认剖切方向如图 8.53 所示，如果方向不对，则可以单击反转方向按钮进行调整。

图 8.51　"剖面视图辅助"对话框

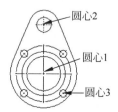

图 8.52　剖切位置

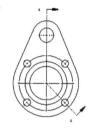

图 8.53　剖切方向

○步骤 6 　放置视图。在主视图上方合适位置单击放置，生成剖视图。

○步骤 7 　单击"剖面视图 A-A"对话框中的 ✓ 按钮，完成操作。

8.3.8　局部剖视图

▶ 6min

将机件局部剖开后进行投影得到的剖视图称为局部剖视图。局部剖视图也是在同一视图上同时表达内外形状的方法，并且用波浪线作为剖视图与视图的界线。局部剖视是一种比较灵活的表达方法，剖切范围可根据实际需要决定，但使用时要考虑到看图方便，剖切不要过于零碎。它常用于下列两种情况：第 1 种情况，机件只有局部内形要表达，而又不必或不宜采用全剖视图时。第 2 种情况，不对称机件需要同时表达其内、外形状时，宜采用局部剖视图。下面以创建如图 8.54 所示的局部剖视图为例，介绍创建局部剖视图的一般操作过程。

○步骤 1 　打开文件 D:\sw21\work\ch08.03\08\ 局部剖视图 -ex.SLDPRT。

○步骤 2 　定义局部剖区域。选择 **草图** 功能选项卡中的 命令，绘制如图 8.55 所示的封闭样条曲线。

○步骤 3 　选择命令。首先选中步骤 2 所绘制的封闭样条，然后选择 视图布局 功能选项卡中的 （断开剖视图）命令，系统弹出如图 8.56 所示的"断开的剖视图"对话框。

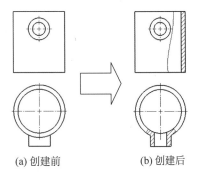
(a) 创建前　　　　　　(b) 创建后

图 8.54　局部剖视图

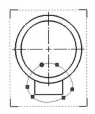

图 8.55　剖切封闭区域

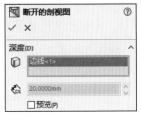

图 8.56　"断开的剖视图"对话框

⊙步骤 4　定义剖切位置参考。选取如图 8.57 所示的圆形边线为剖切位置参考。

⊙步骤 5　单击"断开的剖视图"对话框中的 ✓ 按钮，完成操作，如图 8.58 所示。

⊙步骤 6　定义局部剖区域。选择 草图 功能选项卡中的 Ｎ· 命令，绘制如图 8.59 所示的封闭样条曲线。

⊙步骤 7　选择命令。首先选中步骤 6 所绘制的封闭样条，然后选择 视图布局 功能选项卡中的 ◙（断开剖视图）命令，系统弹出"断开的剖视图"对话框。

⊙步骤 8　定义剖切位置参考。选取如图 8.60 所示的圆形边线为剖切位置参考。

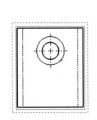

图 8.57　剖切位置参考

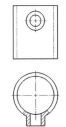

图 8.58　局部剖视图

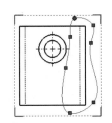

图 8.59　剖切封闭区域

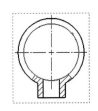

图 8.60　剖切位置参考

⊙步骤 9　单击"断开的剖视图"对话框中的 ✓ 按钮，完成操作。

▶10min

8.3.9　局部放大图

当机件上某些细小结构在视图中表达得还不够清楚，或不便于标注尺寸时，可将这些部分用大于原图形所采用的比例画出，这种图称为局部放大图。下面以创建如图 8.61 所示的局部放大图为例，介绍创建局部放大图的一般操作过程。

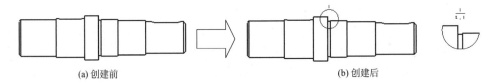
(a) 创建前　　　　　　　　　　　　　　(b) 创建后

图 8.61　局部放大图

○步骤 1　打开文件 D:\sw21\work\ch08.03\09\ 局部放大图 -ex.SLDPRT。

○步骤 2　选择命令。选择 视图布局 功能选项卡中的 Ⓖ（局部视图）命令。

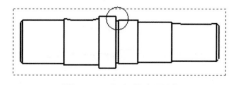

图 8.62　定义放大区域

○步骤 3　定义放大区域。绘制如图 8.62 所示的圆作为放大区域，系统弹出如图 8.63 所示的"局部视图"对话框。

○步骤 4　定义视图信息。在"局部视图"对话框的局部视图国标区域的样式下拉列表中选择"依照标准"，在 Ⓖ 文本框中输入 I，在"局部视图"对话框的比例区域中选中 ⦿ 使用自定义比例(C) 单选按钮，在比例下拉列表中选择 2∶1，其他参数采用默认。

○步骤 5　放置视图。在主视图右侧合适位置单击放置，生成局部放大视图。

○步骤 6　单击"局部视图"对话框中的 ✔ 按钮，完成操作。

图 8.63 所示的"局部视图"对话框中部分选项的说明如下。

● 在创建局部放大视图之前，先绘制一个封闭的轮廓，然后选中该轮廓，选择 视图布局 功能选项卡中的 Ⓖ（局部视图）命令，也可以创建局部放大视图，如图 8.64 所示。

● 在"局部视图"窗口局部视图图标区域的样式下拉列表中可设置（父视图上）局部视图图标的样式：断裂圆（如图 8.65 所示）、带引线（如图 8.66 所示）、无引线（如图 8.67 所示）、相连（如图 8.68 所示）。

图 8.63　"局部视图"对话框

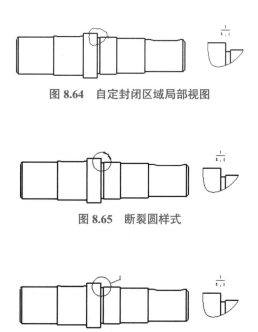

图 8.64　自定封闭区域局部视图

图 8.65　断裂圆样式

图 8.66　带引线样式

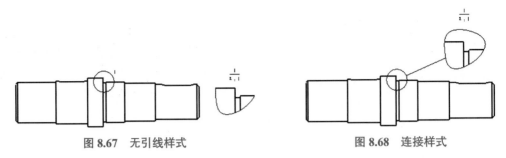

图 8.67　无引线样式　　　　　　　图 8.68　连接样式

- 在"局部视图"窗口的局部视图区域中可设置局部视图的显示样式：

☑ 选中 无轮廓 复选框，用于不在局部视图中显示放大边界，如图 8.69 所示。

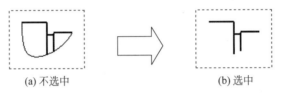

(a) 不选中　　　　　　　　　(b) 选中

图 8.69　无轮廓

☑ 选中 完整外形(O) 复选框，可在局部视图中显示完整的草图轮廓，如图 8.70 所示。

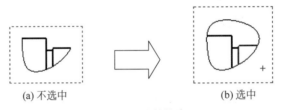

(a) 不选中　　　　　　　　　(b) 选中

图 8.70　完整轮廓

☑ 选中 锯齿状轮廓 复选框，可在局部视图中显示锯齿轮廓，如图 8.71 所示。

(a) 不选中　　　　　　　　　(b) 选中

图 8.71　锯齿状轮廓

☑ 选中 钉住位置(l) 复选框后，当父视图比例改变时，可以保证草图圆的相对位置不变。

☑ 选中 缩放剖面线样比例(N) 复选框可在局部视图中使用局部视图的比例放大剖面线。

- 可以在"局部视图"窗口的比例区域中修改局部视图的比例。另外，也可以选择"快速访问工具栏"中的 ⊚· 命令，系统弹出"系统选项"对话框，在"系统选项"选项卡中选择工程图选项，然后在对话框中修改 局部视图比例: 文本框中的数值，设置局部视图的默认比例，如图 8.72 所示。

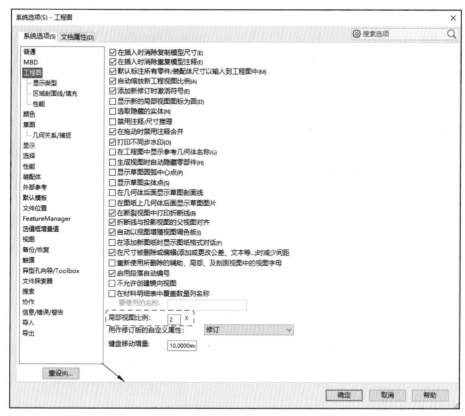

图 8.72　"系统选项 - 工程图"对话框

8.3.10　辅助视图

▶ 3min

　　辅助视图类似于投影视图，但它是垂直于现有视图中参考边线的展开视图，该参考边线可以是模型的一条边、侧影轮廓线、轴线或草图直线。辅助视图一般只要求表达出倾斜面的形状。下面以创建如图 8.73 所示的辅助视图为例，介绍创建辅助视图的一般操作过程。

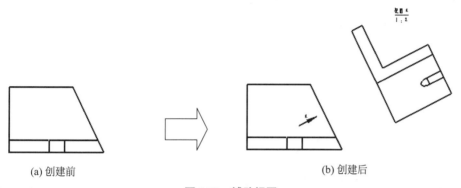

(a) 创建前　　　　　　　　　　　　　　　　　(b) 创建后

图 8.73　辅助视图

◉步骤1 打开文件 D:\sw21\work\ch08.03\10\ 辅助视图 -ex.SLDPRT。

◉步骤2 选择命令。选择 视图布局 功能选项卡中的 ◈（辅助视图）命令。

◉步骤3 定义参考边线。在系统 请选择一参考边线来往下继续 的提示下，选取如图 8.74 所示的边线作为投影的参考边线，系统弹出如图 8.75 所示的"辅助视图"对话框。

图 8.74 定义参考边线　　　　图 8.75 "辅助视图"对话框

◉步骤4 定义剖切信息。在"辅助视图"对话框的箭头区域的 文本框输入 A，其他参数采用默认。

◉步骤5 放置视图。在主视图右上方合适位置单击放置，生成辅助视图。

◉步骤6 单击"辅助视图"对话框中的 ✓ 按钮，完成操作。

说明

> 在创建辅助视图时，如果在视图中找不到合适的参考边线，则可以手动绘制一条直线并添加相应的几何约束，然后将此直线选取为参考边线。

8.3.11　断裂视图

在机械制图中，经常会遇到一些长细形的零部件，若要反映整个零件的尺寸形状，则需用大幅面的图纸来绘制。为了既节省图纸幅面，又可以反映零件形状尺寸，在实际绘图中常采用断裂视图。断裂视图指的是从零件视图中删除选定两点之间的视图部分，将余下的两部分合并成一个带折断线的视图。下面以创建如图 8.76 所示的断裂视图为例，介绍创建断裂视图的一般操作过程。

◉步骤1 打开文件 D:\sw21\work\ch08.03\11\ 断裂视图 -ex.SLDPRT，如图 8.77 所示。

图 8.76　断裂视图

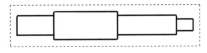

图 8.77　主视图

步骤 2 选择命令。选择 视图布局 功能选项卡中的 ⏸⏵（断裂视图）命令。

步骤 3 选择要断裂的视图。选取主视图作为要断裂的视图，系统弹出如图 8.78 所示的"断裂视图"对话框。

步骤 4 定义断裂视图参数选项。在"断裂视图"对话框的断裂视图设置区域将切除方向设置为 ⏸⏵，在缝隙大小文本框中输入间隙 10，将折断线样式设置为 ⚡，其他参数采用默认。

步骤 5 定义断裂位置。放置如图 8.79 所示的第一条断裂线及第二条断裂线。

步骤 6 单击"断裂视图"对话框中的 ✔ 按钮，完成操作，如图 8.80 所示。

步骤 7 选择命令。选择 视图布局 功能选项卡中的 ⏸⏵（断裂视图）命令。

步骤 8 选择要断裂的视图。选取主视图作为要断裂的视图，系统弹出"断裂视图"对话框。

步骤 9 定义断裂视图参数选项。在"断裂视图"对话框的断裂视图设置区域将切除方向设置为 ⏸⏵，在缝隙大小文本框中输入间隙 10，将折断线样式设置为 ⚡，其他参数采用默认。

步骤 10 定义断裂位置。放置如图 8.81 所示的第一条断裂线及第二条断裂线。

图 8.78　"断裂视图"对话框

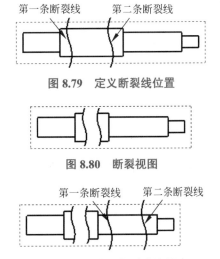

图 8.79　定义断裂线位置

图 8.80　断裂视图

图 8.81　定义断裂线位置

步骤 11 单击"断裂视图"对话框中的 ✔ 按钮，完成操作。

图 8.78 所示的"断裂视图"对话框中部分选项的说明如下。

● ⏸⏵（添加竖直折断线）：用于添加竖直方向的折断线。

- ⊟（添加水平折断线）：用于添加水平方向的折断线，如图 8.82 所示。
- 缝隙大小 文本框：用于设置折断线之间的间距，如图 8.83 所示。

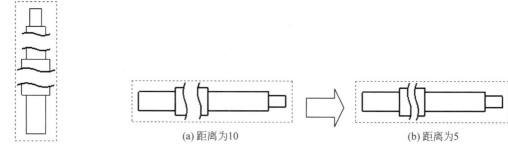

图 8.82　水平折断线

(a) 距离为10　　　　(b) 距离为5

图 8.83　缝隙距离

- 折断线样式 ：用于设置折断线的样式，主要包括：⊞ 直线切断（效果如图 8.84 所示）、⊞ 曲线切断（效果如图 8.85 所示）、⊞ 锯齿线切断（效果如图 8.86 所示）⊞ 小锯齿线切断（效果如图 8.87 所示）和 ⊞ 锯齿状切断（效果如图 8.88 所示）。

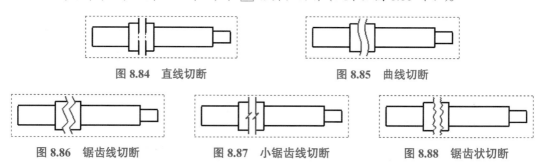

图 8.84　直线切断　　　　　　　　　　　　图 8.85　曲线切断

图 8.86　锯齿线切断　　　　图 8.87　小锯齿线切断　　　　图 8.88　锯齿状切断

4min

8.3.12　加强筋的剖切

下面以创建如图 8.89 所示的剖视图为例，介绍创建加强筋的剖视图的一般操作过程。

说明

> 在国家标准中规定，当剖切到加强筋结构时，需要按照不剖处理。

○步骤1　打开文件 D:\sw21\work\ch08.03\12\ 加强筋的剖切 -ex.SLDPRT。

○步骤2　选择命令。选择 视图布局 功能选项卡中的 ⬍ |（剖面视图）命令，系统弹出"剖面视图辅助"对话框。

○步骤3　定义剖切类型。在"剖面视图辅助"对话框中选中剖面视图选项卡，在切割线区域中选中 ⬚（水平）。

○步骤4　定义剖切面位置。在绘图区域中选取如图 8.90 所示的圆心作为水平剖切面的位置，然后单击命令条中的 ✓ 按钮，系统弹出如图 8.91 所示的"剖面视图 A-A"对话框。

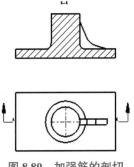

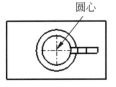

圆心

图 8.89 加强筋的剖切   图 8.90 剖切位置

○步骤 5 定义不剖切的加强筋结构。在设计树中选取如图 8.92 所示的"筋 1"作为不剖切特征，然后单击对话框中的"确定"按钮，系统弹出"剖面视图 A-A"对话框。

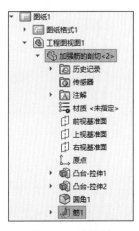

图 8.91 "剖面视图"对话框   图 8.92 设计树

说明

只有使用筋命令创建的加强筋才可以被选取，由其他特征（例如拉伸）创建的筋特征不支持选取。

○步骤 6 定义剖切信息。在"剖面视图"对话框的 ⟨符号⟩文本框输入 A，确认剖切方向如图 8.93 所示，如果方向不对，则可以单击反转方向按钮调整。

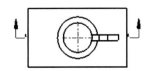

图 8.93 剖切方向

○步骤 7 放置视图。在主视图上方合适位置单击放置，生成剖视图。

○步骤 8 单击"剖面视图 A-A"对话框中的 ✓ 按钮，完成操作。

▶5min

8.3.13 装配体的剖切视图

装配体工程图视图的创建与零件工程图视图相似，但是在国家标准中针对装配体出工程图也有两点不同之处：一是装配体工程图中不同的零件在剖切时需要有不同的剖面线，二是装配体中有一些零件（例如标准件）是不可参与剖切的。下面以创建如图 8.94 所示的装配体全剖视图为例，介绍创建装配体剖切视图的一般操作过程。

◯步骤1 打开文件 D:\sw21\work\ch08.03\13\ 装配体剖切 -ex.SLDPRT。

◯步骤2 选择命令。选择 视图布局 功能选项卡中的 ↕ （剖面视图）命令，系统弹出"剖面视图辅助"对话框。

◯步骤3 定义剖切类型。在"剖面视图辅助"对话框中选中剖面视图选项卡，在切割线区域中选中 ▐ （竖直）。

图 8.94　装配体剖切视图

◯步骤4 定义剖切面位置。在绘图区域中选取如图 8.95 所示的圆弧圆心作为竖直剖切面的位置，然后单击命令条中的 ✓ 按钮，系统弹出如图 8.96 所示的"剖面视图"对话框。

图 8.95　剖切位置

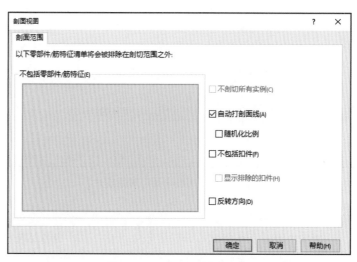

图 8.96　"剖面视图"对话框

◯步骤5 定义不剖切的零部件。在设计树中选取如图 8.97 "固定螺钉"作为不剖切特征，选中"剖面视图"对话框中的 ☑自动打剖面线(A)，然后单击对话框中的"确定"按钮，系统弹出"剖面视图"对话框。

注意

选择工程图视图 5（剖切的主视图）下的相应零件。

步骤6　定义剖切信息。在"剖面视图 A-A"对话框的 📑（符号）文本框输入 A，单击切割线区域中的反转方向按钮调整剖切方向如图 8.98 所示。

图 8.97　设计树

图 8.98　剖切方向

步骤7　放置视图。在主视图右侧合适位置单击放置，生成剖视图。

步骤8　单击"剖面视图 A-A"对话框中的 ✔ 按钮，完成操作。

8.3.14　爆炸视图

4min

为了全面地反映装配体的零件组成，可以通过创建其爆炸视图来达到目的。下面以创建如图 8.99 所示的爆炸视图为例，介绍创建装配体爆炸视图的一般操作过程。

步骤1　打开文件 D:\sw21\work\ch08.03\14\ 爆炸视图 -ex.SLDPRT。

步骤2　选择命令。选择 视图布局 功能选项卡中的 📷（模型视图）命令，系统弹出"模型视图"对话框。

步骤3　选择装配模型。在系统 选择一零件或装配体以从之生成视图，然后单击下一步。 的提示下，单击 要插入的零件/装配体(E) 区域的"浏览"按钮，系统弹出"打开"对话框，在查找范围下拉列表中选择目录 D:\sw21\work\ch08.03\14，然后选择爆炸视图，单击"打开"按钮，载入模型。

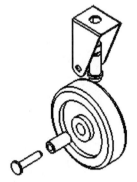

图 8.99　装配体爆炸视图

步骤4　定义视图参数。

（1）定义视图配置，在"模型视图"对话框的参考配置区域中选中 ☑ 在爆炸或模型断开状态下显示(X)。

注意

要想创建爆炸工程图视图，必须提前在装配环境中创建爆炸视图。

（2）定义视图方向。在"模型视图"对话框的方向区域选中 ⬙ "等轴测"，再选中 ☑预览(P) 复选框。

（3）定义视图显示样式。在显示样式区域选中 ⬚（消除隐藏线）单选项。

（4）定义视图比例。在比例区域中选中 ⦿ 使用自定义比例(C) 单选按钮，在其下方的列表框中选择 1：2。

（5）放置视图。将鼠标放在图形区，此时会出现视图的预览。选择合适的放置位置并单击，以生成爆炸视图。

（6）单击"工程图视图"窗口中的 ✓ 按钮，完成操作。

8.4 工程图标注

在工程图中，标注的重要性是不言而喻的。工程图作为设计者与制造者之间交流的语言，重在向其用户反映零部件的各种信息，这些信息中的绝大部分是通过工程图中的标注来反映的，因此一张高质量的工程图必须具备完整、合理的标注。

工程图中的标注种类很多，如尺寸标注、注释标注、基准标注、公差标注、表面粗糙度标注、焊缝符号标注等。

- 尺寸标注：对于刚创建完视图的工程图，习惯上先添加其尺寸标注。由于在 SolidWorks 系统中存在着两种不同类型的尺寸：模型尺寸和参考尺寸，所以添加尺寸标注一般有两种方法：其一是通过选择 注解 功能选项卡下的 ⬢（模型项目）命令来显示存在于零件模型的尺寸信息，其二是通过选择 注解 功能选项卡下的 ⬀（智能尺寸）命令手动创建尺寸。在标注尺寸的过程中，要注意国家制图标准中关于尺寸标注的具体规定，以免所标注的尺寸不符合国标的要求。
- 注释标注：作为加工图样的工程图很多情况下需要使用文本方式来指引性地说明零部件的加工、装配体的技术要求，这可通过添加注释实现。SolidWorks 系统提供了多种不同的注释标注方式，可根据具体情况加以选择。
- 基准标注：在 SolidWorks 系统中，选择 注解 功能选项卡下的 ▦基准特征 命令，可创建基准特征符号，所创建的基准特征符号主要用于创建几何公差时公差的参照。
- 公差标注：公差标注主要用于对加工所需要达到的要求作相应的规定。公差包括尺寸公差和几何公差两部分。其中，尺寸公差可通过尺寸编辑来将其显示。
- 表面粗糙度标注：对零件表面有特殊要求的零部件需标注表面粗糙度。在 SolidWorks 系统中，表面粗糙度有各种不同的符号，应根据要求选取。
- 焊接符号标注：对于有焊接要求的零件或装配体，还需要添加焊接符号。由于有不同的焊接形式，所以具体的焊接符号也不一样，因此在添加焊接符号时需要用户自己先选取一种标准，再添加到工程图中。

SolidWorks 的工程图模块具有方便的尺寸标注功能，既可以由系统根据已有约束自动标注尺寸，也可以根据需要手动标注尺寸。

8.4.1　尺寸标注

在工程图的各种标注中，尺寸标注是最重要的一种，它有着自身的特点与要求。首先尺寸是反映零件几何形状的重要信息（对于装配体，尺寸是反映连接配合部分、关键零部件尺寸等的重要信息）。在具体的工程图尺寸标注中，应力求尺寸能全面地反映零件的几何形状，不能有遗漏的尺寸，也不能有重复的尺寸，在本书中，为了便于介绍某些尺寸的操作，并未标注出能全面反映零件几何形状的全部尺寸。其次，工程图中的尺寸标注是与模型相关联的，而且模型中的变更会反映到工程图中，在工程图中改变尺寸也会改变模型。最后由于尺寸标注属于机械制图的一个必不可少的部分，因此标注应符合制图标准中的相关要求。

在 SolidWorks 软件中，工程图中的尺寸被分为两种类型：模型尺寸和参考尺寸。模型尺寸是存在于系统内部数据库中的尺寸信息，它们来源于零件的三维模型的尺寸。参考尺寸是用户根据具体的标注需要手动创建的尺寸。这两类尺寸的标注方法不同，其功能与应用也不同。通常先显示出存在于系统内部数据库中的某些重要的尺寸信息，再根据需要手动创建某些尺寸。

1. 自动标注尺寸（模型项目）

▶7min

在 SolidWorks 软件中，模型项目是在创建零件特征时系统自动生成的尺寸，当在工程图中显示模型项目尺寸并修改零件模型的尺寸时，工程图的尺寸会更新，同样，在工程图中修改模型尺寸也会改变模型。由于工程图中的模型尺寸受零件模型驱动，并且也可反过来驱动零件模型，所以这些尺寸也常被称为"驱动尺寸"。这里有一点需要注意：在工程图中可以修改模型尺寸值的小数位数，但是四舍五入之后的尺寸值不驱动模型。

模型尺寸是在创建零件特征时标注的尺寸信息，在默认情况下，将模型插入工程图时，这些尺寸是不可见的，选择 注解 功能选项卡下的 ✎（模型项目）命令，可将模型尺寸在工程图中自动地显现出来。

下面以标注如图 8.100 所示的尺寸为例，介绍使用模型项目自动标注尺寸的一般操作过程。

◎步骤1 打开文件 D:\sw21\work\ch08.04\01\ 模型项目 -ex.SLDPRT。

◎步骤2 选择命令。选择 注解 功能选项卡下的 ✎（模型项目)命令，系统弹出如图 8.101 所示的"模型项目"对话框。

◎步骤3 选取要标注的视图或特征。在 来源/目标(s) 区域中 来源 下拉列表中选取 整个模型 选项，并选中 ☑将项目输入到所有视图(I) 复选框。

◎步骤4 在 尺寸(D) 区域中按"为工程图标注"按钮 ⚞，并选中 ☑消除重复(E) 复选框，其他设置采用系统默认值。

◎步骤5 单击"模型项目"窗口中的"确定"按钮 ✔ 。

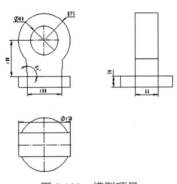

图 8.100　模型项目

图 8.101　"模型项目"对话框

图 8.101 所示的"模型项目"对话框中部分选项的说明如下。

- 来源/目标(S) 区域：该区域用于选取要标注的特征或视图。

  ☑ 来源 下拉列表：在该下拉列表中可选取要插入模型项目的对象，包括 整个模型 和 所选特征 选项。当选取 整个模型 选项时，标注的是整个模型的尺寸。当选取 所选特征 选项时，标注的是所选零件特征的尺寸。

  ☑ 将项目输入到所有视图(I) 复选框：选中该复选框，模型项目将插入所有视图中，不选中该复选框，则需要在图形区指定视图。

- 尺寸(D) 区域：该区域用于选取要标注的模型项目。

  ☑ 🔲（为工程图标注）按钮：按该按钮，将对工程图标注尺寸。

  ☑ 🔩（不为工程图标注）按钮：按该按钮，将不对工程图标注尺寸。

  ☑ 🌼（实例/圈数计数）按钮：按该按钮，将对阵列特征的实例个数进行标注。

  ☑ 🔲（异型孔向导轮廓）按钮：按该按钮，将对工程图中孔的尺寸进行标注。

  ☑ 🔲（异型孔向导位置）按钮：按该按钮，将对工程图中孔的位置进行标注。

  ☑ 🔲（孔标注）按钮：按该按钮，将对工程图中的孔进行标注。

  ☑ 消除重复(E) 复选框：选中该复选框，将工程图中标注的重复尺寸自动删除，不选中该复选框，则在工程图中会出现重复标注的情况。

说明

在 尺寸(D) 区域中，只有"异型孔向导轮廓"按钮 🔲 和"孔标注"按钮 🔲 不能同时按下外，其他都可以同时按下。

2. 手动标注尺寸

当自动生成尺寸不能全面地表达零件的结构或在工程图中需要增加一些特定的标注时，需要手动标注尺寸。这类尺寸受零件模型所驱动，所以又常被称为"从动尺寸"（参考尺寸）。手动标注尺寸与零件或装配体具有单向关联性，即这些尺寸受零件模型所驱动，当零件模型的尺寸改变时，工程图中的尺寸也随之改变，但这些尺寸的值在工程图中不能被修改。

下面将详细介绍标注智能尺寸、基准尺寸、链尺寸、尺寸链、孔标注和倒角尺寸的方法。

1）标注智能尺寸

智能尺寸是系统根据用户所选择的对象自动判断尺寸类型完成尺寸标注，此功能与草图环境中的智能尺寸标注比较类似。下面以标注如图 8.102 所示的尺寸为例，介绍智能标注尺寸的一般操作过程。

▶ 6min

◎步骤 1　打开文件 D:\sw21\work\ch08.04\02\ 智能尺寸 -ex.SLDPRT。

◎步骤 2　选择命令。选择　注解　功能选项卡下的　💥（智能尺寸）命令，系统弹出如图 8.103 所示的"尺寸"对话框。

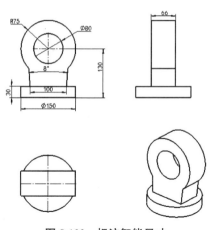

图 8.102　标注智能尺寸

图 8.103　"尺寸"对话框

◎步骤 3　标注水平竖直间距。选取如图 8.104 所示的竖直边线，在左侧合适位置单击即可放置尺寸，如图 8.105 所示。

◎步骤 4　参考步骤 3 标注其他的水平竖直尺寸，完成后如图 8.106 所示。

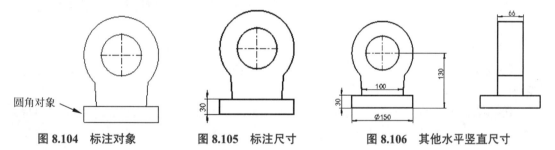

图 8.104　标注对象　　　　图 8.105　标注尺寸　　　　图 8.106　其他水平竖直尺寸

◎步骤5 标注半径及直径尺寸。选取如图 8.107 所示的圆形边线，在合适位置单击即可放置尺寸，如图 8.108 所示。

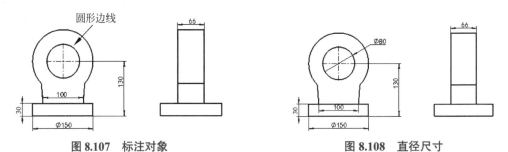

图 8.107　标注对象　　　　　　　　　　图 8.108　直径尺寸

◎步骤6 参考步骤 5 标注其他的半径及直径尺寸，完成后如图 8.109 所示。

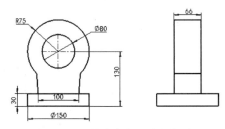

图 8.109　其他半径及直径标注

◎步骤7 标注角度尺寸。选取如图 8.110 所示的两条边线，在合适位置单击即可放置尺寸，如图 8.111 所示。

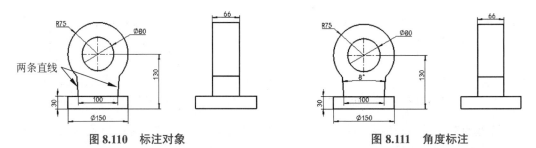

图 8.110　标注对象　　　　　　　　　　图 8.111　角度标注

2）标注基准尺寸

基准尺寸是工程图中的参考尺寸，无法更改其数值或将其用来驱动模型。下面以标注如图 8.112 所示的尺寸为例，介绍标注基准尺寸的一般操作过程。

◎步骤1 打开文件 D:\sw21\work\ch08.04\03\ 基准尺寸 -ex.SLDPRT。

◎步骤2 选择命令。单击 注解 功能选项卡 ✍ （智能尺寸）下的 ▾ 按钮，选择 ⊞ 基准尺寸 命令。

◎步骤3 选择标注参考对象。依次选择如图 8.113 所示的直线 1、直线 2、直线 3、直线 4 和直线 5。

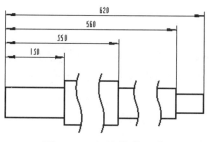

图 8.112　标注基准尺寸

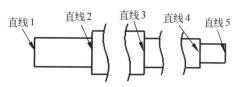

图 8.113　标注参考对象

◎步骤 4　单击 "尺寸" 对话框中的 ✔ 按钮完成操作。

3）标注链尺寸

下面以标注如图 8.114 所示的尺寸为例，介绍标注链尺寸的一般操作过程。

◎步骤 1　打开文件 D:\sw21\work\ch08.04\04\ 链尺寸 -ex.SLDPRT。

◎步骤 2　选择命令。单击 注解 功能选项卡 ✎ （智能尺寸）下的 ▾ 按钮，选择 ⊞ 链尺寸 命令。

 ▶2min

◎步骤 3　选择标注参考对象。依次选择如图 8.115 所示的直线 1、直线 2、直线 3、直线 4 和直线 5。

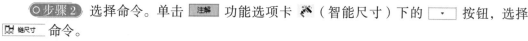

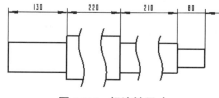

图 8.114　标注链尺寸

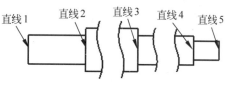

图 8.115　标注参考对象

◎步骤 4　单击 "尺寸" 对话框中的 ✔ 按钮完成操作。

4）标注尺寸链

下面以标注如图 8.116 所示的尺寸为例，介绍标注尺寸链的一般操作过程。

◎步骤 1　打开文件 D:\sw21\work\ch08.04\05\ 尺寸链 -ex.SLDPRT。

◎步骤 2　选择命令。单击 注解 功能选项卡 ✎ （智能尺寸）下的 ▾ 按钮，选择 ⟐ 尺寸链 命令。

 ▶3min

◎步骤 3　选择标注参考对象。选取如图 8.117 所示的直线 1，然后在上方合适位置放置，得到 0 参考位置，然后依次选取如图 8.117 所示的直线 2、直线 3、直线 4 和直线 5。

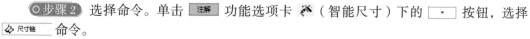

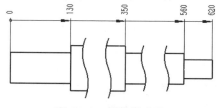

图 8.116　标注尺寸链

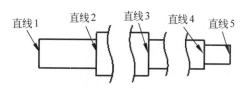

图 8.117　标注参考对象

3min

○步骤 4 单击"尺寸"对话框中的 ✓ 按钮完成操作。

5）孔标注

使用"智能尺寸"命令可标注一般的圆柱（孔）尺寸，如只含单一圆柱的通孔，对于标注含较多尺寸信息的圆柱孔，如沉孔等，可使用"孔标注"命令来创建。下面以标注如图 8.118 所示的尺寸为例，介绍孔标注的一般操作过程。

○步骤 1 打开文件 D:\sw21\work\ch08.04\06\ 孔标注 -ex.SLDPRT。

○步骤 2 选择命令。选择 注解 功能选项卡中的 孔标注 命令。

○步骤 3 选择标注参考对象。选取如图 8.119 所示的圆作为参考，在合适位置单击放置标注尺寸。

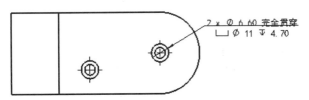

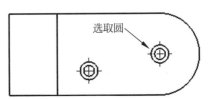

图 8.118　孔标注　　　　　　　　图 8.119　标注参考对象

○步骤 4 单击"尺寸"对话框中的 ✓ 按钮完成操作。

6）标注倒角尺寸

在标注倒角尺寸时，先选取倒角边线，再选择引入边线，然后单击图形区域来放置尺寸。下面以标注如图 8.120 所示的尺寸为例，介绍标注倒角尺寸的一般操作过程。

○步骤 1 打开文件 D:\sw21\work\ch08.04\07\ 倒角尺寸 -ex.SLDPRT。

○步骤 2 选择命令。单击 注解 功能选项卡 （智能尺寸）下的 · 按钮，选择 倒角尺寸 命令。

○步骤 3 选择标注参考对象。选取如图 8.121 所示的直线 1 与直线 2，然后在上方合适位置放置，系统弹出如图 8.122 所示的"尺寸"对话框。

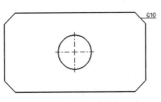

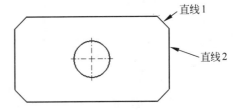

图 8.120　标注倒角尺寸　　　　　　图 8.121　标注参考对象

○步骤 4 定义标注尺寸文字类型。在"尺寸"窗口的标注尺寸文字区域单击 c1 按钮。

○步骤 5 单击"尺寸"对话框中的 ✓ 按钮完成操作。

图 8.122 所示的"标注尺寸文字"区域中的说明如下。

- 1x1 按钮：倒角尺寸样式以"距离×距离"的样式显示，如图 8.123 所示。
- 1x° 按钮：倒角尺寸样式以"距离×角度"的样式显示，如图 8.124 所示。

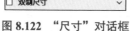

图 8.122　"尺寸"对话框

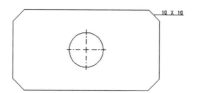

图 8.123　距离 × 距离类型

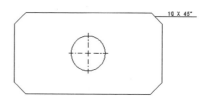

图 8.124　距离 × 角度类型

- ▢ 按钮：倒角尺寸样式以"角度 × 距离"的样式显示，与"距离 × 角度"的样式相反，如图 8.125 所示。
- ▢ 按钮：标注尺寸样式以"C 距离"的样式显示，如图 8.126 所示。

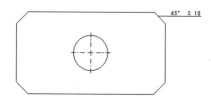

图 8.125　角度 × 距离类型

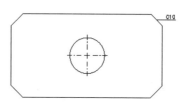

图 8.126　C 距离类型

8.4.2　公差标注

▶ 7min

在 SolidWorks 系统下的工程图模式中，尺寸公差只能在手动标注或在编辑尺寸时才能添加上公差值。尺寸公差一般以最大极限偏差和最小极限偏差的形式显示尺寸、以公称尺寸并带有一个上偏差和一个下偏差的形式显示尺寸和以公称尺寸之后加上一个正负号显示尺寸等。在默认情况下，系统只显示尺寸的公差值，可以通过编辑来显示尺寸的公差。

下面以标注如图 8.127 所示的公差为例，介绍标注公差尺寸的一般操作过程。

◯ 步骤 1　打开文件 D:\sw21\work\ch08.04\08\ 公差标注 -ex.SLDPRT。

◯ 步骤 2　选取要添加公差的尺寸。选取如图 8.128 所示的尺寸"130"。系统弹出"尺寸"窗口。

◯ 步骤 3　定义公差。在"尺寸"窗口的 公差/精度(P) 区域中设置如图 8.129 所示的参数。

图 8.127　公差尺寸标注

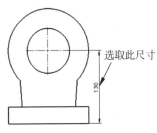

图 8.128　选取尺寸

图 8.129　"尺寸"对话框

○步骤 4　单击"尺寸"对话框中的 ✓ 按钮，完成尺寸公差的添加。

图 8.129 所示的"尺寸"对话框 公差/精度(P) 区域的下拉列表中各选项的说明如下。

- 基本 选项：选取该选项，在尺寸文字上添加一个方框来表示基本尺寸，如图 8.130 所示。
- 双边 选项：选取该选项，如在 ＋ 和 － 文本框中输入尺寸的上偏差和下偏差，公差值显示在尺寸值后面，如图 8.131 所示。在 ＋ 和 － 文本框中输入的偏差值，在默认情况下为正值，在偏差值前输入符号"－"，可添加负值。
- 限制 选项：选取该选项，在 ＋ 和 － 文本框中输入尺寸的上下偏差，令尺寸值分别加上或减去偏差值，来显示尺寸的最大值和最小值，如图 8.132 所示。

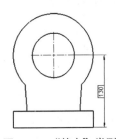

图 8.130　"基本"类型

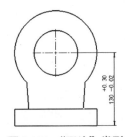

图 8.131　"双边"类型

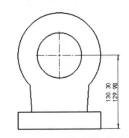

图 8.132　"限制"类型

- 对称 选项：选取该选项，在 ＋ 文本框中输入尺寸相等的偏差值，公差文字显示在
- 公差尺寸的后面，如图 8.133 所示。
- 最小 选项：选取该选项，在尺寸值后面添加"最小"后缀，如图 8.134 所示。
- 最大 选项：在尺寸值后面添加"最大"后缀，如图 8.135 所示。

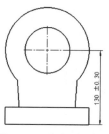

图 8.133　"对称"类型

图 8.134　"最小"类型

图 8.135　"最大"类型

- 套合 选项：选取该选项，可使用公差代号来显示尺寸公差，显示公差的方法有如图 8.136 所示的 3 种：以直线显示层叠、无直线显示层叠和线性显示。用户可以选取配合的类型：用户定义 、 间隙 、 过渡 和 紧靠 4 种类型。

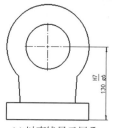

(a) 以直线显示层叠

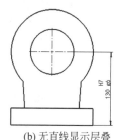

(b) 无直线显示层叠

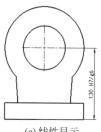

(c) 线性显示

图 8.136　"套合"显示类型

- 与公差套合 选项：选取该选项，同时显示公差代号和公差值，如图 8.137 所示。
- 套合（仅对公差） 选项：可以使用公差代号指定公差值，但不显示公差代号，如图 8.138 所示。

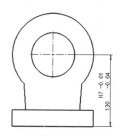

图 8.137　"与公差套和"类型

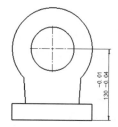

图 8.138　"套和（仅对公差）"类型

8.4.3　基准标注

▶ 5min

在工程图中，基准标注（基准面和基准轴）常被作为几何公差的参照。基准面一般标注在视图的边线上，而基准轴标注在中心轴或尺寸上。在 SolidWorks 中标注基准面和基准轴都通过"基准特征"命令。下面以标注如图 8.139 所示的基准标注为例，介绍基准标注的一般操作过程。

◎步骤 1　打开文件 D:\sw21\work\ch08.04\09\ 基准标注 -ex.SLDPRT。

◎步骤2 选择命令。选择 [注解] 功能选项卡中的 [基准特征] 命令，系统弹出如图 8.140 所示的"基准特征"对话框。

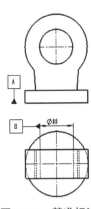

图 8.139 基准标注

图 8.140 "基准特征"对话框

◎步骤3 设置参数 1。在"基准特征"窗口 标号设定(S) 区域的 A 文本框中输入 A，在 引线(E) 区域取消选中 □使用文件样式(U) 单选项，按 [方] （方形按钮）及 [三] （实三角形按钮）。

◎步骤4 放置基准特征符号 1。选择如图 8.141 所示的边线，在合适的位置单击放置，效果如图 8.142 所示。

◎步骤5 设置参数 2。在"基准特征"窗口 标号设定(S) 区域的 A 文本框中输入 B，在 引线(E) 区域取消选中 □使用文件样式(U) 单选项，按 [方] （方形按钮）及 [三] （实三角形按钮）。

◎步骤6 放置基准特征符号 2。选择值为 80 的尺寸，在合适的位置单击放置，效果如图 8.143 所示。

选取此边线

图 8.141 参考边线

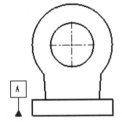

图 8.142 基准特征 1

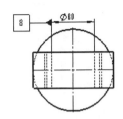

图 8.143 基准特征 2

◎步骤7 单击"基准特征"对话框中的"确定"按钮 ✓，完成基准的标注。

图 8.140 所示的"基准特征"对话框 标号设定(S) 区域中各选项的功能说明如下。

● A 文本框：该文本框用于输入基准的标号。在这里设置第一个标号，系统会按一定的顺序自动添加标号。

- ☑使用文件样式(U) 复选框：当取消选中该复选框时，"方形"按钮 ⊡ 被激活。如果选中该复选框，则系统默认使用"圆形"按钮 ⊙。
- ☑ ⊡（方形）按钮：按下该按钮，将激活以下 4 种基准样式："实三角形" ⊥、"带肩角的实三角形" ⊥、"虚三角形" ⊥ 和"带肩角的虚三角形" ⊥。"方形"按钮 ⊡ 与 4 种基准样式的组合如图 8.144 所示。

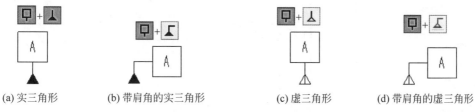

(a) 实三角形　　　(b) 带肩角的实三角形　　　(c) 虚三角形　　　(d) 带肩角的虚三角形

图 8.144　"方形"基准特征样式

- ☑ ⊙（圆形）按钮：按下该按钮，将激活以下 3 种基准样式："垂直" ✓、"竖直" ↓ 和"水平" ←。"圆形"按钮 ⊙ 与 3 种基准样式的组合如图 8.145 所示。

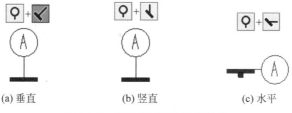

(a) 垂直　　　　　(b) 竖直　　　　　(c) 水平

图 8.145　"圆形"基准特征样式

8.4.4　形位公差标注

▶3min

形状公差和位置公差简称形位公差，也叫几何公差，用来指定零件的尺寸和形状与精确值之间所允许的最大偏差。下面以标注如图 8.146 所示的形位公差为例，介绍形位公差标注的一般操作过程。

◉步骤1　打开文件 D:\sw21\work\ch08.04\10\ 形位公差标注 -ex.SLDPRT。

◉步骤2　选择命令。选择 注解 功能选项卡中的 形位公差 命令，系统弹出如图 8.147 所示的"形位公差"对话框及如图 8.148 所示的"属性"对话框。

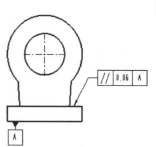

图 8.146　形位公差标注

◉步骤3　设置参数属性。在"属性"对话框中单击符号区域中的 · 按钮，然后选择 // 按钮，在公差 1 文本框中输入公差值 0.06，在主要文本框输入基准 A。

图 8.147 "形位公差"对话框

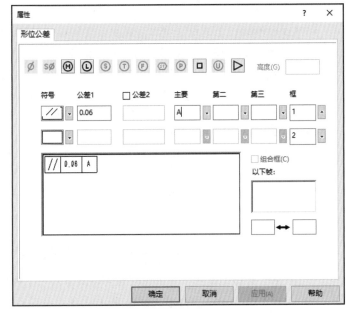

图 8.148 "属性"对话框

◯步骤 4 放置引线参数。在"形位公差"对话框的引线区域中选中 ✗（折弯引线），其他参数采用默认。

◯步骤 5 放置形位公差符号。选取如图 8.149 所示的边线，在合适的位置单击以放置形位公差。

◯步骤 6 单击"形位公差"窗口中的"确定"按钮 ✔ ，完成形位公差的标注。

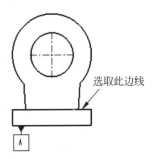

选取此边线

图 8.149 选取放置参考

8.4.5 粗糙度符号标注

7min

在机械制造中，任何材料的表面经过加工后，加工表面上都会具有较小间距和峰谷的不同起伏，这种微观的几何形状误差叫作表面粗糙度。下面以标注如图 8.150 所示的粗糙度符号为例，介绍粗糙度符号标注的一般操作过程。

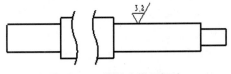

图 8.150 粗糙度符号标注

◯步骤 1 打开文件 D:\sw21\work\ch08.04\11\ 粗糙度符号 -ex.SLDPRT。

◯步骤 2 选择命令。选择 注解 功能选项卡中的 ✔ 表面粗糙度符号 命令，系统弹出"表面粗糙度"对话框。

步骤 3 定义表面粗糙度符号。在"表面粗糙度"对话框设置如图 8.151 所示的参数。

步骤 4 放置表面粗糙度符号。选择如图 8.152 所示的边线放置表面粗糙度符号。

图 8.151　"表面粗糙度"对话框

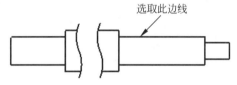

选取此边线

图 8.152　选取放置参考

步骤 5 单击"表面粗糙度"对话框中的"确定"按钮 ✓ ，完成表面粗糙度的标注。

图 8.151 所示的**"表面粗糙度"**对话框中部分选项的说明如下。

● **符号(S)** 区域：该区域用于设置表面粗糙度的样式。表面粗糙度的组合样式如图 8.153 ～ 如图 8.167 所示。

☑ **基本样式：**

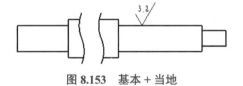

图 8.153　基本 + 当地

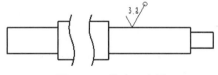

图 8.154　基本 + 全周

☑ **要求切削加工：**

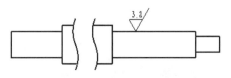

图 8.155　要求切削加工 + 当地

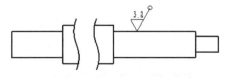

图 8.156　要求切削加工 + 全周

☑ 禁止切削加工：

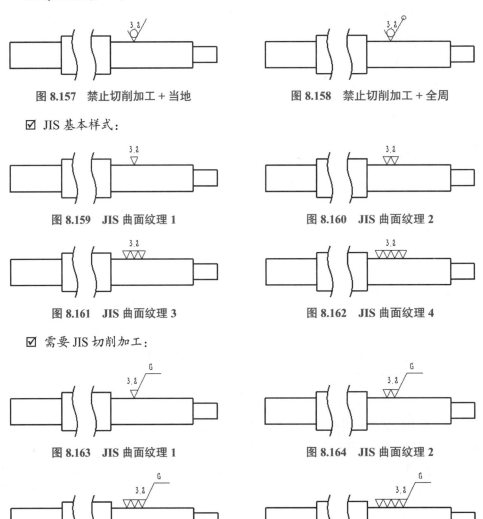

图 8.157　禁止切削加工 + 当地　　　　图 8.158　禁止切削加工 + 全周

☑ JIS 基本样式：

图 8.159　JIS 曲面纹理 1　　　　图 8.160　JIS 曲面纹理 2

图 8.161　JIS 曲面纹理 3　　　　图 8.162　JIS 曲面纹理 4

☑ 需要 JIS 切削加工：

图 8.163　JIS 曲面纹理 1　　　　图 8.164　JIS 曲面纹理 2

图 8.165　JIS 曲面纹理 3　　　　图 8.166　JIS 曲面纹理 4

☑ 禁止 JIS 切削加工：

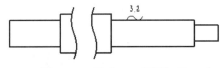

图 8.167　禁止 JIS 切削加工

● **符号布局(M)** 区域：该区域用于设置表面粗糙度的有关数值。如图 8.168 所示各个字母与
该区域的文本框对应，根据需要在对应的文本框中输入参数。

- a、b：粗糙高度参数代号及数值。
- c：加工余量。
- d：加工要求、镀覆、涂覆、表面处理或其他说明。
- e：取样长度或波纹度。
- f：粗糙度间距参数值或轮廓支承长度率。
- g：加工纹理方向符号。
- **角度(A)** 区域：该区域用于设置表面粗糙度符号的旋转角度。
  - ☑ **⊾** 文本框：该文本框中输入的数值用于定义表面粗糙度符号的旋转角度。
  - ☑ **√** （竖直）按钮：单击该按钮，表面粗糙度符号如图 8.169（a）所示。
  - ☑ **↘** （旋转 90°）按钮：单击该按钮，表面粗糙度符号将旋转 90° 标注表面粗糙度，如图 8.169（b）所示。
  - ☑ **↯** （垂直）按钮：单击该按钮，表面粗糙度符号以垂直方式标注在选取的边线上。
  - ☑ **↗** （垂直反转）按钮：单击该按钮，表面粗糙度符号以反向垂直方式标注在选取的边线上。

图 8.168　表面粗糙度参数　　　　图 8.169　表面粗糙度符号

(a) 竖直　　(b) 旋转90°

- **引线(L)** 区域：该区域用于设置表面粗糙度符号的引线形式，如图 8.170 所示。

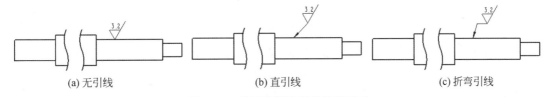

(a) 无引线　　　　　　(b) 直引线　　　　　　(c) 折弯引线

图 8.170　表面粗糙度符号引线形式

8.4.6　注释文本标注

▶ 8min

在工程图中，除了尺寸标注外，还应有相应的文字说明，即技术要求，如工件的热处理要求、表面处理要求等，所以在创建完视图的尺寸标注后，还需要创建相应的注释标注。工程图中的注释主要分为两类，带引线的注释与不带引线的注释。下面以标注如图 8.171 所示的注释为例，介绍注释标注的一般操作过程。

　○步骤 1　打开文件 D:\sw21\work\ch08.04\12\ 注释标注 -ex.SLDPRT。

　○步骤 2　选择命令。选择 **注解** 功能选项卡中的 **A** 命令，系统弹出如图 8.172 所示的"注释"对话框。

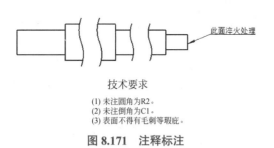

此面淬火处理

技术要求

(1) 未注圆角为R2。
(2) 未注倒角为C1。
(3) 表面不得有毛刺等瑕庇。

图 8.171　注释标注　　　　　　　**图 8.172　"注释"对话框**

○步骤3　选取放置注释文本位置。在视图下的空白处单击，系统弹出如图 8.173 所示"格式化"工具条。

A　　B　　C

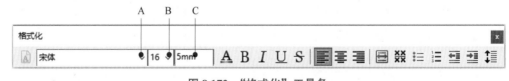

图 8.173　"格式化"工具条

○步骤4　设置字体与大小。在"格式化"工具条中将字体设置为宋体，将字高设置为 5，其他采用默认。

○步骤5　创建注释文本。在弹出的注释文本框中输入文字"技术要求"，单击"注释"对话框中的"确定"按钮 ✓ 。

○步骤6　选择命令。选择 注解 功能选项卡中的 **A** 命令，系统弹出"注释"对话框。

○步骤7　选取放置注释文本位置。在视图下的空白处单击，系统弹出"格式化"工具条。

○步骤8　创建注释文本。在格式化工具条中将字体设置为宋体，字高采用默认的 3.5，在注释文本框中输入文字"(1) 未注圆角为 R2。(2) 未注倒角为 C1。(3) 表面不得有毛刺等瑕疵。"单击"注释"窗口中的"确定"按钮 ✓ ，如图 8.174 所示。

○步骤9　选择命令。选择 注解 功能选项卡中的 **A** 命令，系统弹出"注释"对话框。

○步骤10　定义引线类型。设置引线区域如图 8.175 所示。

○步骤11　选取要注释的特征。选取如图 8.176 所示的边线为要注释的特征，在合适位置单击以放置注释，系统弹出"注释"文本框。

技术要求

(1) 未注圆角为R2。
(2) 未注倒角为C1。
(3) 表面不得有毛刺等瑕疵。

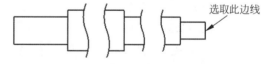

选取此边线

图 8.174　注释文本　　图 8.175　引线区域设置　　　　图 8.176　参考边线

○步骤 12　创建注释文本。在格式化工具条中将字体设置为宋体，字高采用默认的 3.5，在"注释"文本框中输入文字"此面淬火处理"。

○步骤 13　单击"注释"窗口中的"确定"按钮 ✓ ，完成注释的标注。

图 8.173 所示的"格式化"工具条中部分选项的说明如下。

- A 下拉列表：该下拉列表用于设置注释文本中的字体。
- B 下拉列表：该下拉列表用于设置注释文本中字体的字号。
- C 下拉列表：该下拉列表用于设置注释文本中字体的高度。
- **A**（颜色）按钮：单击该按钮，用于设置字体的颜色。
- B（粗体）按钮：单击该按钮，使字体以粗体字显示。
- *I*（斜体）按钮：单击该按钮，使字体以斜体字显示。
- U（下画线）按钮：单击该按钮，用于给文字添加下画线。
- S（删除线）按钮：单击该按钮，用于给文字添加删除线，如图 8.177 所示。
- （项目符号）按钮：单击该按钮，用于自动注释项目符号，如图 8.178 所示。

技术要求

(1) 未注圆角为R2。
(2) 未注倒角为C1。
(3) 表面不得有毛刺等瑕疵。

图 8.177　删除注释

技术要求

- 未注圆角为R2。
- 未注倒角为C1。
- 表面不得有毛刺等瑕疵。

图 8.178　"项目符号"文本注释

- （数字）按钮：单击该按钮，用于自动注释数字符号，如图 8.179 所示。
- （层叠）按钮：单击该按钮，系统弹出如图 8.180 所示的"层叠注释"对话框，该对话框用于添加层叠注释。

技术要求

(1) 未注圆角为R2。
(2) 未注倒角为C1。
(3) 表面不得有毛刺等瑕疵。

图 8.179　"数字"文本注释

图 8.180　"层叠注释"对话框

图 8.180 所示的"层叠注释"对话框中部分选项的说明如下。

- **外观** 区域：该区域用于设置层叠注释的大小和样式。层叠注释的样式包括以下 3 种："带直线" ▦ 、"不带直线" ▦ 和"对角" ▨ 3 种。
- **层叠** 区域：该区域用于设置层叠注释的文字。
  ☑ **上(U):** 文本框：该文本框中输入的文字为层叠注释上方文字。
  ☑ **下(L):** 文本框：该文本框中输入的文字为层叠注释下方文字。

4min

8.4.7 焊接符号标注

在零件、装配体及工程图中生成焊接符号，首先要设置合适的标准，选择快速访问工具栏中的 ⊚· 命令，在系统弹出的"系统选项"对话框中单击 文档属性(D) 选项卡，在对话框中选中 绘图标准 节点，在总绘图标准区域的下拉列表选择 ANSI 、 ISO 、 DIN 、 JIS 、 BSI 、 GOST 或 GB 标注标准。

焊接符号及数值的标注原则如图 8.181 所示。

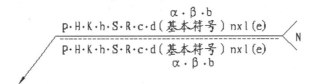

图 8.181　焊接符号及数值的标注原则

α：坡度角度　　　　　β：坡口面角度　　　　　b：根部间隙
c：焊缝宽度　　　　　d：熔核直径　　　　　　e：焊缝间距
R：根部半径　　　　　H：坡度深度　　　　　　h：余高
l：焊缝长度　　　　　n：焊缝段数　　　　　　K：焊脚尺寸
S：焊缝有效厚度　　　N：相同焊缝数量　　　　p：钝边

下面以标注如图 8.182 所示的焊接符号为例，介绍焊接符号标注的一般操作过程。

◯步骤1 打开文件 D:\sw21\work\ch08.04\13\ 焊接符号 -ex.SLDPRT。

◯步骤2 选择命令。选择 注解 功能选项卡中的 焊接符号 命令，系统弹出如图 8.183 所示的"焊接"对话框及如图 8.184 所示的"属性"对话框。

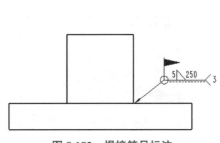

图 8.182　焊接符号标注

图 8.183　"焊接符号"对话框

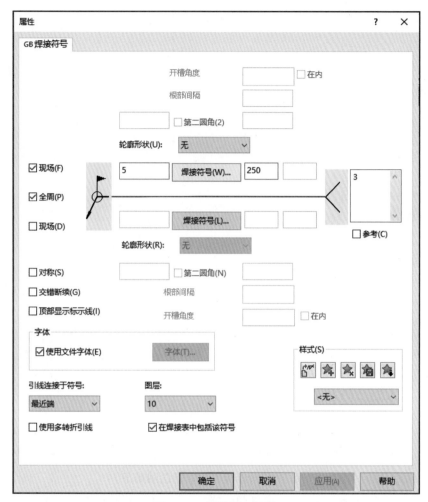

图 8.184　"属性"对话框

◎步骤3　定义焊接符号属性。

（1）在"属性"对话框中选中 ☑现场(F) 和 ☑全周(P) 复选框。

（2）单击"属性"对话框中 焊接符号(W)... 按钮，系统弹出如图 8.185 所示的"符号"对话框，在该对话框中单击 ℄ 更多符号(M)... 按钮，系统弹出如图 8.186 所示的"符号图库"对话框，在类别列表中选择 ISO 焊接符号，然后在右侧的符号列表中选择 ◺（填角焊缝）。

（3）在 焊接符号(W)... 前的文本框输入 5，在 焊接符号(W)... 后的文本框输入 250，在属性文本框中输入 3，如图 8.184 所示。

图 8.185　符号对话框

◎步骤4　选取焊接符号边线。在视图中选取如图 8.187 所示的边线，然后在合适的位置放置焊接符号。

◎步骤5　单击"属性"窗口中的"确定"按钮，完成焊接符号的标注。

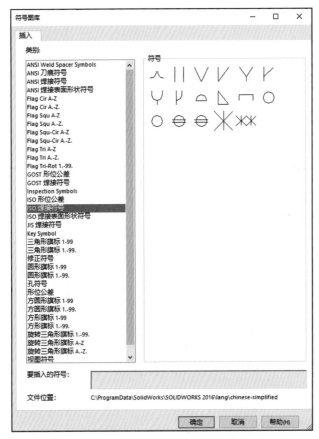

图 8.186 "符号图库"对话框

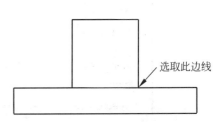

图 8.187 选取参考边线

图 8.184 所示的"属性"对话框中部分选项的功能说明如下。

- ☑现场(F) 和 □现场(D) 复选框：选中该复选框，可添加现场焊接符号，这两个复选框不能同时选中。

- ☑全周(P) 复选框：选中该复选框，表示焊接符号应用到轮廓周围。

- □对称(S) 复选框：选中该复选框，线上和线下的注释完全一样。

- □交错断续(G) 复选框：选中该复选框，线上或线下的圆角焊接符号交错断续。

- □顶部显示标示线(I) 复选框：选中该复选框，将标示线移到符号线上。

- □ 第二圆角(2) 复选框：选中该复选框，第二圆角只可用于某些焊接符号，如方形或斜面。在复选框左边和右边的文本框中输入圆角尺寸。

- 轮廓形状(R): 下拉列表：该下拉列表用于选取符号上的轮廓形状。

- 焊接符号(W)... 按钮：单击该按钮，系统弹出"符号"对话框。该对话框主要用于设置焊接符号的形状，在 焊接符号(W)... 按钮的左边或右边输入焊接尺寸。

图 8.185 所示的符号对话框中符号的说明如下。

- ⅄（两凸缘）选项：选取该选项，表示焊接符号以两凸缘形状显示。

- ⫽（I 形）选项：选取该选项，表示焊接符号以 I 形形状显示。

- ⋁（V 形）选项：选取该选项，表示焊接符号以 V 形形状显示。

- ⫫（K 形）选项：选取该选项，表示焊接符号以 K 形形状显示。

- ⫪（V 形附根部）选项：选取该选项，表示焊接符号以 V 形附根部形状显示。

- ⫫（K 形附根部）选项：选取该选项，表示焊接符号以 K 形附根部形状显示。

- ⋃（U 形）选项：选取该选项，表示焊接符号以 U 形形状显示。

- ⫙（J 形）选项：选取该选项，表示焊接符号以 J 形形状显示。

- ⌒（背后焊接）选项：选取该选项，表示焊接以封底焊缝显示。

- ⌐（填角焊接）选项：选取该选项，表示焊接符号以三角形状显示。

- ⊓（槽缝焊接）选项：选取该选项，表示焊接符号以槽状形状显示。

- ○（点（浮凸）焊接）选项：选取该选项，表示焊接符号以点形状显示。

- ⊙（点焊接中心）选项：选取该选项，表示焊接符号以点形状显示。

- ⊖（沿缝焊接）选项：选取该选项，表示焊接符号以两凸缘形状显示。

- ⊖（沿缝焊接中心）选项：选取该选项，表示焊接符号以两凸缘形状显示。

- ⊠（JIS 点（浮凸）焊接）选项：选取该选项，表示焊接符号以两凸缘形状显示。

- ⋈（JIS 沿缝焊接）选项：选取该选项，表示焊接符号以两凸缘形状显示。

8.5　钣金工程图

8.5.1　基本概述

　　钣金工程图的创建方法与一般零件工程图的创建方法基本相同，所不同的是钣金件的工程图需要创建平面展开图。创建钣金工程图的时候，系统会自动创建一个平板形式的配置，该配置可以用于创建钣金零件展开状态的视图，因此在用 SolidWorks 创建带折弯特征的钣金工程图的时候，不需要展开钣金件。

8.5.2　钣金工程图的一般操作过程

　　下面以创建如图 8.188 所示的工程图为例，介绍钣金工程图创建的一般操作过程。

　　步骤 1　新建工程图文件。选择"快速访问工具栏"中的 □▾ 命令，系统弹出"新建 SolidWorks 文件"对话框，在"新建 SolidWorks 文件"对话框中选取"gb-a3"模板，单击"确定"按钮，进入工程图环境。

　　步骤 2　创建如图 8.189 所示的主视图。

　　（1）选择零件模型。在系统提示 选择一零件或要配体以从之生成视图，然后单击下一步。 的提示下，单击 要插入的零件/装配体(E) 区域的"浏览"按钮，系统弹出"打开"对话框，在查找范围下拉列表中选择目录 D:\sw21\work\ch08.05，然后选择文件钣金工程图 .SLDPRT，单击"打开"按钮，载入模型。

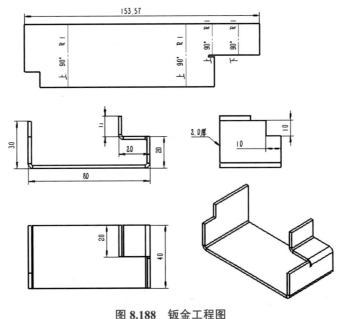

图 8.188　钣金工程图

（2）定义视图方向。在"模型视图"对话框的方向区域选中 ▣，再选中 ☑预览(P) 复选框，在绘图区可以预览要生成的视图。

（3）定义视图显示样式。在显示样式区域选中 ▣（消除隐藏线）单选项。

（4）定义视图比例。在比例区域中选中 ⦿ 使用自定义比例(C) 单选项，在其下方的列表框中选择 1 : 1。

（5）放置视图。将鼠标放在图形区，此时会出现视图的预览。选择合适的放置位置单击，以生成主视图。

（6）单击"工程图视图"对话框中的 ✓ 按钮，完成操作。

○步骤3　创建如图 8.190 所示的投影视图。

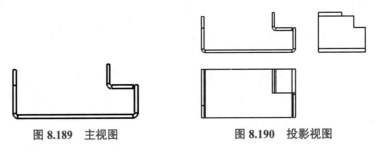

图 8.189　主视图　　　　　　　　图 8.190　投影视图

（1）选择命令。选择 视图布局 功能选项卡中的 品（投影视图）命令，系统弹出"投影视图"对话框。

（2）在主视图的右侧单击，生成左视图，单击"投影视图"窗口中的 ✓ 按钮，完成操作。

（3）选择 视图布局 功能选项卡中的 😀（投影视图）命令，选取步骤 2 所创建的主视图，然后在主视图的下侧单击，生成俯视图，单击"投影视图"窗口中的 ✓ 按钮，完成操作。

◯步骤 4　创建如图 8.191 所示的等轴测视图。

（1）选择命令。选择 视图布局 功能选项卡中的 🕥（模型视图）命令，系统弹出"模型视图"对话框。

（2）选择零件模型。采用系统默认的零件模型，单击 ➔ 就可将其载入。

（3）定义视图方向。在"模型视图"对话框的方向区域选中 🔯，再选中 ☑预览(P) 复选框，在绘图区可以预览要生成的视图。

（4）定义视图显示样式。在显示样式区域选中 🔲（消除隐藏线）单选项。

（5）定义视图比例。在比例区域中选中 ◉ 使用自定义比例(C) 单选按钮，在其下方的列表框中选择 1∶1。

（6）放置视图。将鼠标放在图形区，此时会出现视图的预览。选择合适的放置位置单击，以生成等轴测视图。

（7）单击"工程图视图"窗口中的 ✓ 按钮，完成操作。

◯步骤 5　创建如图 8.192 所示的展开视图。

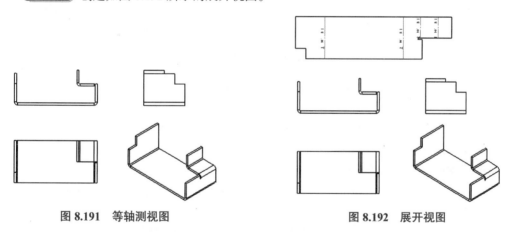

图 8.191　等轴测视图　　　　　　图 8.192　展开视图

（1）选择命令。选择 视图布局 功能选项卡中的 🕥（模型视图）命令，系统弹出"模型视图"对话框。

（2）选择零件模型。采用系统默认的零件模型，单击 ➔ 就可将其载入。

（3）定义视图方向。在"模型视图"对话框的方向区域选中"（A）平板形式"，再选中 ☑预览(P) 复选框，在绘图区可以预览要生成的视图。

（4）定义视图显示样式。在显示样式区域选中 🔲（消除隐藏线）单选项。

（5）放置视图。将鼠标放在图形区，此时会出现视图的预览。选择合适的放置位置单击，以生成展开视图。

（6）调整角度。右击展开视图，在弹出的快捷菜单中依次选择 缩放/平移/旋转 ➔ 🔄 旋转视图 (E) 命令，系统弹出"旋转工程视图"对话框。在工程视图角度文本框中输入要旋转的角度值 −90，单击"应用"按钮即可旋转视图，旋转完成后单击"关闭"按钮。

（7）调整位置。将鼠标停放在视图的虚线框上，此时光标会变成 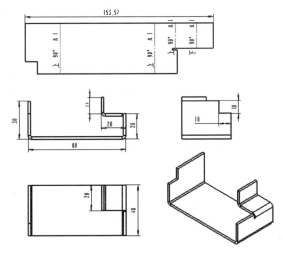，按住鼠标左键并移动至合适的位置后放开。

（8）单击"工程图视图"窗口中的 ✔ 按钮，完成操作。

○步骤 6　创建如图 8.193 所示的尺寸标注。

图 8.193　尺寸标注

（1）选择命令。选择 注解 功能选项卡下的 ✎ （智能尺寸）命令，系统弹出"尺寸"对话框，标注如图 8.193 所示的尺寸。

（2）调整尺寸。将尺寸调整到合适的位置，保证各尺寸之间的距离相等。

（3）单击"尺寸"窗口中的 ✔ 按钮，完成尺寸的标注。

○步骤 7　创建如图 8.194 所示的注释。

（1）选择命令。选择 注解 功能选项卡中的 A 命令，系统弹出"注释"对话框。

（2）定义引线类型。设置引线区域，如图 8.195 所示。

（3）选取要注释的特征。选取如图 8.196 所示的边线为要注释的特征，在合适位置单击以放置注释，系统弹出"注释"文本框。

图 8.194　注释标注

图 8.195　引线区域设置

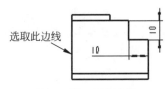

图 8.196　参考边线

（4）创建注释文本。在格式化工具条中将字体设置为宋体，字高采用默认的 5，在"注释"文本框中输入文字"2.0 厚"。

（5）单击"注释"窗口中的"确定"按钮 ✓ ，完成注释的标注。

◯步骤 8 保存文件。选择"快速访问工具栏"中的"保存" 保存(S) 命令，系统弹出"另存为"对话框，在 文件名(N): 文本框输入"钣金工程图"，单击"保存"按钮，完成保存操作。

8.6　工程图打印出图

7min

打印出图是 CAD 设计中必不可少的一个环节，在 SolidWorks 软件中的零件环境、装配体环境和工程图环境中都可以打印出图，本节将讲解 SolidWorks 工程图的打印。在打印工程图时，可以打印整张图纸，也可以打印图纸中的所选区域，可以选择黑白打印，也可以选择彩色打印。

下面讲解打印工程图的操作方法。

◯步骤 1 打开文件 D:\sw21\work\ch08.06\ 工程图打印 .SLDPRT。

◯步骤 2 选择命令。选择下拉菜单 文件(F) → 打印(P)... 命令，系统弹出如图 8.197 所示的"打印"对话框。

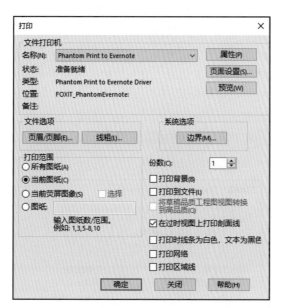

图 8.197　"打印"对话框

图 8.197 所示的"打印"对话框中各选项的功能说明如下。

- 文件打印机 区域：在该区域可选取打印机和设置页面格式。
  - ☑ 名称(N): 下拉列表：在该下拉列表中可选取所需的打印机。
  - ☑ 属性(P) 按钮：单击该按钮，在弹出的"属性"对话框中设置所选打印机的属性，该对话框的内容会根据打印机的不同而有所变化。

☑ 页面设置(S)... 按钮：单击该按钮，在弹出的"页面设置"对话框中可进行页面设置及选择高级打印选项，如比例、颜色、纸张大小和方向等。

- 系统选项 区域：在该区域中可设置纸张边界。
  - ☑ 边界(M)... 按钮：单击该按钮，在弹出的"边界"对话框中可设置工程图图纸边界与纸张边界的间距值。
- 文件选项 区域：在该区域中可设置页眉、页脚及线宽信息。
  - ☑ 页眉/页脚(E)... 按钮：单击该按钮，在弹出的"页眉页脚"对话框中可设置页眉及页脚相关信息。
  - ☑ 线粗(L)... 按钮：单击该按钮，在弹出的"文档属性 - 线粗"对话框中可以设置线的宽度。
- 打印范围 区域：在该区域中可设置打印范围。
  - ☑ ◉所有图纸(A) 单选按钮：打印工程图中的所有图纸（页面）。
  - ☑ ◉当前图纸(C) 单选按钮：打印当前激活的图纸。
  - ☑ ◉当前荧屏图象(S) 单选按钮：按照指定的比例打印工程图的所选范围。
- 份数(C): 文本框：在该文本框中输入每张图纸所打印的份数。
- ☑打印背景(B) 复选框：选中该复选框后，在打印工程图的同时，也打印窗口背景。
- ☑打印到文件(L) 复选框：将工程图打印到文件。当在"打印"对话框中单击 确定 按钮时，在弹出的"打印到文件"对话框中可设置文件名称和保存路径。
- ☑将草稿品质工程图视图转换到高品质(Q) 复选框：将当前的草图品质转换为高品质，以提高打印质量，该高品质只针对打印操作。

◯步骤3 打印页面设置。

（1）在"打印"对话框中单击 页面设置(S)... 按钮，系统弹出如图 8.198 所示的"页面设置"对话框。

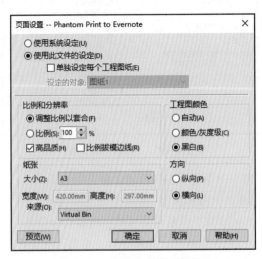

图 8.198 "页面设置"对话框

（2）在"页面设置"对话框中选中 ⊙使用此文件的设定(D) 单选按钮，在比例和分辨率区域中选中 ⊙调整比例以套合(F) 单选按钮和 ☑高品质(H) 复选框，在工程图颜色区域中选中 ⊙黑白(B) 单选按钮，在 纸张 下拉列表中选中 A3 选项，在方向区域中选中横向单选按钮，其他参数采用系统默认值，单击 确定 按钮，完成页面设置。

图 8.198 所示的"页面设置"对话框中各选项的功能说明如下。

- ⊙使用系统设定(U) 单选按钮：使用 Windows 打印设定来打印工程图，也可根据需要更改这些设定。

- ⊙使用此文件的设定(D) 单选按钮：以当前工程图文件中所保存的打印设定来打印工程图。选中 ☑单独设定每个工程图纸(E) 复选框，然后在 设定的对象: 下拉列表中选择图纸，可为工程图中不同的图纸添加不同的打印设置。如果没有选中该复选框，则工程图中所有的图纸将采用相同的设置来打印。

- 比例和分辨率 区域：在该区域中可设置工程图的打印比例和分辨率。
  - ☑ ⊙调整比例以套合(F) 单选按钮：自动调整打印比例以套合纸张大小。
  - ☑ ⊙比例(S): 单选按钮：在打印工程图时，以指定的比例缩放工程图。
  - ☑ ☑高品质(H) 复选框：SolidWorks 软件由打印机和纸张大小组合决定最优分辨率。

- 工程图颜色 区域：在该区域中可设置工程图的打印颜色，如黑白或彩色。
  - ☑ ⊙自动(A) 单选按钮：如果打印机支持彩色打印，则系统自动以彩色来打印工程图，反之则以黑白打印。
  - ☑ ⊙颜色/灰度级(C) 单选按钮：无论打印机是否支持彩色打印，系统自动发送彩色数据到打印机，当打印机为黑白打印机或彩色打印机设置为黑白打印时，系统将以灰度级来打印彩色项目。
  - ☑ ⊙黑白(B) 单选按钮：无论是彩色打印机还是黑白打印机，均以黑白来打印工程图。

- 纸张 区域：在该区域的 大小(Z): 下拉列表中可选取纸张大小。在 来源(O): 下拉列表中可设置纸张的来源。

- 方向 区域：在该区域可设置纸张的方向，分为 ⊙纵向(P) 和 ⊙横向(L) 两个方向。

◯步骤 4 设置打印线粗和纸张边界。

（1）设置打印线粗。在 文件选项 区域中单击 线粗(L)... 按钮，在弹出如图 8.199 所示"文档属性 - 线粗"对话框的 细(N): 文本框中输入线粗值 0.25，将其他线粗值均设置为 0.5，单击 确定 按钮，完成线粗的设置。

（2）纸张边界。在 系统选项 区域中单击 边界(M)... 按钮，在弹出如图 8.200 所示的"边界"对话框中取消选中 ☐使用打印机的边界(U) 复选框，将所有边界值设置为 4.0，单击 确定 按钮，完成纸张边界的设置。

◯步骤 5 设置其他参数。在 打印范围 区域中选中 ⊙当前图纸(C) 单选按钮，在 份数(C): 文本框中输入份数值 1，取消选中 ☐打印背景(B) 复选框和 ☐打印到文件(L) 复选框，其他参数采用默认值。

◯步骤 6 至此，打印前的各项设置已添加完成，在"打印"对话框中单击 确定 按钮，开始打印。

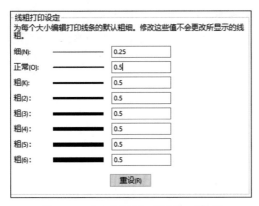

图 8.199 "文档属性 - 线粗"对话框

图 8.200 "边界"对话框

8.7 工程图设计综合应用案例

本案例是一个综合案例，不仅使用了模型视图、投影视图、全剖视图、局部剖视图等视图的创建，并且还有尺寸标注、粗糙度符号、注释、尺寸公差等。本案例创建的工程图如图 8.201 所示。

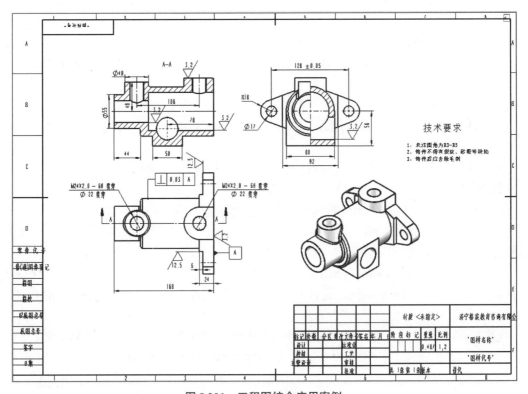

图 8.201 工程图综合应用案例

◎步骤1 新建工程图文件。选择"快速访问工具栏"中的 📄· 命令，系统弹出"新建 SolidWorks 文件"对话框，在"新建 SolidWorks 文件"对话框中选取"格宸教育 A3"模板，单击"确定"按钮，进入工程图环境。

◎步骤2 创建如图 8.202 所示的主视图。

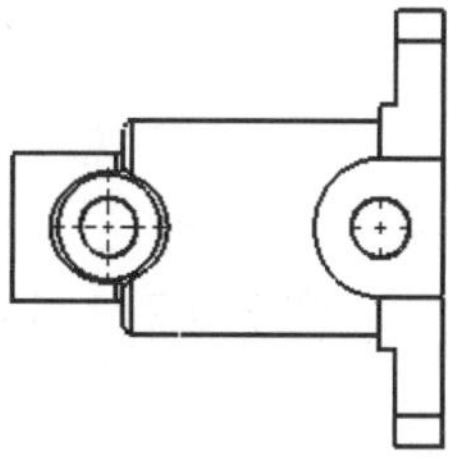

（1）选择零件模型。在系统提示 选择一零件或装配体以从之生成视图，然后单击下一步。 的提示下，单击 要插入的零件/装配体(E) 区域的"浏览"按钮，系统弹出"打开"对话框，在查找范围下拉列表中选择目录 D:\sw21\work\ch08.07，然后选择文件工程图案例 .SLDPRT，单击"打开"按钮，载入模型。

（2）定义视图方向。在模型视图对话框的方向区域选中"v1"，再选中 ☑预览(P) 复选框，在绘图区可以预览要生成的视图。

图 8.202 主视图

（3）定义视图显示样式。在显示样式区域选中 🔲（消除隐藏线）单选项。

（4）定义视图比例。在比例区域中选中 ◉使用自定义比例(C) 单选按钮，在其下方的列表框中选择 1∶2。

（5）放置视图。将鼠标放在图形区，此时会出现视图的预览。选择合适的放置位置单击，以生成主视图。

（6）单击"工程图视图"窗口中的 ✓ 按钮，完成操作。

◎步骤3 创建如图 8.203 所示的全剖视图。

（1）选择命令。选择 视图布局 功能选项卡中的 ↕（剖面视图）命令，系统弹出"剖面视图辅助"对话框。

（2）定义剖切类型。在"剖面视图辅助"对话框中选中剖面视图选项卡，在切割线区域选中 ┉（水平）。

（3）定义剖切面位置。在绘图区域中选取如图 8.204 所示的圆心作为水平剖切面的位置，然后单击命令条中的 ☑ 按钮，系统弹出"剖面视图"对话框。

（4）定义剖切信息。在"剖面视图 A-A"对话框的 ▦（符号）文本框输入 A，确认剖切方向如图 8.205 所示，如果方向不对，则可以单击反转方向按钮进行调整。

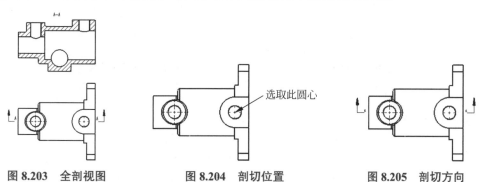

选取此圆心

图 8.203 全剖视图　　　图 8.204 剖切位置　　　图 8.205 剖切方向

（5）放置视图。在主视图上方合适位置单击放置，生成剖视图。

（6）单击"剖面视图 A-A"对话框中的 ✓ 按钮，完成操作。

○步骤 4 创建如图 8.206 所示的投影视图。

（1）选择命令。选择 视图布局 功能选项卡中的 品（投影视图）命令，系统弹出"投影视图"对话框。

（2）定义父视图。选取步骤 3 所创建的全剖视图作为主视图。

（3）放置视图。在主视图的右侧单击，生成左视图，单击"投影视图"对话框中的 ✔ 按钮，完成操作。

○步骤 5 创建如图 8.207 所示的局部剖视图。

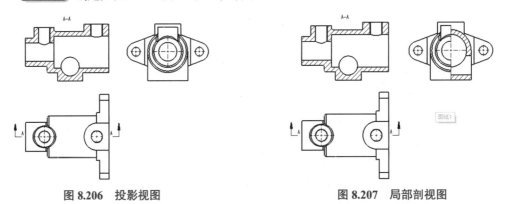

图 8.206　投影视图　　　　　　　　　　图 8.207　局部剖视图

（1）定义局部剖区域。选择 草图 功能选项卡中的 ▢· 命令，绘制如图 8.208 所示的封闭矩形。

（2）选择命令。首先选中（1）所绘制的封闭样条，然后选择 视图布局 功能选项卡中的 断（断开剖视图）命令，系统弹出"断开的剖面"对话框。

（3）定义剖切位置参考。选取如图 8.209 所示的圆形边线为剖切位置参考。

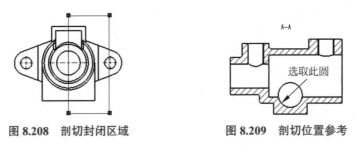

图 8.208　剖切封闭区域　　　　　　　图 8.209　剖切位置参考

（4）单击"断开的剖视图"对话框中的 ✔ 按钮，完成操作。

○步骤 6 创建如图 8.210 所示的等轴测视图。

（1）选择命令。选择 视图布局 功能选项卡中的 ◉（模型视图）命令，系统弹出"模型视图"对话框。

（2）选择零件模型。采用系统默认的零件模型，单击 ◉ 就可将其载入。

（3）定义视图方向。在"模型视图"对话框的方向区域选中 ◣，再选中 ☑预览M 复选框，在绘图区可以预览要生成的视图。

（4）定义视图显示样式。在显示样式区域选中 ⬚（带边线上色）单选项。

（5）定义视图比例。在比例区域中选中 ⦿使用自定义比例(C) 单选按钮，在其下方的列表框中选择 1：2。

（6）放置视图。将鼠标放在图形区，此时会出现视图的预览。选择合适的放置位置单击，以生成等轴测视图。

（7）单击"工程图视图"窗口中的 ✔ 按钮，完成操作。

🔘步骤 7 标注如图 8.211 所示的中心线与中心符号线。

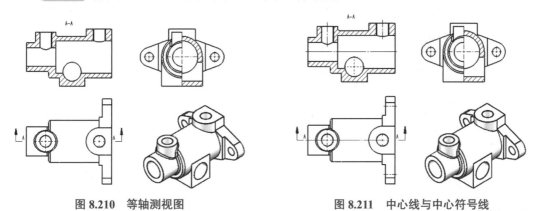

图 8.210　等轴测视图　　　　　　　　　图 8.211　中心线与中心符号线

（1）选择命令。选择 注解 功能选项卡下的 ⬚中心线 命令，系统弹出如图 8.212 所示的"中心线"对话框。

（2）在"中心线"对话框的自动插入区域选中 ☑选择视图 复选项，选取主视图与俯视图作为要添加中心线的视图，单击"中心线"对话框中的 ✔ 按钮，效果如图 8.213 所示（中心线的长短可以通过选中中心线进行调整）。

图 8.212　"中心线"对话框

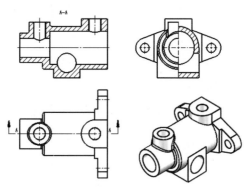

图 8.213　中心线标注

（3）选择命令。选择 注解 功能选项卡下的 ⊕中心符号线 命令，系统弹出"中心符号线"对话框。

（4）设置如图 8.214 所示的参数，选取如图 8.215 所示的圆，单击"中心符号线"对话框中的 ✔ 按钮。

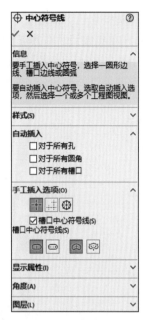

图 8.214 "中心符号线"对话框

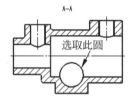

图 8.215 中心符号线参考

◉步骤 8 标注如图 8.216 所示的尺寸。

选择 注解 功能选项卡下的 ✎（智能尺寸）命令，系统弹出"尺寸"对话框，通过选取各个不同对象标注如图 8.216 所示的尺寸。

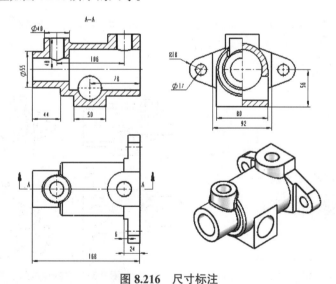

图 8.216 尺寸标注

◉步骤 9 标注如图 8.217 所示的公差尺寸。

（1）标注尺寸。选择 注解 功能选项卡下的 ✎（智能尺寸）命令，标注如图 8.218 所示的值为 128 的尺寸。

（2）添加公差。选取尺寸"128"，在"尺寸"窗口的 公差/精度(P) 区域中设置如图 8.219 所示的参数，单击"尺寸"窗口中的 ✔ 按钮，完成添加尺寸公差。

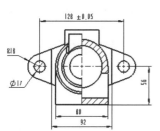
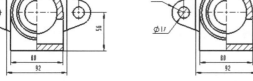

图 8.217　标注公差尺寸　　　　图 8.218　标注尺寸　　　　图 8.219　公差精度设置

🔘步骤 10 标注如图 8.220 所示的孔尺寸。

（1）选择命令。选择 注解 功能选项卡下的 ⊔ӝ 孔标注 命令。

（2）选取如图 8.221 所示的圆形边线，然后在合适位置放置生成孔标注，单击"尺寸"对话框中的 ✔ 按钮完成操作。

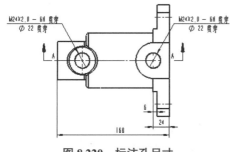
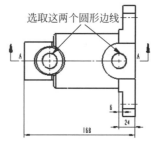

图 8.220　标注孔尺寸　　　　　　　图 8.221　选取参考对象

🔘步骤 11 标注如图 8.222 所示的基准特征符号。

（1）选择 注解 功能选项卡中的 ▣ 基准特征 命令，系统弹出基准特征对话框。

（2）设置参数。在"基准特征"窗口 符号设定(S) 区域的 🅰 文本框中输入 A，在 引线(E) 区域取消选中 □使用文件样式(U) 单选项，按 ⊡（方形按钮）及 ◣（实三角形按钮）。

（3）放置基准特征符号 1。选择如图 8.223 所示的边线，在合适的位置单击放置。

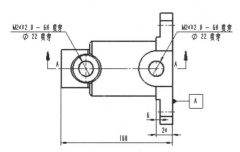
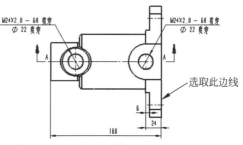

图 8.222　标注基准特征符号　　　　图 8.223　选取标注参考边线

（4）单击"基准特征"窗口中的"确定"按钮 ✓ ，完成基准的标注。

○步骤 12 标注如图 8.224 所示的形位公差。

（1）选择命令。选择 注解 功能选项卡中的 ▣形位公差 命令，系统弹出"形位公差"对话框及"属性"对话框。

（2）设置参数属性。在"属性"对话框中单击符号区域中的 · 按钮，然后选择 ⊥ 按钮，在公差 1 文本框中输入公差值 0.03，在主要文本框输入基准 A。

（3）放置引线参数。在"形位公差"对话框的引线区域中选中 ∕ （折弯引线），其他参数采用默认。

（4）放置形位公差符号。选取如图 8.225 所示的边线，在合适的位置单击以放置形位公差。

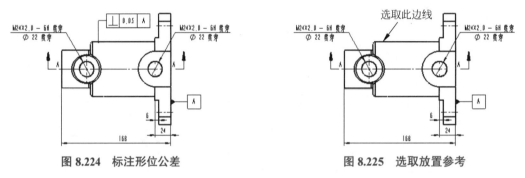

图 8.224　标注形位公差　　　　　　图 8.225　选取放置参考

（5）单击"形位公差"窗口中的"确定"按钮 ✓ ，完成形位公差的标注。

○步骤 13 标注如图 8.226 所示的表面粗糙度符号。

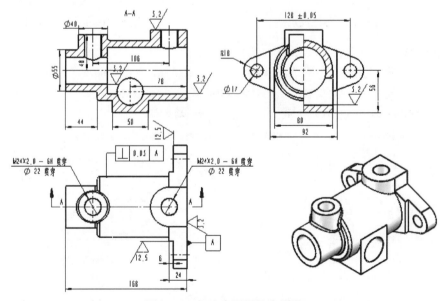

图 8.226　标注表面粗糙度符号

（1）选择命令。选择 注解 功能选项卡中的 ✓表面粗糙度符号 命令，系统弹出"表面粗糙度"对话框。

（2）定义表面粗糙度符号。在"表面粗糙度"对话框设置如图 8.227 所示的参数。

（3）放置表面粗糙度符号。选择如图 8.228 所示的边线放置表面粗糙度符号，采用同样的方法放置其他的表面粗糙度符号。

（4）单击"表面粗糙度"对话框口中的"确定"按钮 ✓ ，完成表面粗糙度的标注。

◯步骤 14　标注如图 8.229 所示的注释文本。

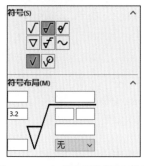

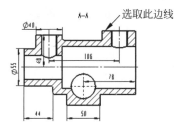

技术要求

(1) 未注圆角为R3～R5。
(2) 铸件不得有裂纹、砂眼等缺陷。
(3) 铸件后应去除毛刺。

图 8.227　定义表面粗糙度符号　　图 8.228　选取参考边线　　图 8.229　标注注释文本

（1）选择命令。选择 注解 功能选项卡中的 A 命令，系统弹出"注释"对话框。

（2）选取放置注释文本位置。在视图下的空白处单击，系统弹出"格式化"工具条。

（3）设置字体与大小。在"格式化"工具条中将字体设置为宋体，将字高设置为 7，其他采用默认。

（4）创建注释文本。在弹出的注释文本框中输入文字"技术要求"，单击"注释"对话框中的"确定"按钮 ✓ 。

（5）选择命令。选择 注解 功能选项卡中的 A 命令，系统弹出"注释"对话框。

（6）选取放置注释文本位置。在视图下的空白处单击，系统弹出"格式化"工具条。

（7）创建注释文本。在格式化工具条中将字体设置为宋体，字高采用默认的 4，在"注释"文本框中输入文字"（1）未注圆角为 R3~R5。（2）铸件不得有裂纹、砂眼等缺陷。（3）铸件后应去除毛刺。"单击"注释"窗口中的"确定"按钮 ✓ 。

◯步骤 15　保存文件。选择"快速访问工具栏"中的"保存" 保存(S) 命令，系统弹出"另存为"对话框，在 文件名(N): 文本框输入"工程图案例"，单击"保存"按钮，完成保存操作。

图 书 资 源 支 持

感谢您一直以来对清华大学出版社图书的支持和爱护。为了配合本书的使用，本书提供配套的资源，有需求的读者请扫描下方的"书圈"微信公众号二维码，在图书专区下载，也可以拨打电话或发送电子邮件咨询。

如果您在使用本书的过程中遇到了什么问题，或者有相关图书出版计划，也请您发邮件告诉我们，以便我们更好地为您服务。

我们的联系方式：

教学资源·教学样书·新书信息

地　　址：北京市海淀区双清路学研大厦 A 座 714

邮　　编：100084

人工智能科学与技术
人工智能|电子通信|自动控制

电　　话：010-83470236　010-83470237

资源下载：http://www.tup.com.cn

资料下载·样书申请

客服邮箱：tupjsj@vip.163.com

QQ：2301891038（请写明您的单位和姓名）

书圈

用微信扫一扫右边的二维码，即可关注清华大学出版社公众号。